"十三五"普通高等教育本科系列教材

电子设计自动化（第二版）

主　编　胡正伟
编　写　谢志远　范寒柏　王　岩
主　审　侯建军

中国电力出版社
CHINA ELECTRIC POWER PRESS

内 容 提 要

本书围绕实现电子设计自动化技术的物理载体、设计输入、EDA工具三个基本要素介绍了半导体存储器和可编程逻辑器件、硬件描述语言VHDL和QuartusⅡ软件、Modelsim软件的使用。本书叙述由浅入深，且通过大量具体实例进行介绍，易于记忆和掌握。本书主要内容包括半导体存储器与可编程逻辑器件，数字系统，VHDH初步设计、结构、词法、基本描述语句等，组合逻辑电路和时序逻辑电路VHDL设计，VHDL测试平台，以及复杂系统的模块化设计等。本书最后一章给出了12个上机实验，以供读者进行实际设计、加深理论知识学习使用。本书配有习题、上机实验参考答案，可通过扫描书中二维码获得。

本书既可作为相关院校电子科学与技术本科专业及相关专业的教材，也可作为电子设计自动化相关人员的参考书。

图书在版编目（CIP）数据

电子设计自动化/胡正伟主编．—2版．—北京：中国电力出版社，2019.9（2023.6重印）
"十三五"普通高等教育本科规划教材
ISBN 978-7-5198-3415-9

Ⅰ.①电… Ⅱ.①胡… Ⅲ.①电子电路—电路设计—计算机辅助设计—高等学校—教材
Ⅳ.①TN702

中国版本图书馆CIP数据核字（2019）第148484号

出版发行：中国电力出版社
地　　址：北京市东城区北京站西街19号（邮政编码100005）
网　　址：http://www.cepp.sgcc.com.cn
责任编辑：陈　硕（010-63412532）
责任校对：黄　蓓　太兴华
装帧设计：王红柳
责任印制：吴　迪

印　　刷：北京天泽润科贸有限公司
版　　次：2014年9月第一版　2019年9月第二版
印　　次：2023年6月北京第六次印刷
开　　本：787毫米×1092毫米　16开本
印　　张：19
字　　数：415千字
定　　价：49.00元

版权专有 侵权必究

本书如有印装质量问题，我社营销中心负责退换

前 言
PREFACE

　　FPGA 在现代电子系统设计中扮演越来越重要的角色，特别是在近几年飞速发展的人工智能、机器学习、硬件加速等领域。与传统的 GPU 实现方式相比，FPGA 具有较好的能效比，可以实现低功耗和低时延，具有广阔的发展空间。《电子设计自动化（第二版）》一书作为介绍 FPGA 基础知识、设计方法、开发流程的教材，可为今后从事相关领域工作的读者奠定坚实的基础。

　　本次再版主要修订、完善了如下内容：

　　（1）为了让读者尽快掌握课程相关内容，通过电子版的形式给出了习题和上机实验的参考答案，读者可以通过扫描书中二维码获得相关资源。

　　（2）第一版中存在一些错误内容和不完善的细节问题，在第二版中对这些问题进行了修正和完善，并删除了一些重复的内容。

　　（3）本书第一版在 2014 年 9 月第一次出版，在此期间 FPGA 业界发生了一起重大的收购事件，由于本教材涉及 Altera 的 EDA 工具和芯片，因此有必要将该事件在书中进行声明。

　　感谢使用本教材的相关院校老师以及中国电力出版社给予的支持和帮助！

　　限于作者水平，书中难免存在错误和不足，欢迎读者提出宝贵的意见和建议，教材的不断完善离不开您的宝贵意见和建议，请将意见和建议发送至邮箱 hzwwizard@hotmail.com。

作者

2019 年 6 月

第一版前言
PREFACE TO THE FIRST EDITION

电子设计自动化（Electronic Design Automation，EDA）是一门研究电子系统设计与实现的学科。随着微电子技术的飞速发展，电子设计自动化技术在现代电子系统中扮演着越来越重要的角色，已成为电子工程师必须掌握的一门技术。

EDA 技术是现代电子设计的核心，它以计算机科学、微电子技术为基础，并融合了应用电子技术、智能技术及计算机图形学、拓扑学、计算数学等众多学科的最新成果，是现代电子设计的主要技术手段。EDA 技术应用于各种电子系统设计领域，并且涉及电子系统开发的全过程。

为了适应电子技术不断飞速发展的特点，同时结合电子科学与技术本科专业及相关专业的教学要求，编写了本书。本书围绕实现电子设计自动化技术的三个基本要素——物理载体、设计输入、EDA 工具进行编写。

物理载体就是设计的最终体现，是实现具体功能的实物，即电子芯片。电子设计自动化的物理载体主要包括可编程逻辑器件 PLD 和专用集成电路 ASIC。半导体存储器是可编程逻辑器件的基础，只有理解半导体存储器的基本结构与原理，才能理解可编程逻辑器件的结构及可编程原理，因此，需要掌握半导体存储器的相关知识。

VHDL 作为一种最早成为 IEEE 国际标准的硬件描述语言，在业界有着广泛的应用领域。本书有效地结合数字电子技术基础的知识，由浅入深讲解 VHDL 如何描述数字逻辑功能。为了避免枯燥无味地讲解语法知识，每个语法知识点都通过具体实例进行介绍，不仅易于记忆语法要求，又能掌握语法知识点的应用语境。

Quartus Ⅱ 软件是 Altera 公司的第四代 PLD 开发工具，具有界面友好、简单易用等优点，被很多设计团队使用。Modelsim 软件是业界最出色的 HDL 仿真工具之一。本书结合 VHDL 简单介绍以上两种软件的使用方法。

本书主要内容包括半导体存储器和可编程逻辑器件、硬件描述语言 VHDL 和 Quartus Ⅱ 软件、Modelsim 软件的使用。具体的章节安排如下：

第 1 章 概述，介绍了电子设计自动化的含义、作用及其实现方法，介绍了业界主流的几种 HDL 语言和与 HDL 相关的综合软件和仿真软件。

第 2 章 半导体存储器与可编程逻辑器件，介绍了半导体存储器的分类、不同器件的内部结构及其工作原理、半导体存储器的容量计算及其扩展方式。在可编程逻辑器件部分介绍了可编程逻辑器件的发展历程、结构原理、分类、工艺等内容。

第 3 章 数字系统，介绍了数字系统的组成、设计方法、实现方式和基于 PLD 的数字系统的设计流程。

第 4 章 VHDL 设计初步，通过介绍使用数字电子技术知识实现 1 位半加器引出 1 位半加器的 VHDL 描述，使具有数字电子技术知识基础的读者对 VHDL 有一个初步的认识。

第 5 章 VHDL 结构，主要介绍了 VHDL 基本组成部分的相关语法知识，以及在包集合中常使用的子程序。

第 6 章 VHDL 词法，主要介绍了 VHDL 的基本语法常识、数据对象、数据类型及运算符。

第 7 章 VHDL 基本描述语句，主要介绍了 VHDL 的顺序描述语句、并发描述语句、顺并描述语句和属性描述语句。

第 8 章 组合逻辑电路 VHDL 设计，主要介绍了使用 VHDL 描述基本的组合逻辑电路，主要包括门电路、编译码器、数据选择器、数据比较器以及算术运算电路。

第 9 章 时序逻辑电路 VHDL 设计，主要介绍了时钟信号、复位方式以及简单的时序逻辑电路的 VHDL 描述，主要包括触发器、寄存器、计数器、分频器、存储器和状态机等。

第 10 章 VHDL 测试平台，介绍了验证的概念和 testbench 的代码生成和 Textio 生成两种方式。

第 11 章 复杂系统的模块化设计，通过采用模块设计一个 24 小时制数字钟，介绍了采用 VHDL 设计一个复杂系统的一般步骤和方法。

第 12 章 上机实验，为了让读者更有效地掌握 VHDL 的相关语法知识点，介绍了 12 个实际操作实验，供读者进行实际设计，加深理论知识的学习。

附录 A QuartusⅡ软件简明教程，通过十进制计数器的设计实例，介绍了使用 QuartusⅡ软件 VHDL 设计的一般流程。

附录 B Modelsim 软件简明教程，通过 16 分频电路的设计实例，介绍了使用 Modelsim 软件 VHDL 设计的一般流程。

笔者在编写本书时，初衷的想法是列举很多设计实例，后来取消了这个想法，因为从自身学习电子设计自动化的过程发现，最关键的因素主要有两个方面：一是设计思想，二是勤于实践。因此，重点把数字钟的案例详细做了分析，增加了第 12 章的实验内容。只有在实践中积累设计经验，升华设计思想，才能成为一个出色的电子工程师。

本书在编写过程中参考了大量国内外作者的相关资料及国际标准，特别是参考文献中列出的资料，在此一并表示感谢！最后，感谢所有给本教材提出宝贵意见的电子系的老师们。

本书的出版得到了国家自然基金项目（61172075）和中央高校基本科研业务费专项资金（916111204）的资助。

由于笔者水平有限或疏忽，在编写教材的过程中难免会出现不妥之处，希望广大前辈、同行和读者给予批评指正。请将意见和建议发送至邮箱 hzwwizard@hotmail.com，不胜感激。

编 者

2014 年 6 月

目　录
CONTENTS

前言
第一版前言
第1章　概述 1
　　1.1　电子设计自动化简介 1
　　1.2　硬件描述语言简介 3
　　1.3　HDL 相关 EDA 软件简介 5
　　习题 1 7
第2章　半导体存储器与可编程逻辑器件 8
　　2.1　半导体存储器 8
　　2.2　可编程逻辑器件简介 14
　　习题 2 36
第3章　数字系统 37
　　3.1　数字系统组成 37
　　3.2　数字系统设计方法 39
　　3.3　数字系统实现方式 41
　　3.4　基于 PLD 的数字系统设计流程 41
　　习题 3 45
第4章　VHDL 设计初步 46
　　4.1　1 位半加器的 VHDL 设计 46
　　4.2　1 位半加器的 VHDL 仿真 49
　　4.3　VHDL 的特点 51
　　习题 4 51
第5章　VHDL 结构 53
　　5.1　实体（ENTITY） 53
　　5.2　构造体（ARCHITECTURE） 56
　　5.3　库（LIBRARY） 62
　　5.4　包集合（PACKAGE） 63
　　5.5　配置 70

习题 5 ······ 77

第 6 章　VHDL 词法 ······ 78
6.1　VHDL 基本常识 ······ 78
6.2　VHDL 标示符 ······ 78
6.3　VHDL 数据类型 ······ 79
6.4　VHDL 数据对象 ······ 86
6.5　VHDL 运算符 ······ 96
习题 6 ······ 106

第 7 章　VHDL 基本描述语句 ······ 107
7.1　顺序描述语句 ······ 107
7.2　并发描述语句 ······ 122
7.3　顺并描述语句 ······ 135
7.4　并发描述语句的多驱动问题 ······ 140
7.5　属性描述语句 ······ 140
习题 7 ······ 151

第 8 章　组合逻辑电路 VHDL 设计 ······ 152
8.1　基本逻辑门电路 ······ 152
8.2　编码器 ······ 155
8.3　译码器 ······ 157
8.4　数据选择器 ······ 159
8.5　数据比较器 ······ 162
8.6　算术运算电路 ······ 165
习题 8 ······ 170

第 9 章　时序逻辑电路 VHDL 设计 ······ 171
9.1　时钟信号及复位方式 ······ 171
9.2　基本触发器 ······ 173
9.3　寄存器 ······ 178
9.4　计数器 ······ 184
9.5　分频器 ······ 192
9.6　存储器 ······ 197
9.7　有限状态机 ······ 198
习题 9 ······ 207

第 10 章　VHDL 测试平台 ······ 208
10.1　测试平台的作用与功能 ······ 208
10.2　代码生成激励信号的测试平台 ······ 208

10.3　TEXTIO 生成激励信号的测试平台 ………………………………… 213
　　　习题 10 ……………………………………………………………………… 215

第 11 章　复杂系统的模块化设计 …………………………………………… 216
　　　11.1　模块化设计流程 ………………………………………………………… 216
　　　11.2　24 小时数字钟的模块化设计 …………………………………………… 216
　　　习题 11 ……………………………………………………………………… 248

第 12 章　上机实验 ………………………………………………………………… 249
　　　实验 1　QuartusⅡ软件的使用 …………………………………………………… 249
　　　实验 2　VHDL 构造体的结构描述 ……………………………………………… 250
　　　实验 3　子程序与包集合的使用 ………………………………………………… 251
　　　实验 4　信号和局部变量的使用与区别 ………………………………………… 252
　　　实验 5　运算符的使用 …………………………………………………………… 253
　　　实验 6　顺序描述语句的使用 …………………………………………………… 254
　　　实验 7　并发描述语句的使用 …………………………………………………… 255
　　　实验 8　顺序描述语句与并发描述语句之间的转换 …………………………… 255
　　　实验 9　异步复位和同步复位 …………………………………………………… 256
　　　实验 10　同步时序逻辑和异步时序逻辑 ……………………………………… 257
　　　实验 11　状态机的使用 ………………………………………………………… 258
　　　实验 12　Modelsim 软件的使用 ………………………………………………… 258

附录 A　QuartusⅡ软件简介 ……………………………………………………… 260
附录 B　Modelsim 软件简介 ……………………………………………………… 281
参考文献 …………………………………………………………………………… 292

扫一扫获取更多资源

第1章 概　　述

本章介绍电子设计自动化的基本概念、作用及实现方法。鉴于硬件描述语言 HDL 与 EDA 软件在电子设计自动化技术中扮演着重要的角色，本章还将简单介绍当今主流的硬件描述语言以及面向 HDL 的 EDA 软件。

1.1 电子设计自动化简介

1.1.1 电子设计自动化的概念

要理解电子设计自动化，需要从"电子设计"和"自动化"两个方面进行分析。

(1) 电子设计。电子设计是指电子电路或系统的设计。例如，在数字电子技术课程中，学习设计简单的组合逻辑和时序逻辑电路，如加法器、比较器、计数器等；在模拟电子技术课程中，学习设计集成运算放大器的线性应用电路和单管放大电路等。现实中，电子设计不仅包括数字电路和模拟电路的设计，还包括模数混合电路设计、高频电路设计、高速电路设计、PCB 电路板设计、集成电路设计、PLD 系统设计等。

(2) 自动化。自动化与人工相对应，即用工具代替人工完成具体的工作。这些工作大都是人工无法完成或者人工需要花费很大的代价才能完成的。同时，这些工作的完成离不开人工的干预，即自动化需要人工控制。

因此，可以简单将电子设计自动化理解为一门使用工具代替人工进行电子设计的技术。

1. 定义

关于电子设计自动化的定义，业界存在两种观点：

(1) 广义的电子设计自动化。电子设计自动化是一种借助于 EDA 工具进行电子系统设计的技术。EDA 工具是指基于计算机工作平台开发出来的一整套先进的设计电子系统的软件工具。

(2) 狭义的电子设计自动化。狭义的电子设计自动化主要是指基于可编程逻辑器件 (PLD) 的电子系统设计自动化，即以大规模可编程逻辑器件为设计载体，以硬件描述语言为主要的逻辑设计输入，通过相关的开发软件，以计算机和 PLD 实验开发系统为设计平台，自动完成电子系统的设计，最终形成集成电子系统或专用集成芯片。

狭义电子设计自动化主要包括以下四个要素：

1) 大规模可编程逻辑器件。该要素是应用 EDA 技术完成电子系统设计的载体。
2) 硬件描述语言。该要素用来描述系统的结构和功能，是 EDA 技术的主要表达手段。
3) 软件开发工具。该要素是进行电子设计的智能化设计工具。
4) 实验开发系统。该要素是实现 PLD 编程下载和硬件验证的工具。

2. 电子设计自动化与交通运输自动化

为了更加深入地理解电子设计自动化，在此将电子设计自动化与交通运输自动化做一个简单的对比。

汽车作为常见的交通运输自动化工具，可以在发动机的作用下实现长距离的行驶。如果没有汽车以及其他工具，一个人要完成等距离的跋涉，需要完成这个过程中的所有工作，包括行驶和控制。有了汽车，人在汽车行驶的过程中扮演的角色只是完成相关控制工作，如控制汽车的方向、速度等，而繁重的行驶工作交给汽车去完成。此外，汽车还可以完成运输等任务，拓展了人类的活动范围，大大提高了工作效率。

电子设计自动化技术为了提高电子设计效率，同样采用了一些工具，可以帮助设计者更加高效、正确地实现电子系统设计。这些电子设计自动化工具称为 EDA 工具，它是电子设计自动化的精髓，体现了电子设计自动化的水平。

汽车英文为"automobile"，直译为"自动车"。虽然汽车可以自己行驶，但是要想安全、正确地完成任务离不开人类的干预，即驾驶员的工作。汽车在工作的过程中接收驾驶员的指令，在驾驶员的控制下进行工作。

电子设计自动化中的 EDA 工具的使用同样需要人工进行控制，需要设计者将设计要求表达为 EDA 工具所能辨认的设计输入，并施加电子系统物理参数（如面积、功耗、速率等）约束，EDA 工具根据设计输入和相关约束执行设计流程，最终达到设计目标。

驾驶员掌握汽车操作规则，通过汽车驾驶控制汽车，让汽车完成特定任务。设计人员掌握 EDA 工具的使用方法，通过设计输入控制 EDA 工具，借助 EDA 工具实现电子设计。

电子设计自动化与交通运输自动化的对比见表 1-1。

表 1-1　　　　　　　　电子设计自动化与交通运输自动化的对比

项目	交通运输自动化	电子设计自动化
使用工具	汽车	EDA 工具
人工角色	驾驶员	设计人员
具体工作	汽车驾驶	设计输入
遵循规则	汽车操作规则、交通规则	EDA 工具使用方法、设计理念

1.1.2　电子设计自动化的功能

微电子技术的不断进步使电子系统的集成度越来越高，晶体管的特征尺寸越来越小。业界著名的摩尔定律做了如下的描述：当价格不变时，集成电路上可容纳的晶体管数目，约每隔 18 个月便会增加一倍，性能也将提升一倍。集成度的增加、特征尺寸的减小带来一系列的问题，如设计复杂度增加、功耗增加、时序收敛、生产成本增加等。这些问题的解决如果单依靠人工来解决，是不可能完成的任务。使用电子设计自动化技术，Intel 公司在 2007 年已经生产出含有 80 核的处理器芯片，外观如图 1-1 所示。该芯片包含 10 亿个晶体管，160 个浮点处理单元，功耗约 62W。

图 1-1　Intel 80 核芯片（2007 年）

正如有了汽车，交通运输更加便捷一样，有了 EDA 工具，工程师可以制造出更复杂、集成度更高、性能更优的集成电路、电子产品。

电子设计自动化技术的主要优点有：

(1) 实现复杂设计。随着集成电路制造工艺的发展，借助于 EDA 工具已经可以将功能逻辑、SRAM、Flash、E-DRAM、CMOS RF、FPGA、MEMS 等集成到一个芯片上。

(2) 具备高的可靠性。避免出现由于人工疏忽而造成的设计错误等问题，提高了系统的可靠性。

(3) 加快设计速度。可以提高设计效率，缩短设计周期。

(4) 提高产品性能。可以使设计具备小型化、低功耗、高速度等性能指标。

(5) 降低设计成本。设计成本的降低主要因素有：①设计周期的缩短变相地增加了产品的生命周期；②生命周期的增加意味着产品数量增加，可以将设计费用平摊到每个产品中去；③设计周期的缩短同时又节省了人力资本；④可靠性的提高减少了后期维护成本；⑤低功耗措施的采用可以减少降温措施的成本。

(6) 形成统一的标准。形成统一的标准有助于设计的交流和设计成果的复用。

1.1.3　电子设计自动化的实现

电子设计自动化的实现流程可以简单地分为三步：

(1) 设计人员将设计要求转换成 EDA 工具可辨认的形式，一般将这种形式称为设计输入。

(2) EDA 工具根据设计输入和设计人员所加的约束条件，综合得到设计网表。

(3) 将得到的网表在具体的物理载体上实现。

图 1-2 为电子设计自动化的实现流程框图。

图 1-2　电子设计自动化的实现流程框图

设计输入主要是指设计者以 EDA 工具能够识别的形式对设计内容的描述，即逻辑表达。基本的设计输入形式主要有原理图输入、状态机输入和硬件语言输入三种。

EDA 工具的功能是把设计输入转化成能够在物理载体上实现的逻辑单元，如门电路、触发器、计数器乃至更底层的晶体管等。

物理载体就是设计的最终体现，是实现具体功能的实物，即电子芯片。芯片可以是专用集成电路，也可以是可编程逻辑器件。

1.2　硬件描述语言简介

硬件描述语言（Hardware Description Language，HDL）是一种用文本形式来描述电路逻辑功能的语言。设计者用 HDL 来描述设计规范要求的功能及结构，然后使用 EDA 工具进行综合与仿真，生成某种目标文件，最后在具体物理载体上实现所需设计。HDL 可以描述硬件电路的功能、信号连接关系及时序关系等。HDL 虽然没有图形输入那么直观，但功能更强,可以进行大规模、多芯片组的数字系统的设计。当前主流的 HDL 有 VHDL 和 Verilog HDL。

1.2.1 VHDL 简介

VHDL 是 Very High Speed Integrated Circuits(VHSIC)Hardware Description Language 的简称。VHDL 是在 20 世纪 80 年代初期作为美国国防部资助的 VHSIC 研究项目的产物而开发的。在项目期间,研究者面临超大规模集成电路难以描述的问题,以及管理超大规模集成电路设计需要涉及多个工程师小组的问题,而当时只有门级设计工具,因此迫切要求开发更好、更结构化的设计方法和工具。1981 年,VHDL 工作小组提出了 VHDL 语言,VHDL 的第一个公开版本 version7.2 于 1985 年问世。

1987 年底,VHDL 被 IEEE 和美国国防部确认为标准硬件描述语言。自 IEEE 公布了 VHDL 的标准版本 IEEE Std 1076—1987 之后,各 EDA 公司相继推出了自己的 VHDL 设计环境,或宣布自己的设计工具可以和 VHDL 接口。此后 VHDL 在电子设计领域得到了广泛的应用,并逐步取代了原有的非标准化的硬件描述语言。

IEEE 先后公布了四个 VHDL 国际标准:
(1) 1987 年首个 VHDL IEEE 标准被推出,即 IEEE Std 1076—1987;
(2) 1993 年公布第二个 IEEE 标准 IEEE Std 1076—1993;
(3) 2002 年公布第三个 IEEE 标准 IEEE Std 1076—2002;
(4) 2008 年公布第四个 IEEE 标准 IEEE Std 1076—2008。

此外,VHDL 还制定了其他一些子标准:
(1) IEEE Std 1076.1—1999 IEEE Standard VHDL Analog and Mixed-Signal Extensions;
(2) IEEE Std 1076.1—2007 IEEE Standard VHDL Analog and Mixed-Signal Extensions;
(3) IEEE Std 1076.2—1996 IEEE Standard VHDL Mathematical Packages。

1.2.2 Verilog HDL 简介

Verilog HDL 由 Gateway Design Automation 公司于 1983 年首次提出,并在此后为 Verilog HDL 设计了 Verilog-XL 仿真器。Verilog-XL 仿真器使得 Verilog HDL 得到了广泛的使用。Gateway Design Automation 公司在 1989 年被 Cadence 公司收购。1990 年 Cadence 公司公开发表了 Verilog HDL,并成立了 OVI(Open Verilog International)组织,专门负责 Verilog HDL 的推广和发展。Verilog HDL 在 1995 年成为 IEEE 标准,简称为 IEEE Standard 1364—1995。

Verilog HDL 是在 C 语言的基础上发展而来的。在语法结构上,Verilog HDL 与 C 语言有许多相似之处,因此具有 C 语言基础的设计者可以更快地掌握 Verilog HDL。但是 Verilog HDL 是一种硬件描述语言,与无法实现硬件描述的 C 语言具有本质的区别。

IEEE 先后制定了三个 Verilog HDL 标准,分别为:
(1) IEEE Standard 1364—1995(Verilog1995);
(2) IEEE Standard 1364—2001(Verilog2001);

(3) IEEE Standard 1364—2005（Verilog2005）。

1.2.3　SystemVerilog HDVL 简介

SystemVerilog 简称 SV 语言，是一种集硬件描述与验证于一身的语言，因此称其为硬件描述验证语言（Hardware Description and Verification Language，HDVL）。System Verilog 建立在 Verilog 语言的基础上，是 IEEE 1364 Verilog 2001 标准的扩展增强，兼容 Verilog 2001，并被业界视为下一代硬件设计和验证的语言。

SystemVerilog 结合了来自 Verilog、VHDL、C++的概念，还有验证平台语言和断言语言。它将硬件描述语言（HDL）与现代的高层次验证语言（HVL）结合了起来，使其对进行高度复杂的设计验证的验证工程师具有相当大的吸引力。

SystemVerilog 具有在一个更高的抽象层次上设计建模的能力，主要定位在芯片的实现和验证流程上。SystemVerilog 拥有芯片设计及验证工程师所需的全部结构，集成了面向对象编程、动态线程和线程间通信等特性，作为一种工业标准语言，全面综合了 RTL 设计、测试平台、断言和覆盖率，为系统级的设计及验证提供强大的支持作用。

SystemVerilog 除了作为一种高层次、能进行抽象建模的语言被应用外，它的另一个显著特点是能够和芯片验证方法学结合在一起，即作为验证方法学的一种语言工具。使用验证方法学可以大大增强模块复用性，提高芯片开发效率，缩短开发周期。芯片验证方法学中比较著名的有 VMM、OVM、AVM 和 UVM 等。

IEEE 先后制定了 2 个 Systemverilog 国际标准，即 IEEE Standard 1800—2005 和 IEEE standard 1800—2012。

1.2.4　System C 简介

System C 是在 C++的基础上扩展了硬件类和仿真核形成的。System C 是一种软/硬件协同设计语言，也是一种系统级建模语言。它包含了一系列 C++的类和宏，并且提供了一个事件驱动的模拟核，使得系统的设计者能够用 C++的词法模拟并行的进程，特别是在 SoC 系统中。

由于结合了面向对象编程和硬件建模机制原理两方面的优点，使 System C 在抽象层次的不同级进行系统设计。系统硬件部分可以用 System C 类来描述，其基本单元是模块（module），模块内可包含子模块、端口和过程，模块之间通过端口和信号进行连接和通信。

System C 主要应用于系统级建模、架构开发、性能建模、软件开发、功能验证以及高层综合等。System C 通常与电子系统级（ESL）设计和事务建模级（TLM）紧密相连。

IEEE 先后制定了 2 个 System C 国际标准：IEEE standard 1666—2005 和 IEEE standard 1666—2011。

1.3　HDL 相关 EDA 软件简介

电子设计自动化的实现离不开 EDA 软件的支持，按照开发 EDA 软件的公司是否生产 PLD，EDA 软件分为 PLD 制造商开发的 EDA 软件和专业软件公司开发的 EDA 软件两类。第一类 EDA 软件是 PLD 制造商为使其产品具备广泛的应用领域从而获得利润而开发的，可以说此类 EDA 软件是一个附属品；而第二类 EDA 软件是由专门的软件公司开发的，公司本身不生产芯片。

1.3.1 PLD 制造商开发的 EDA 软件

表 1-2 列举了当今两家主流 PLD 制造商 Altera[①] 和 Xilinx 的 EDA 开发软件。比较常用的软件为 Altera 公司的 QuartusⅡ软件和 Xilinx 公司的 ISE 软件。

表 1-2 Altera 和 Xilinx 公司的 EDA 软件

软件图标及名称	软件介绍
MAX+PLUS®Ⅱ	Altera 公司第二代 EDA 开发软件，比较适用于简单的 PLD 设计与开发
QUARTUS®Ⅱ	Altera 公司第四代 EDA 开发软件
FOUNDATION	Xilinx 公司第一代 PLD 开发软件，已基本不再使用
ISE	Xilinx 公司第二代 PLD 开发软件

1.3.2 专业软件公司开发的 EDA 软件

表 1-3 列举了几种常见的专业软件公司开发的 EDA 软件，其中在 PLD 开发中比较常用的有 Modelsim 仿真软件和 Synplify/Synplify pro 综合软件。

表 1-3 常见的专业软件公司开发的 EDA 软件

软件名称	软件性质	所属公司
FPGA CompilerⅡ	综合软件	Synopsys
Leonardo Spectrum	综合软件	Mentor
Synplify/Synplify pro	综合软件	Synplicity
Modelsim/Questasim	仿真软件	Mentor
Active HDL	仿真软件	Aldec
NC-Verilog/NC-VHDL/NC-Sim	仿真软件	Cadence
VCS/Scirocco	仿真软件	synopsys

[①] Altera 公司 2015 年 12 月被 Intel 收购，现为 Intel PSG（英特尔可编程解决方案事业部）。

习题 1

1.1 从广义和狭义两个方面阐述什么是电子设计自动化?

1.2 电子设计自动化的优点有哪些?

1.3 什么是 HDL?主要的 HDL 有哪几种?各自的特点有哪些?

1.4 基于 HDL 的综合软件和仿真软件都有哪些?

第 2 章　半导体存储器与可编程逻辑器件

本章介绍半导体存储器与可编程逻辑器件（Programmable Logic Device，PLD）的基本知识，主要介绍半导体存储器 ROM 和 RAM 的基本结构，PLD 的发展历程、结构原理、分类、工艺等内容。半导体存储器在现代电子系统中广泛使用，主要用来存储数据信息。PLD 是在半导体存储器的基础上发展起来的，PLD 是电子设计自动化的主要物理载体之一。学习半导体存储器的结构可以清楚了解 PLD 的内部结构以及工作原理。

2.1　半导体存储器

半导体存储器是一种可以存储大量二进制数据的半导体器件。

半导体存储器根据读写方式可以分为两大类：只读存储器（Read Only Memory，ROM）和随机存取存储器（Random Access Memory，RAM）。ROM 的特点是：在工作状态下，只能进行读操作，不能进行写操作；断电后，ROM 中的数据不丢失。RAM 的特点是：在工作状态下，可以执行读操作，也可以执行写操作；断电后，RAM 中的数据丢失。

按照是否允许用户对 ROM 执行写操作，ROM 又可以分为固定 ROM（或掩模 ROM）和可编程 ROM（Programmable ROM，PROM）。一般将 PROM 归类到可编程逻辑器件 PLD 中去。PROM 根据编程的次数可以分为一次可编程 ROM 和多次可编程 ROM。其中多次可编程 ROM 又可分为光擦除电编程存储器（EPROM）、电擦除电编程存储器（E^2PROM）和闪烁存储器 Flash Memory。

RAM 根据内部电路结构可以分为静态 RAM（Static RAM，SRAM）和动态 RAM（Dynamic RAM，DRAM）。SRAM 中用锁存器存储数据 0 或 1。DRAM 利用电容器存储电荷实现数据的保存。由于随着时间的推移，电容器中的存储电荷逐渐消散，因此需要定时对电容器进行刷新。

如果 SRAM 的读写操作是在同步时钟的控制下完成的，则称为同步 SRAM（Synchronous Static RAM，SSRAM）。同理，同步 DRAM（Synchronous Dynamic RAM，SDRAM）的读写操作也是在同步时钟的控制下完成的。

2.1.1　只读存储器 ROM

1. ROM 的基本结构

半导体存储器的存储容量很大，但是器件的引脚数目有限，不能为每个存储单元提供专用的输入输出端口。因此，引入了译码电路，为每个存储单元分配一个地址，只有被地址译码电路选通的存储单元才能被访问，即此时该存储单元与公用的输入、输出端口接通。

ROM 的基本结构包括三个组成部分，即存储阵列、地址译码器和输出控制电路，如图 2-1 所示。

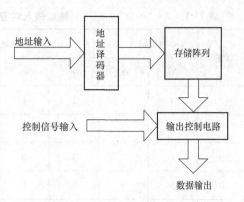

图 2-1 ROM 的基本结构框图

（1）地址译码器。为了区分不同的字，给每个字分配一个地址。地址译码器的作用是将输入的地址代码进行译码，生成该地址对应字单元的控制信号，控制信号从存储阵列中选出对应的存储单元，并将存储单元的数据输出到输出控制电路。字单元又称为地址单元。地址单元的个数 N 与二进制地址码的位数 n 满足关系式 $N=2^n$。实际的 ROM 译码电路采用行译码和列译码的二维译码结构来减小译码电路规模。

（2）存储阵列。存储阵列由许多存储单元按照矩阵的形式进行排列组成。每个存储单元存储 1 位二进制数据。存储单元可以用二极管或双极性晶体管或 MOS 管构成。存储阵列中由若干位组成一组，形成一个字。因此，一个字由若干位构成。一个字中所含的位数称为字长。

（3）输出控制电路。输出控制电路一般由三态缓冲器构成。输出控制电路的作用主要有两个：

1）提高存储器的带负载能力，以便驱动数据总线。

2）可以实现对输出状态的三态控制；当无数据输出时，将输出置为高阻；当有数据读出时，将有效数据输出至数据总线。

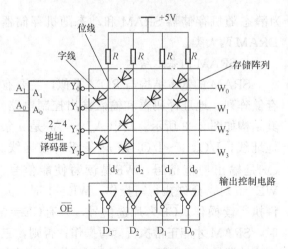

图 2-2 二极管 ROM 的电路结构图

2. ROM 电路举例

图 2-2 是一个二极管 ROM 的电路结构图❶。该 ROM 电路具有 2 位地址码输入和 4 位数据输出，$W_0 \sim W_3$ 称为字线，$d_0 \sim d_3$ 称为位线。存储单元为字线和位线交叉处的二极管。2 位地址码 A_1A_0 经过 2—4 译码器译码得到 4 个不同的地址，见表 2-1 中地址译码栏。每一个地址都只有一条字线为低电平。例如，当 $A_1A_0=00$ 时，$W_0=0$，即字线 W_0 为低电平。此时与 W_0 连接的二极管导通，将位线 d_2 和 d_0 由高电平拉低至低电平。如果输出控制信号 $\overline{OE}=0$，则数据输出为 0101。表 2-1 中数据输出栏中列出了 ROM 的所有四种输出数据。当 $\overline{OE}=1$ 时，输出为高阻。由此可以看出，字线和位线交叉处相当于一个存储单元，此处若有二极管存在，则相当于存储 1，没有二极管存在时，相当于存储 0。注意：需要考虑输出反相。

---

❶ 本书中逻辑元件图形符号均采用特异型符号。

表 2-1　　　　　　　　　地址输入对应的地址译码和数据输出

$\overline{OE}$	地址输入		地址译码				数据输出			
	A_1	A_2	w_3	w_2	w_1	w_0	D_3	D_2	D_1	D_0
0	0	0	1	1	1	0	0	1	0	1
0	0	1	1	1	0	1	1	0	1	1
0	1	0	1	0	1	1	1	0	1	1
0	1	1	0	1	1	1	1	1	0	0
1	×	×	×	×	×	×	高阻			

3. ROM 容量的计算

ROM 的容量表示存储数据量的大小。容量越大，说明能够存储的数据越多。容量通过字单元数乘以字长来表示。字单元数简称字数。

存储容量的计算公式为

$$存储容量 = 字数 \times 字长$$

例如，一个 ROM 可以用 256×8 位来表示其容量，该 ROM 字数为 256，字长为 8 位，存储容量为 2048 位。当容量较大时，用 K、M、G 或 T 为单位来表示容量。各种单位的换算关系为：1T=1024G，1G=1024M，1M=1024K。

2.1.2 静态随机存储器 SRAM

RAM 根据存储单元的结构不同可以分为静态随机存储器 SRAM 和动态随机存储器 DRAM 两大类。

1. SRAM 的基本结构

SRAM 的基本结构与 ROM 类似，主要有存储阵列、地址译码器和输入输出控制电路。其结构如图 2-3 所示。其中 $A_{n-1} \sim A_0$ 是 n 条地址线，$I/O_{m-1} \sim I/O_0$ 是 m 条双向数据线。$\overline{OE}$ 是输出使能信号，$\overline{WE}$ 是读写使能信号，$\overline{WE}=0$ 时，允许执行写操作；$\overline{WE}=1$ 时，允许执行读操作。$\overline{CE}$ 为片选信号，只有 $\overline{CE}=0$ 时，SRAM 才能正常执行读写操作；否则，三态缓冲器输出为高阻，SRAM 不工作。为了实现低功耗，一般在 SRAM 中增加电源控制电路，当 SRAM 不工作时，降低 SRAM 的供电电压，使其处于微功耗状态。I/O 电路主要包括数据输入驱动电路和读出放大器。图 2-3 所描述的 SRAM 的工作模式见表 2-2。

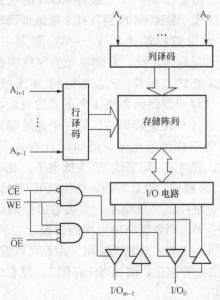

图 2-3　SRAM 的结构框图

表 2-2　　　　　　　　　　　SRAM 的工作模式

工作模式	$\overline{CE}$	$\overline{WE}$	$\overline{OE}$	$I/O_{m-1} \sim I/O_0$
保持（微功耗）	1	×	×	高阻
读	0	1	0	数据输出
写	0	0	×	数据输入
输出无效	0	1	1	高阻

2. SRAM 的存储单元

SRAM 存储单元是基于锁存器（或触发器）的基础上附加门控管构成的。比较典型的 SRAM 存储单元由 6 只增强型 MOS 管 T1～T6 组成，其结构如图 2-4 所示。其中 T1～T4 组成 SR 锁存器，用于存储 1 位二进制数据。X_i 是行选择线，由行译码器输出；Y_i 是列选择线，由列译码器输出。T5、T6 为门控管，作模拟开关使用，用来控制锁存器与位线接通或断开。T5、T6 由 X_i 控制，$X_i=1$ 时，T5、T6 导通，锁存器与位线接通；当 $X_i=0$ 时，T5、T6 截止，锁存器与位线断开。T7、T8 是列存储单元公用的控制门，用于控制位线与数据线的接通或断开，由列选择线 Y_i 控制。只有行选择线和列选择线均为高电平时，T5～T8 都导通，锁存器的输出才与数据线接通，该单元才能通过数据线传送数据。因此，存储单元能够进行读/写操作的条件是：与其相连的行、列选择线均为高电平。断电后，锁存器的数据丢失，所以 SRAM 具有掉电易失性。

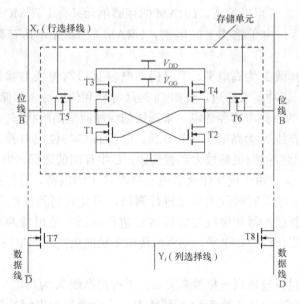

图 2-4　SRAM 的基本结构

SSRAM 为同步静态随机存储器，是在 SRAM 的基础上发展起来的一种高速 RAM。SSRAM 与 SRAM 的区别是前者是在时钟脉冲控制下完成读写操作。

2.1.3　动态随机存储器 DRAM

DRAM 的存储单元是由一个 MOS 管和一个容量较小的电容器构成，如图 2-5 所示。

DRAM存储数据的原理是源于电容器的电荷存储效应。当电容器C充有电荷、呈现高电压时，相当于存储1；当电容器C没有电荷时，相当于存储0。MOS管T相当于一个开关，当行选择线X为高电平时，T导通，电容器C与位线接通；当行选择线X为低电平时，T截止，电容器C与位线断开。由于电路中漏电流的存在，电容器上存储的电荷不能长久保持，为了避免存储数据丢失，必须定期给电容器补充电荷。补充电荷的操作称为刷新或再生。

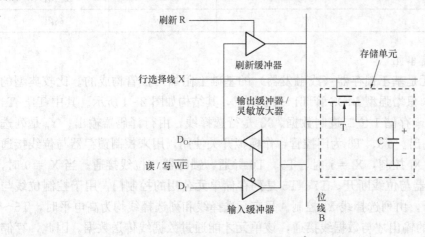

图2-5 DRAM存储单元的基本结构

比较图2-4和图2-5可以发现，DRAM的存储单元只有1只MOS管，而SRAM的存储单元有6只MOS管。由于结构上的区别，DRAM较SRAM具有高集成度、低功耗等优点。

写操作时，行选择线X为高电平，T导通，电容器C与位线B接通。同时读写控制信号$\overline{WE}$为低电平，输入缓冲器被选通，数据D_I经缓冲器和位线写入存储单元。如果D_I为1，则向电容器充电；D_I为0则电容器放电。未选通的缓冲器呈高阻状态。

读操作时，行选择线X为高电平，T导通，电容器C与位线B接通。此时读写控制信号$\overline{WE}$为高电平，输出缓冲器/灵敏放大器被选通，C中存储的数据（电荷）通过位线和缓冲器输出，读取数据为D_O。由于读操作会消耗电容器C中的电荷，存储的数据被破坏，所以每次读操作结束后，必须及时对读出单元进行刷新，即此时刷新控制R也为高电平，读操作得到的数据经过刷新缓冲器和位线对电容器C进行刷新。输出缓冲器和刷新缓冲器构成一个正反馈环路，如果位线为高电平，则将位线电平拉向更高；如果位线为低电平，则将位线电平拉向更低。

刷新操作可以通过只选通行选择线来实现。当行选择线X为高电平，且$\overline{WE}$也为高电平时，电容器C上的数据经MOS管T到达位线B，然后通过输出缓冲器对存储单元进行刷新，此时刷新是整行刷新。

由于存储单元中电容器的容量很小，所以在位线容性负载较大时，电容器中存储的电荷可能还未将位线拉高至高电平时便耗尽了，由此引发读出错误。为了避免这种情况，通常在读操作之前先将位线电平预置为高、低电平的中间值。位线电平的变化经灵敏放大器放大，可以准确得到电容器所存储数据。

SDRAM与DRAM的区别在于前者的读/写操作是在时钟的控制下完成的。

2.1.4 存储器的扩展

当使用一片 ROM 或 RAM 器件不能满足对存储容量的要求时,就需要将若干片 ROM 或 RAM 组合起来,形成一个容量更大的存储器。

1. 位扩展方式

位扩展方式是对每个字单元的位数进行扩展。位扩展方式中,所有的 ROM 或 RAM 共享地址线和控制信号,只需将每个 ROM 或 RAM 的输出数据按要求组合起来即可。

图 2-6 所示为 8 片 1024×1 位 RAM 组合成的一个 1024×8 位的 RAM。

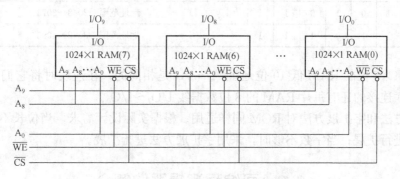

图 2-6 RAM 的位扩展

2. 字扩展方式

图 2-7 所示为采用字扩展方式将 4 片 1024×8 位的 RAM 组合成 4096×8 位 RAM 的应用实例。4 片 1024×8 位的 RAM 共 4096 个字,而每片 RAM 的地址线只有 10 位 $A_9 \sim A_0$,寻址范围为 0~1023,无法辨别当前数据 $I/O_7 \sim I/O_0$ 对应的是 4 片 RAM 中的哪一片。因此,需要增加 2 位地址线 $A_{11} \sim A_{10}$,总的地址线的条数为 12,寻址范围为 0~4095。$A_{11} \sim A_{10}$ 两条地址线经过译码可以选择 4 片 RAM 中的任意一个。如果 $A_{11} \sim A_{10} = 00$,则选

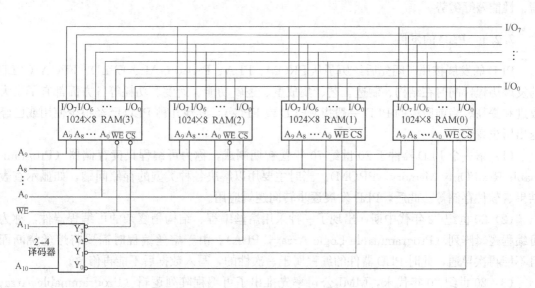

图 2-7 RAM 的字扩展

择 RAM（0）；如果 $A_{11} \sim A_{10} = 01$，则选择 RAM（1）；如果 $A_{11} \sim A_{10} = 10$，则选择 RAM（2）；如果 $A_{11} \sim A_{10} = 11$，则选择 RAM（3）。表 2-3 描述了图 2-7 中各片 RAM 的地址分配。

表 2-3　　　　　　　　图 2-7 中各片 RAM 的地址分配

器件编号	A_{11}	A_{10}	$\overline{Y_3}$	$\overline{Y_2}$	$\overline{Y_1}$	$\overline{Y_0}$	A_{11}	A_{10}	A_9	A_8	A_7	A_6	A_5	A_4	A_3	A_2	A_1	A_0
RAM（0）	0	0	1	1	1	0	地址范围　0～1023											
RAM（1）	0	1	1	1	0	1	地址范围　1024～2047											
RAM（2）	1	0	1	0	1	1	地址范围　2048～3071											
RAM（3）	1	1	0	1	1	1	地址范围　3072～4095											

4 片 1024×8 位的 RAM 低 10 位地址 $A_9 \sim A_0$ 是相同的，在连线时将它们并联起来即可。需要并联连接的还有每片 RAM 的 8 位数据线 $I/O_7 \sim I/O_0$。

位扩展方法和字扩展方法对 ROM 同样适用。根据实际设计需求，当位长不够时，使用位扩展方法进行扩展；当字数不够时，采用字扩展方法进行扩展。

2.2　可编程逻辑器件简介

可编程逻辑器件（Programmable Logic Device，PLD）是 20 世纪 70 年代诞生的一种逻辑器件，其最终的逻辑结构和功能由用户编程决定。当今，可编程逻辑器件在数字系统中扮演着重要的角色。与中小规模通用逻辑器件相比，PLD 具有集成度高、速度快、功耗低、可靠性高等优点。与专用集成电路 ASIC（Application Specific Integrated Circuits）相比，由于 PLD 不需要专用集成电路的版图设计及制造流程等后端设计流程，所以具有开发周期短、设计复杂度低、风险小、小批量生产成本低等优点。但是与 ASIC 相比，PLD 具有功耗高、性能差等劣势。

2.2.1　PLD 的发展

PLD 的发展按照时间先后经历了从 PROM、PLA、PAL、GAL、EPLD、FPGA/CPLD 的发展历程，同时在结构、制造工艺、集成度、逻辑功能、速度、功耗等各方面都有了很大改进和提高。当前阶段的 PLD 一般指 CPLD 或 FPGA，其他几种 PLD 已经很少使用或已经退出历史舞台。

（1）第一个 PLD 器件于 20 世纪 70 年代初期制成，称为可编程只读存储器（Programmable Read Only Memory，PROM）。当时主要用以解决各种类型的存储问题，如显示查表结果、软件存储等。此后，PLD 发展逐步转向逻辑应用。

（2）20 世纪 70 年代中期，出现了一种采用熔丝编程、结构稍复杂的可编程器件，称为可编程逻辑阵列（Programmable Logic Array，PLA）。由于熔丝编程时需要将熔丝烧断而且不能再次导通，此时 PLD 器件的编程属于一次性的，写入数据后不能再修改。

（3）20 世纪 70 年代末，MMI 公司率先推出了可编程阵列逻辑（Programmable Array Logic，PAL）。PAL 采用双极型工艺制造，熔丝编程方式。与 PLA 器件相比，由于 PAL

器件的与阵列固定，所以不如 PLA 器件编程灵活。但是 PAL 器件具有成本低、编程方便、工作速度快、输出结构丰富等优点。此外，PAL 器件还具有保密位来防止非法读出。由于采用熔丝编程方式，PAL 器件仍然存在一次性编程的缺点。后来随着工艺的发展，采用 EPROM、E^2PROM 制造工艺的 PAL 相继问世。

(4) 20 世纪 80 年代初，美国的 Lattice 公司和 Altera 公司先后推出了通用阵列逻辑（Generic Array Logic，GAL）。GAL 采用 UVPROM 或 E^2PROM 编程的 CMOS 工艺，可重复编程，克服了熔丝编程工艺一次性编程的缺点。在结构上，GAL 器件比 PAL 器件增加了一个可编程逻辑宏单元（OLMC），通过对 OLMC 编程可以实现多种形式的输出和反馈。

(5) 20 世纪 80 年代中期，美国 Xilinx 公司提出了现场可编程的概念，于 1985 年率先推出了现场可编程门阵列（Field Programmable Gate Array，FPGA）器件。FPGA 器件的编程方式与早期的 PLD 器件不同，不是通过专门的编程器来完成，而是采用一套专用设计软件生成一个编程文件进行编程。FPGA 器件采用 SRAM 编程的 CMOS 工艺制造，其结构主要由可配置逻辑块（Configurable Logic Block，CLB）、可编程输入输出模块（I/O Block，IOB）和可编程互联资源（Programmable Interconnection，PI）三部分组成。FPGA 具有密度高、编程速度快、设计灵活、可重复配置等优点。

在同一时期，美国的 Altera 公司推出了一种可擦除可编程逻辑器件（Erasable Programmable Logic Device，EPLD）。EPLD 采用 UVEPROM 或 E^2PROM 编程的 COMS 工艺，集成度远高于 PAL 和 GAL。EPLD 增加了大量的输出宏单元，提供了更大的与阵列，使设计更加灵活，但是内部互连能力较差。

(6) 20 世纪 80 年代末，美国 Altera 公司推出了复杂可编程逻辑器件（Complex Programmable Logic Device，CPLD）。CPLD 是在 EPLD 的基础上发展而来的，采用 E^2PROM 工艺。与 EPLD 相比，CPLD 增加了内部连线，对宏单元和 I/O 单元做了重大改进，使 CPLD 的功能更加强大，设计更加灵活。

(7) 20 世纪 90 年代初，Lattice 公司提出了在系统编程技术（In System Programmable，ISP），并相继推出了一系列在系统可编程器件 ispLSI，这些器件可归属于复杂可编程逻辑器件。

(8) 20 世纪 90 年代至 21 世纪初期，高密度 PLD 在生产工艺、器件的编程和测试技术等方面都有了飞速发展。PLD 内部增加了存储模块、DSP 模块等专用模块。

(9) 进入 21 世纪之后，以 FPGA 为核心的片上系统 SOC 和可编程片上系统 SOPC 有了显著的发展。单片 FPGA 的集成规模可达千万门级，工作速度超过 300MHz。FPGA 在结构上已经实现了复杂系统所需要的主要功能，并将多种专用 IP 核集成在一片 FPGA 中，如嵌入式硬核/软核处理器、嵌入式乘法器、嵌入式存储器等。

2.2.2 PLD 的分类

1. 按编程次数划分

(1) 一次性编程 PLD（One Time Programmable，OTP）。一次性编程的 PLD 一般采用熔丝或反熔丝编程工艺。

(2) 可重复编程 PLD。可重复编程的 PLD 采用紫外线可擦除 UVPROM/EPROM、电可擦除 E^2PROM、SRAM 等编程工艺。

2. 按编程单元工艺划分

(1) 熔丝/反熔丝型。

1) 采用熔丝 (Fuse) 编程的 PLD, 在可编程点处使用低熔点合金丝或多晶硅导线作为熔丝, 在编程时将编程点处的熔丝烧断即可。

2) 反熔丝 (Antifuse) 结构中的可编程点处不是熔丝, 而是一个绝缘连接体, 如特殊绝缘材料或反向串联的肖特基势垒二极管。未编程时连接体不导通, 编程时在连接体上施加电压, 使其被永久性击穿, 编程点处导通。熔丝与反熔丝的区别见表 2-4。

表 2-4　　　　　　　　　　　熔丝与反熔丝的区别

类型	材料	编程前状态	编程后状态
熔丝	低熔点合金丝或多晶硅导线	导通	断开
反熔丝	特殊绝缘材料或反向串联的肖特基势垒二极管	断开	导通

图 2-8 (a) 为一个由二极管和熔丝组成的编程单元。图 2-8 (b) 为在图 2-2 固定 ROM 的基础上采用熔丝编程工艺的 PROM 的实例。在图 2-8 (b) 中每个位线和字线的交叉点处都有一只二极管, 并且串联一个特殊材料制成的低熔点合金丝。因此, 该 PROM 可以根据实际要存储的数据进行编程, 将需要断开的交叉点处的熔丝烧断, 保留需要连接的交叉点处的熔丝。

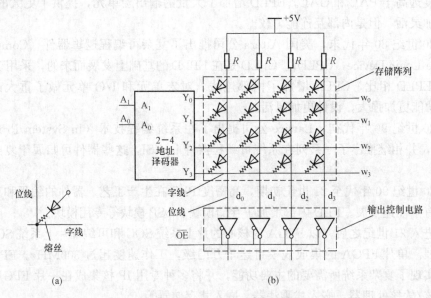

图 2-8　熔丝型 PROM
(a) 编程单元; (b) 熔丝型 PROM 实例

(2) 浮栅 MOS 管型。在 CMOS 制造工艺的 PLD 中, 常采用浮栅 MOS 管作为编程单元。浮栅 MOS 管按其结构可以划分为叠栅注入 MOS (SIMOS) 管、浮栅隧道氧化层 MOS (Flotox MOS) 管和快闪 (Flash) 叠栅 MOS 管。不同结构的浮栅 MOS 管, 编程信息的擦除也不相同。基于 SIMOS 管结构的 PLD 采用紫外线照射擦除, 基于 Flotox MOS 管和快闪叠栅 MOS 管的 PLD 采用电擦除方式。

1) SIMOS 管。SIMOS 管的结构与符号如图 2-9（a）所示。它是一只 N 沟道增强型 MOS 管，有两个多晶硅栅极——控制栅 g_c 和浮栅 g_f，浮栅被绝缘 SiO_2 包围着。器件编程之前，浮栅上没有电荷，此时 SIMOS 管与普通的 MOS 管一样。当控制栅 g_c 加正常工作的高电压时，SIMOS 管处于导通状态，此时 SIMOS 管的开启电位为 V_{T1}，转移特性如图 2-9（b）所示。器件编程时，SIMOS 管的源极和漏极之间加高于正常工作的正电位（大于 12V），此时漏极与衬底之间的 PN 结发生雪崩击穿，若同时在控制栅加脉冲电压（幅值大于 12V），则雪崩击穿产生的高能电子在栅极电场的作用下，穿过 SiO_2 层注入浮栅。编程电压撤销后，因为浮栅被绝缘的 SiO_2 包围，注入的电子没有放电通路，可以长期保留，此时 SIMOS 管的开启电位升高到 V_{T2}，特性曲线右移，如图 2-9（b）所示。因此，控制栅加正常工作电压时无法达到开启电位 V_{T2}，SIMOS 管始终截止，相当于断开一样。

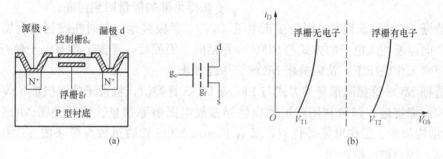

图 2-9 SIMOS 管
(a) SIMOS 管的结构与符号；(b) 浮栅上有无电子与开启电压的关系

擦除方法是用紫外线或 X 射线照射器件约 20min，则 SiO_2 层中将产生电子空穴对，为浮栅上的电子提供放电通路，浮栅上的电子消散，SIMOS 管恢复到编程前的状态。

2) Flotox MOS 管。Flotox MOS 管的结构与符号如图 2-10 所示。其结构与 SIMOS 管类似，不同之处是在浮栅与漏区之间有一个极薄的氧化层（0.2nm 以下），称为隧道区。当隧道区的电场强度足够大时，漏区与浮栅之间便出现导电隧道，在电场的作用下，电子通过隧道形成电流，这种现象称为隧道效应。器件编程之前，浮栅上没有电荷，与普通的 MOS 管一样。编程时源极、漏极均接地，控制栅加 20V 的脉冲电压，隧道产生强电场，

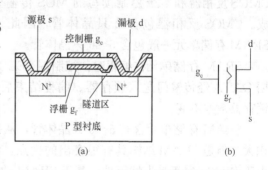

图 2-10 Flotox MOS 管的结构及符号

吸引漏区的电子通过隧道到达浮栅。编程电压撤销后，浮栅上的电子由于处在绝缘环境中，可以长期保留。此时，Flotox MOS 管的开启电位升高，在正常工作电压下始终截止。

如果要擦除编程信息，将管子的漏极加 20V 的正脉冲电压，控制栅接地，则浮栅上的电子在电场的作用下通过隧道回到漏区，管子恢复到编程前的状态，从而实现了擦除信息的目的。

与 SIMOS 管相比，Flotox MOS 管的编程和擦除都是通过在漏极和控制栅上加脉冲电压，向浮栅注入和清除电荷的速度快、操作简单，用户可以在电路板上实现在线操作。实际

上编程和擦除是同时进行的,每次编程时,以新的信息代替旧的信息。

3) 快闪叠栅 MOS 管。快闪叠栅 MOS 管的结构及符号如图 2-11 所示。其结构与 SIMOS 类似。二者的最大区别在于快闪叠栅 MOS 管的浮栅与 P 型衬底之间的氧化层比 SIMOS 管更薄。快闪叠栅 MOS 管的擦除方式通过浮栅与源极之间的超薄氧化层的电子隧道效应进行擦除。而 SIMOS 管的浮栅与源极之间的氧化层比较厚,电场不足以产生隧道效应,所以用紫外线照射,使浮栅上的电子获得足够的能量回到衬底。

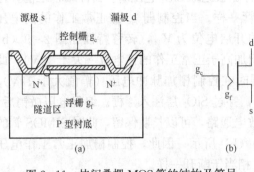

图 2-11 快闪叠栅 MOS 管的结构及符号

快闪叠栅 MOS 管编程时,漏极接正电压(6V),源极接地,同时在控制栅上加 12V 正脉冲电压,向浮栅注入电子的方式与 SIMOS 管相同。编程后,浮栅上存有电子使开启电位升高,在正常工作电压下,快闪叠栅 MOS 管始终截止。

快闪叠栅 MOS 管擦除信息的方式与 Flotox MOS 管类似,将管子的源极加 12V 的正脉冲电压,控制栅接地,即可利用隧道效应使浮栅放电而擦除信息。快闪叠栅 MOS 管既有 SIMOS 管结构简单、工作可靠等优点,又有 Flotox MOS 管隧道效应带来的速度快,操作简单等特点,因而被广泛使用。

(3) SRAM 型。SRAM 是指静态存储器,大多数 FPGA 都采用 SRAM 编程工艺。SRAM 型存储单元利用 SRAM 的锁存器存储原理,来实现信息编程。SRAM 型存储单元的结构如图 2-12 所示。1 个 SRAM 型存储单元由 2 个 CMOS 反相器和 1 个控制读写的 MOS 传输门构成。CMOS 反相器包含 2 只晶体管,因此 1 个 SRAM 存储单元一般包含 5~6 只晶体管。

图 2-12 SRAM 型存储单元结构图

SRAM 存储单元在编程时,控制端 SEL 为高电平,MOS 传输门导通,此时数据端的数据 DATA 经传输门送入锁存器。编程结束后,控制端 SEL 为低电平,MOS 传输门截止,锁存器数据不变。

SRAM 存储单元含有 5~6 只晶体管,从每个单元消耗的硅片面积来看,SRAM 结构体积大,但是 SRAM 结构具有很突出的优点:编程速度快,静态功耗低,抗干扰能力强等。由于 SRAM 属于易失性元件,基于 SRAM 的 PLD 在每次掉电后,需要重新加载配置数据。

3. 按集成度划分

(1) 低密度 PLD。集成度在 1000 门/片以下的 PLD 称为低密度 PLD,如 PROM、PLA、PAL 和 GAL 等。

(2) 高密度 PLD。高密度 PLD 是指集成度在 1000 门/片以上的 PLD,如 EPLD、CPLD 和 FPGA 等。

4. 按结构特点划分

(1) 基于乘积项 PLD。乘积项即"与-或"阵列,是一种最为简单的可编程逻辑单元结构,它由与阵列和或阵列共同组成器件内部的逻辑单元结构。通过对与阵列和或阵列的编程来实现电路的功能，其逻辑设计十分方便。

（2）基于查找表 PLD。查找表是将一个逻辑函数表存放在静态存储器（SRAM）中，通过查找该表中的函数值来实现逻辑运算。逻辑运算是通过地址线（输入变量的取值）查找相应存储单元的信息内容（即函数值）来实现的。

2.2.3 PLD 的基本结构和表示方法

1. PLD 的基本结构

数字逻辑中有一个定理：任何一个逻辑函数表达式都可以变换为与或表达式。因而任何一个逻辑函数都可以用一级与逻辑电路和一级或逻辑电路来实现。PLD 器件的基本结构就是基于这种思想来实现的。PLD 的基本结构由输入电路、与阵列、或阵列和输出电路四部分组成。

（1）输入电路：由输入缓冲器构成，其主要作用是增强输入信号的驱动能力，产生输入信号的原变量和反变量，为与阵列提供互补的输入信号。

（2）与阵列：由若干与门组成。与阵列的作用是选择输入信号，并进行与操作，生成乘积项。

（3）或阵列：由若干或门组成。或阵列的作用是选择乘积项，并进行或操作，生成与或表达式。

（4）输出电路：具有组合逻辑电路和时序逻辑电路两种结构形式。组合逻辑输出电路主要由三态门组成。时序逻辑输出电路包括三态门和触发器。输出电路的作用是对或阵列得到的与或表达式进行处理，根据设计要求输出组合逻辑还是时序逻辑。为了增强 PLD 的灵活性，输出电路还可以产生反馈信号给与阵列。

PLD 的基本结构如图 2-13 所示。

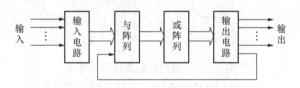

图 2-13 PLD 基本结构图

2. PLD 的表示方法

（1）连接符号。在描述与、或阵列的结构图时，有一套标准的连接符号来表示 PLD 中逻辑门的连接关系。根据连接点是否可编程，将连接点分为两类，不可编程连接点和可编程连接点。

1）不可编程连接点。不可编程点是固定连接，是厂家在生产 PLD 器件时已经固定下来的连接状态，用户不能更改。不可编程点有两种连接状态，即固定连接和固定断开。两种连接状态的表示方法如图 2-14 所示。

2）可编程连接点。可编程连接点是用户可以更改连接状态的连接点。用户可以根据设计要求将可编程连接点编程为断开或连接。两种连接状态的表示方法如图 2-15 所示。可编程断开与固定断开连接点的表示符号是一样的，在表达逻辑时都表示连接点断开。设计者可根据具体的 PLD 器件的结构特点判断出该连接点是哪种类型。

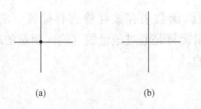

图 2-14 PLD 不可编程点连接符号　　　图 2-15 PLD 可编程点连接符号
(a) 固定连接；(b) 固定断开　　　　　　(a) 可编程连接；(b) 可编程断开

一般在同一种 PLD 中，所有的可编程连接点在未编程时，都处于相同的连接状态。若初始状态为可编程连接，在编程时只需将需要断开的连接点编程为断开状态即可。同样，当初始状态为可编程断开，在编程时，只需将需要连接的连接点编程为连接状态即可。

(2) PLD 各组成部分的表示方法。

1) 输入电路。输入电路的输入缓冲器可以产生 2 个互补的变量，结构如图 2-16 所示。

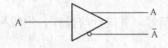

图 2-16 PLD 输入电路

2) 与阵列。与阵列由若干逻辑与门组成。

a) 逻辑与门的表示方法。在 PLD 与阵列中采用逻辑门的图形符号来表示逻辑门的逻辑功能。与门的图形符号如图 2-17 (a) 所示。

b) 与阵列表示方法。与阵列的图形符号如图 2-17 (b) 所示，图中符号的等效逻辑表达式为 $P = A \cdot C$。

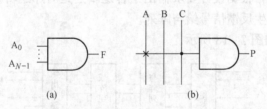

图 2-17 与门和与阵列图形符号
(a) N 输入与门图形符号；(b) PLD 与阵列图形符号

3) 或阵列。

a) 逻辑或门的表示方法。在 PLD 或阵列中采用逻辑门的图形符号来表示逻辑门的逻辑功能。或门的图形符号如图 2-18 (a) 所示。

b) 或阵列表示方法。图 2-18 (b) 中符号的等效逻辑表达式为 $P = A + C$。

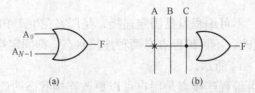

图 2-18 或门和或阵列图形符号
(a) N 输入或门图形符号；(b) PLD 或阵列图形符号

4）输出电路。输出电路根据不同的器件结构差别很大。对于 PROM、PAL、PLA 等器件属于纯组合逻辑电路，输出电路中不需要触发器。对于 GAL、CPLD、FPGA 等器件输出即包含组合逻辑又包含时序逻辑，因此需要增加触发器电路，并根据设计要求对输出结果进行选择。图 2-19 分别表示了这两种输出电路的结构（图中没有考虑输出反馈到输入的情况）。

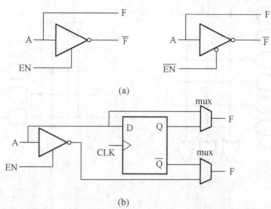

图 2-19　输出电路基本结构
（a）纯组合逻辑电路输出结构；（b）组合逻辑与时序逻辑选择输出结构

2.2.4　低密度 PLD 的基本结构

低密度 PLD 包括 PROM、PLA、PAL 和 GAL 四种器件，这四类器件的与阵列、或阵列和输出电路的特点见表 2-5。

表 2-5　　　　　　　　　　低密度 PLD 的结构特点

器件	与阵列	或阵列	输出电路
PROM	固定	可编程	固定
PLA	可编程	可编程	固定
PAL	可编程	固定	固定
GAL	可编程	固定	可组态

1. PROM

PROM 是由固定的与阵列和可编程的或阵列构成的。与阵列属于全译码阵列，即 N 个输入变量就有 2^N 个乘积项，因此器件的规模将随着输入变量个数 N 的增加成 2^N 指数级增长。全译码结构的与阵列使 PROM 的开关时间较长，使 PROM 的速度比较慢。大多数逻辑函数不需要使用输入的全部组合，使得 PROM 的与阵列不能得到充分使用。PROM 一般用作数据存储器。图 2-20 所示为 PROM 的基本结构。

图 2-21 所示为利用 PROM 实现逻辑函数实例。其实现的逻辑函数的表达式为

$$F_0 = \overline{A}\,\overline{B} + AB$$
$$F_1 = A\overline{B} + \overline{A}B$$
$$F_2 = \overline{A}\,\overline{B} + \overline{A}B + A\overline{B} + AB = 1$$

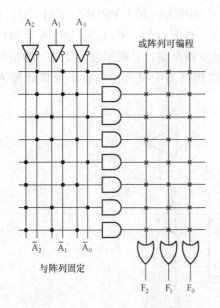

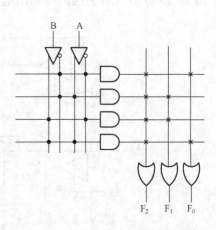

图 2-20 PROM 基本结构　　　　图 2-21 PROM 实现逻辑函数实例

2. PLA

PLA 又称 FPLA（Field Programmable Logic Array），在诞生初期编程单元采用熔丝型，后来采用浮栅型的编程单元实现可重复编程，而且在输出电路增加了触发器，可以实现时序逻辑。

PLA 与 PROM 的结构类似，它们的区别在于 PROM 的与阵列是固定的，而 PLA 的与阵列是可编程的。这样的优点是可以根据设计灵活选择乘积项，因此芯片利用率高，节省芯片面积；缺点是对开发软件要求高，优化算法复杂，器件运行速度低。PLA 的基本结构如图 2-22 所示。

3. PAL

PAL 具有可编程的与阵列和固定的或阵列，可以认为 PAL 同时具有了 PROM 和 PLA 的优点。与 PROM 相比，可编程的与阵列使输入变量的选择灵活；与 PLA 相比，固定的或阵列降低了设计复杂度。PAL 的基本结构如图 2-23 所示。

图 2-24 所示为 PAL 实现全加器的一个实例。根据全加器的逻辑表达式 $S_n = \overline{A_n}\,\overline{B_n}\,C_n + \overline{A_n}\,B_n\,\overline{C_n} + A_n\,\overline{B_n}\,\overline{C_n} + A_n B_n C_n$，$C_{n+1} = A_n B_n + A_n C_n + B_n C_n$，可得出对应 PAL 的与或阵列。

4. GAL

按照"与或"阵列的结构，GAL 分为两大类：第一类 GAL 是在 PAL 结构的基础上对输出电路作了增强和改进，这类器件有 GAL16V8、ispGAL16Z8 和 GAL20V8 等，该类 GAL 又称为通用型 GAL。第二

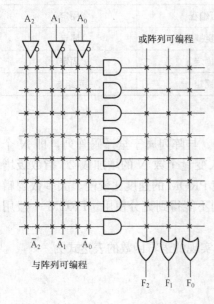

图 2-22 PLA 基本结构

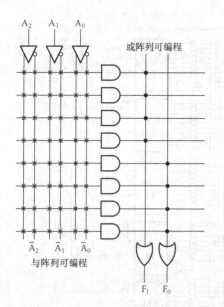
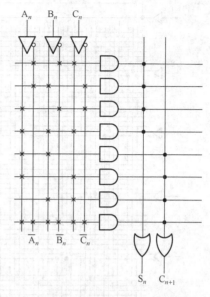

图 2-23　PAL 的基本结构　　　　　图 2-24　PAL 实现全加器

类是在 PLA 结构的基础上对输出电路进行了增强和改进，即该类 GAL 的与阵列和或阵列都是可编程的，GAL39V18 属于这一类。GAL 器件的输出电路设置了可编程的输出逻辑宏单元（Output Logic Macro Cell，OLMC）。通过编程可将 OLMC 设置成不同的工作状态。

下面以 GAL16V8 为例说明 GAL 的结构和工作原理。

GAL16V8 的基本结构如图 2-25 所示。GAL16V8 主要由九部分组成：①8 个输入缓冲器（引脚 2～9 固定为输入端）；②8 个输出缓冲器（引脚 12～19 为输出缓冲器的输出端）；③8 个输出逻辑宏单元 OLMC（OLMC12～19）；④可编程与阵列（由 8×8 个与门构成，形成 64 个乘积项，每个与门有 32 个输入端）；⑤8 个输出反馈/输入缓冲器；⑥1 个系统时钟 CLK 输入端（引脚 1）；⑦一个输出三态控制端 OE（引脚 11）；⑧电源 V_{CC}（引脚 20，未画出）；⑨接地端（引脚 10，未画出）。

GAL 的每一个输出端都有一个 OLMC，其基本结构如图 2-26 所示。

OLMC 主要由四部分组成：

（1）或门：为 1 个 8 输入或门。与其他 OLMC 中的或门构成 GAL 的或阵列。

（2）异或门：异或门用于控制输出信号和 8 输入或门输出的相位关系。或门输出与 XOR(n) 进行异或运算后，输出至 D 触发器的输入端。n 表示 OLMC 对应的 I/O 引脚号。

（3）时钟上升沿触发的 D 触发器。D 触发器存储经过异或运算后得到的逻辑值，使 GAL 适用于时序逻辑电路设计。

（4）4 个数据选择器。

1) 乘积项选择器：用于控制来自与阵列的第一个乘积项。

2) 三态控制选择器：用于选择三态缓冲器的选通信号。

3) 反馈选择器：用于选择反馈信号的来源。

4) 输出选择器：选择组合逻辑输出或时序逻辑输出。

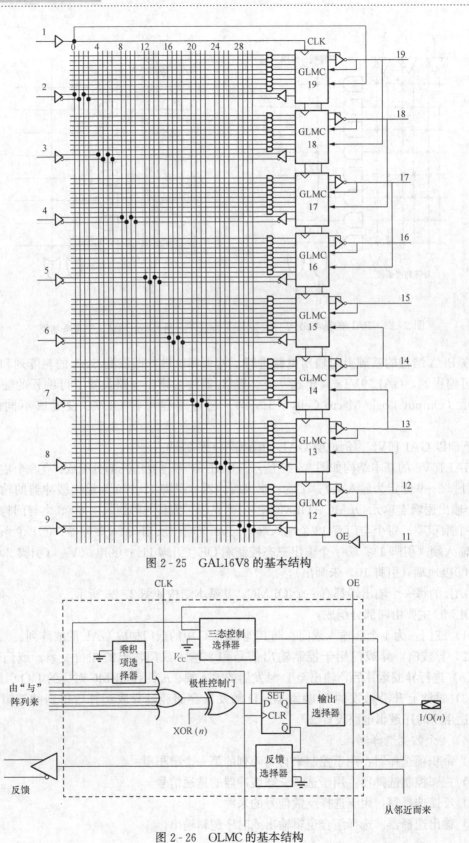

图 2-25 GAL16V8 的基本结构

图 2-26 OLMC 的基本结构

2.2.5 CPLD 的基本结构和工作原理

复杂可编程逻辑器件 CPLD 是在 EPLD 的基础上通过改进内部结构发展而来的一种新器件。与 EPLD 相比，CPLD 增加了内部连线，改进了逻辑宏单元和 I/O 单元，从而改善了器件的性能，提高了器件的集成度，同时又保持了 EPLD 传输时间可预测的优点。CPLD 多采用 E^2PROM 工艺制作，具有集成度高、速度快、功耗低等优点。

生产 CPLD 的厂家主要有 Altera、Xilinx、Lattice、AMD 等公司。每个公司的 CPLD 多种多样，内部结构也有很大差异，但是大多数公司的 CPLD 都是基于乘积项的阵列型单元结构。一般情况下，CPLD 至少包含可编程逻辑宏单元、可编程 I/O 和可编程互连线三个组成部分。有些 CPLD 器件内部集成了 RAM、FIFO、双端口 RAM 等存储器。比较典型的 CPLD 器件有 Altera 公司的 MAX 系列 CPLD 器件、Xilinx 公司的 7000 和 9000 系列 CPLD、Lattice 公司的 PLSI/ispLSI 系列 CPLD 器件。典型的 CPLD 结构如图 2-27 所示。

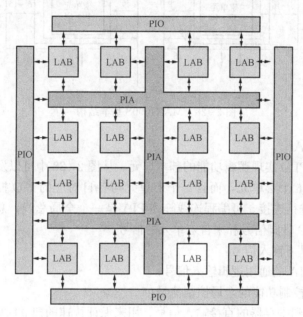

图 2-27 典型的 CPLD 结构

下面以 Altera 公司的 MAX7000S 器件为例介绍 CPLD 的基本结构和工作原理。MAX7000S 器件采用第二代 MAX 结构，其基本结构如图 2-28 所示。MAX7000S 主要由三大部分组成：①逻辑阵列块（Logic Array Block，LAB）；②可编程连线阵列（Programmable Interconnect Array，PIA）；③输入输出控制块（I/O Control Block，IOB）。除三大组成部分外，还包含 4 个全局输入信号引脚，这 4 个引脚可以作为专用引脚，也可以作为通用输入引脚，4 个全局信号为：①全局输入时钟 1（GCLK1，Global clock1）；②全局输入时钟 2（GCLK2，Global clock2）；③全局输出使能信号 1（OE1，Output Enable）；④全局低电平有效复位信号（GCLRn，Global Clear negative）。这些全局信号在器件内部有专用的连线与相应的宏单元（MC，Macrocells）进行连接，可以保证这些信号到每个宏单元的延迟时间相同且延时最小。

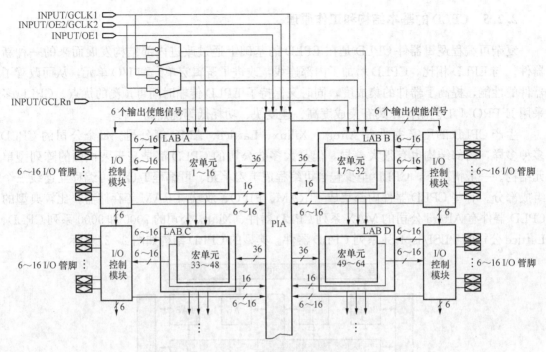

图 2-28　MAX7000S 基本结构

1. 逻辑阵列块 LAB

逻辑阵列块是 CPLD 实现逻辑功能的基本单元。从图 2-28 中可以发现，MAX7000S 器件的每个 LAB 含有 16 个宏单元，而且每个宏单元与各自对应的 I/O 控制模块相连接。各 LAB 之间通过 PIA 进行连接。可编程连线阵列 PIA 是一个全局总线，总线的信号包含所有的专用输入信号、I/O 管脚信号和来自宏单元的信号。

每个 LAB 具有以下输入信号：

(1) 36 个来自 PIA 的通用逻辑输入信号；

(2) 用于寄存器控制功能的全局控制信号；

(3) 从 I/O 管脚到寄存器的直接输入信号，用来保证快速的建立时间。

宏单元 MC 是构成逻辑阵列块 LAB 的主要组成部分。每个宏单元独立地实现组合逻辑或时序逻辑。每个宏单元包含逻辑阵列（Logic Array，LA）、乘积项选择矩阵（Product-term Select Matrix，PTSM）、可编程寄存器（Programmable Registers，PR）三个功能模块。MAX7000S 的宏单元结构如图 2-29 所示。

(1) 逻辑阵列 LA 与乘积项选择矩阵。逻辑阵列 LA 用来实现组合逻辑功能，为每个宏单元提供 5 个乘积项。乘积项选择矩阵实现对这些乘积项进行功能选择。这 5 个乘积项可以作为或门、异或门的输入，也可以作为宏单元寄存器的控制信号（如复位、置位、时钟信号、时钟使能等）。

(2) 扩展乘积项。尽管大多数逻辑功能都可以由每个宏单元的 5 个乘积项来实现，但是当实现复杂的逻辑功能时，一个宏单元的逻辑资源不能完成，因此需要更多的逻辑资源。MAX7000S 器件提供了共享扩展乘积项和并联扩展乘积项来直接为在同一个 LAB 中的所有宏单元提供额外的乘积项。这两类扩展乘积项可以使设计在逻辑综合时具备使用最少的逻辑

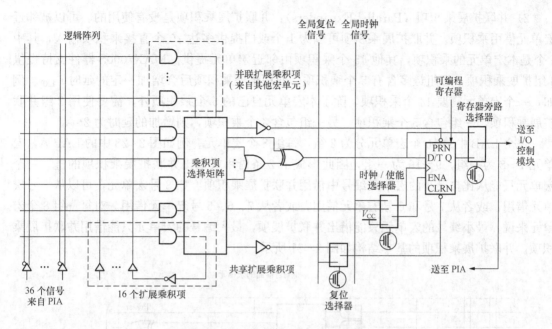

图 2-29 MAX7000S 的宏单元基本结构

资源、获得最快的速度的优点。MAX7000S 开发系统可以根据具体设计的资源需求自动优化乘积项的分配。

1) 共享扩展乘积项（Shareable Expanders）：共享扩展乘积项是反馈回逻辑阵列 LA 的经过反相的乘积项。每个 LAB 含有 16 个共享扩展乘积项，这些乘积项是由同一个 LAB 中 16 个宏单元共同提供的。每一个宏单元提供一个未使用的乘积项，经过反相后反馈到逻辑阵列中去。每一个共享扩展乘积项可以被该 LAB 中其他所有宏单元使用和共享。采用扩展乘积项后，设计会增加一个延时。共享扩展乘积项的基本结构如图 2-30 所示。

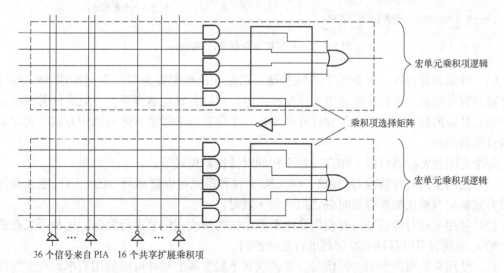

图 2-30 共享扩展乘积项的基本结构

2) 并联扩展乘积项 (Parallel Expanders): 并联扩展乘积项是没有使用的、可以被邻近宏单元借用乘积项。并联扩展乘积项可以为 1 个或门提供多达 20 个直接乘积项输入, 其中 5 个是本宏单元的乘积项, 其他 15 个乘积项由邻近宏单元提供。MAX7000S 器件支持提供 3 组扩展乘积项, 每组最多含有 5 个乘积项。使用扩展乘积项后会增加一定的延时 t_{PEXP}。例如, 一个宏单元需要 14 个乘积项, 除了本宏单元自己的 5 个乘积项外, 需要使用 2 组并联扩展乘积项, 一组包含 5 个乘积项, 另一组包含 4 个乘积项, 则增加的延时为 $2t_{PEXP}$。

每个 LAB 中的 16 个宏单元分为 2 组, 每组 8 个宏单元。例如图 2-28 中的 LAB A, 宏单元 1~8 为一组, 9~16 为一组, 因此形成了 2 条借用或借出并联扩展乘积项的链。一个宏单元只能从比自己小的宏单元编号中借用并联扩展乘积项。如 8 号宏单元, 可以从 7 号宏单元借用, 或者从 7 号和 6 号宏单元借用, 或者从 7、6、5 号宏单元借用。对每一组 8 个宏单元来说, 最小编号的宏单元只能借出并联扩展项, 最大编号的宏单元只能借用并联扩展乘积项。并联扩展乘积项的基本结构如图 2-31 所示。

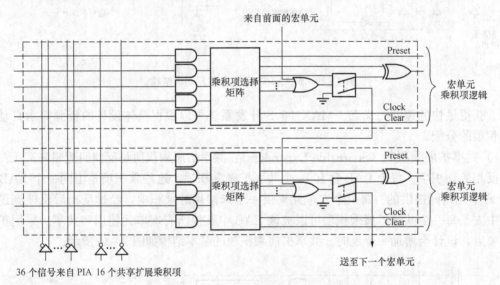

图 2-31 并联扩展乘积项的基本结构

(3) 可编程寄存器。宏单元中的触发器可以独立地被配置为 D、T、JK 或 SR 等功能, 且时钟控制可编程。在设计需要组合逻辑输出时, 可以将触发器旁路。一般设计者在设计输入中指定具体的触发器类型, 开发软件会为每一个寄存器选择最有效的操作方式以实现最优化的资源利用率。

每个可编程寄存器可以工作在三种不同的时钟控制模式下:

(1) 使用全局时钟信号 GCLK1、GCLK2。这种模式可以获得最小的 t_{co} (t_{co} 定义为时钟边沿有效时刻与输出数据有效时刻之间的最大延时)。

(2) 使用全局时钟信号, 并使用高电平有效的时钟使能信号进行控制。这种模式在获得最小的 t_{co} 的同时可以对每个触发器进行使能控制。

(3) 使用乘积项产生的时钟信号。这种模式下触发器的时钟可以使用宏单元产生的派生时钟信号或由 I/O 管脚输入的时钟信号。

每一个寄存器具有异步复位和置位的功能。乘积项选择矩阵选择相应的乘积项来控制这些功能。复位和置位控制信号都是低电平有效,可以把乘积项产生的高电平信号反相作为复位或置位控制信号。

2. 可编程连线阵列

可编程连线资源 PIA 实现 LAB 之间的逻辑连接。通过对 PIA 进行编程,可以实现任意源信号到目的端的连接。所有专用输入信号、I/O 管脚、宏单元输出都可以作为 PIA 的输入信号,只有 LAB 需要的信号才经 PIA 传输到 LAB。PIA 的基本结构如图 2-32 所示。图中描述了 PIA 信号如何传输到 LAB 中。E^2PROM 编程单元作为二输入与门的一个输入信号,控制 PIA 信号的选通。MAX7000S 的 PIA 具有固定延时,因此消除了信号之间的偏移,使时序性能容易预测。

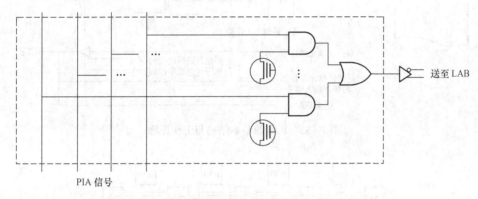

图 2-32 PIA 的基本结构

3. I/O 控制模块

I/O 控制模块可以将每个 I/O 管脚独立配置成输入管脚、输出管脚或双向管脚。每一个 I/O 管脚都具有 1 个三态输出缓冲器。三态输出缓冲器的控制信号可以是全局输入使能信号、VCC 或 GND 其中之一。MAX7000S 器件有 6 个全局输出使能信号。这 6 个全局使能信号可以是相同的或互为反相的 2 个输出使能信号、I/O 管脚的一个子集或宏单元信号的一个子集。

当控制信号接地时,缓冲器输出为高阻,此时 I/O 管脚作为输入管脚使用。

当控制信号接 V_{cc} 时,三态缓冲器被使能,I/O 管脚作为输出管脚使用。

当控制信号接全局使能信号时,I/O 管脚可根据全局使能信号的不同逻辑被配置为输入管脚、输出管脚或双向管脚。

IOB 的基本结构与工作原理如图 2-33 所示。

2.2.6 FPGA 的结构原理

现场可编程门阵列 FPGA 是美国 Xilinx 公司在 20 世纪 80 年代中期率先推出的一种高密度 PLD。与采用与或阵列结构的 PLD 不同,FPGA 由若干独立的可编程逻辑模块组成,用户可以通过编程将这些模块连接起来组成所需要的数字系统。由于可编程逻辑阵列模块的排列形式和门阵列 GA 中的单元的排列形式相似,所以沿用了门阵列这个名词。FPGA 既有 GA 高集成度和通用性的特点,又具有 PLD 可编程的灵活性。FPGA 的典型结构如图 2-34 所示。

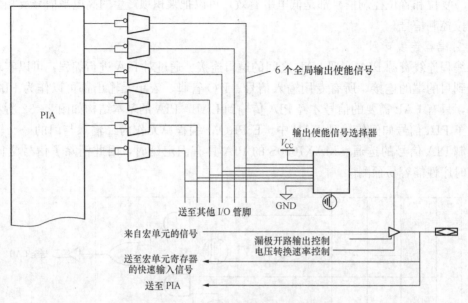

图 2-33 IOB 的基本结构与工作原理

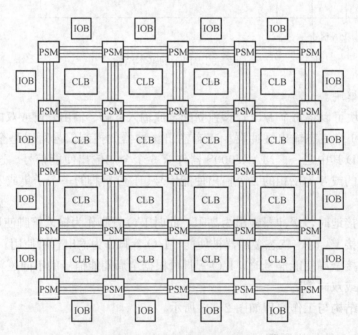

图 2-34 FPGA 的典型结构

下面以 XC4000 系列器件为例介绍 FPGA 的基本结构和工作原理。

XC4000 系列器件是 Xilinx 公司的一款 FPGA。XC4000 系列器件的主要结构由三部分组成：可配置逻辑块（Configurable Logic Block，CLB）、输入输出模块（I/O Blcok，IOB）和可编程互联资源（Programmable Interconnection，PI）。

1. 可配置逻辑块 CLB

CLB 是 FPGA 实现逻辑功能的主体。每个 CLB 内部都包含组合逻辑电路和存储电路两部分,可以配置成组合逻辑电路或时序逻辑电路。CLB 的基本结构如图 2-35 所示。从图中可以看出,CLB 由逻辑函数发生器、可编程多路选择器、触发器和控制电路等部分构成。在 FPGA 器件中,逻辑函数发生器一般由查找表结构实现。

查找表是将逻辑函数值存放在静态存储器 SRAM 中,根据输入变量的取值查找相应存储单元中的函数值来实现逻辑运算。输入变量的取值作为地址线,函数值作为存储单元中的信息内容。

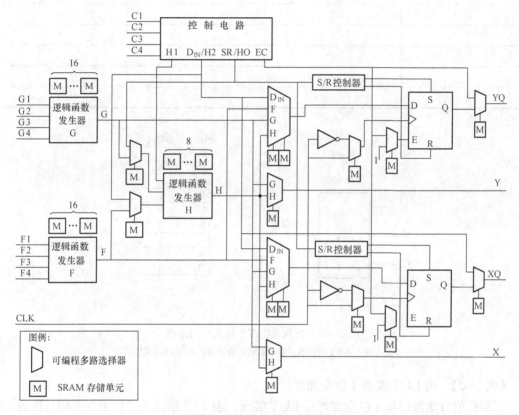

图 2-35 CLB 的基本结构

N 输入的查找表可以实现任意 N 输入变量的逻辑函数。从理论上讲,只要增加输入信号线和扩大存储器的容量,用查找表可以实现任意输入变量的逻辑函数。但在实际应用中,查找表受技术和成本因素的限制。每增加一个输入变量,查找表 SRAM 的容量就要扩大一倍,SRAM 的容量与输入变量个数 N 的呈 2^N 关系。实际的 FPGA 器件中查找表的输入变量一般不超过 5 个,多于 5 个输入变量的逻辑函数可由多个查找表组合或级联实现。

下面通过两个例子说明查找表的工作原理。

【例 2-1】 用查找表实现 3 输入与门的逻辑功能。

首先写出 3 输入与门的逻辑真值表,见表 2-6。然后将输入变量的 8 种组合作为 8 个地址,将 8 个函数值作为存储值进行存储,得到的存储容量为 8×1 的存储单元即可认为是实现 3 输入与门逻辑的 LUT,如图 2-36(a)所示。图 2-36(b)描述了得到的 LUT 地址与内容的对应关系,比较该图与表 2-6,可以发现,两者完全一致。

表2-6　　　　　　　　　　　　　3输入与门逻辑真值表

输入变量			函数值
A	B	C	L
0	0	0	0
0	0	1	0
0	1	0	0
0	1	1	0
1	0	0	0
1	0	1	0
1	1	0	0
1	1	1	1

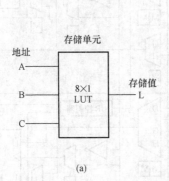

图2-36　查找表实现3输入与门原理
(a) 3输入 8×1 查找表；(b) 3输入查找表的地址与对应内容

【例2-2】 用LUT实现1位全加器。

用同样的方法可以将1位全加器用LUT实现。表2-7描述了1位全加器的真值表，图2-37描述了实现1位全加器的LUT结构。

表2-7　　　　　　　　　　　　　1位全加器真值表

输入变量			函数值	
A	B	C_{i-1}	S	C_i
0	0	0	0	0
0	0	1	1	0
0	1	0	1	0
0	1	1	0	1
1	0	0	1	0
1	0	1	0	1
1	1	0	0	1
1	1	1	1	1

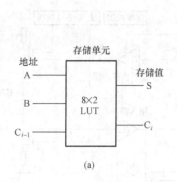

图 2-37　查找表实现 1 位全加器原理
(a) 3 输入 8×2 查找表；(b) 3 输入查找表的地址与对应内容

（1）函数发生器。每个 CLB 包含 3 个函数发生器 G、F、H。其中 G 和 F 是 2 个独立 4 输入变量函数发生器。G1～G4 和 F1～F4 分别为函数发生器 G 和 H 的 4 个输入变量，函数发生器的输出用 G 和 F 来表示。函数发生器 H 为 3 输入变量函数发生器。H1 为其中 1 个输入变量，另外 2 个输入变量通过选择器可以选择不同的变量。第二个输入变量可以为 G 或 SR/H0，第三个输入变量可以为 F 或 D_{IN}/H2。通过 3 个函数发生器的组合，可以实现多达 9 个输入变量的逻辑函数。根据查找表原理可知，函数发生器 G 和 F 分别具有 16 个存储单元，函数发生器 H 具有 8 个存储单元。

（2）触发器。每个 CLB 中有 2 个 D 触发器。D 触发器可以通过 4 选 1 多路选择器选择 D_{IN}/H2、F、G 和 H 其中之一作为输入数据。D 触发器的时钟信号可以通过 2 选 1 多路选择器选择 CLB 的输入时钟信号 CLK 或 CLK 的反相信号。D 触发器的使能信号可以在信号 EC 和高电平之间进行选择。D 触发器的复位和置位信号由 CLB 内部控制信号 S/R 产生。

2. 输入输出模块 IOB

输入输出模块是 FPGA 外部管脚与内部逻辑之间的接口电路，IOB 分布在芯片的四周，如图 2-34 所示。每个 IOB 对应一个管脚，通过对 IOB 进行编程，可以将管脚定义为输入、输出或双向功能，同时还可以实现三态控制。XC4000 系列 IOB 的结构如图 2-38 所示。IOB 由三态输出缓冲器 G1、输入缓冲器 G2、输入 D 触发器 F2、输出 D 触发器 F1、上拉/下拉控制电路，以及若干多路选择器构成。

输出通路由多路选择器 M2、M4、D 触发器 F1、三态输出缓冲器 G1 组成。

输入通路由输入缓冲器 G2、D 触发器 F2、延时电路、多路选择器 M5、M6、M8 组成。

输入输出通道使用独立的时钟，输入通路的时钟为 ICLK，可以对 M7 编程，选择 ICLK 或 ICLK 的反相时钟作为 D 触发器 F2 的时钟信号。输出通路的时钟为 OCLK，通过对 M3 编程，选择 OCLK 或 OCLK 的反相时钟作为 D 触发器 F1 的时钟信号。

三态输出缓冲器的使能信号 T 可通过对 M1 编程，定义为高电平有效或低电平有效。此外，输出缓冲器 G1 可以进行摆率（电平跳变的速率）控制，实现快速或慢速两种输出方式。快速方式适合频率较高的信号输出，慢速方式则可减小功耗和降低噪声。

当管脚定义为输入时，可以设置成 TTL 或 CMOS 阈值电压。输入信号首先经过缓冲器 G2，然后经过 M8 编程可以选择是否将输入信号加入延时，再经过 M5 和 M6 编程，输入信号直接由 I1 和 I2 输入至内部电路，也可以经触发器同步后再由 I1 和 I2 输入至内部电路。

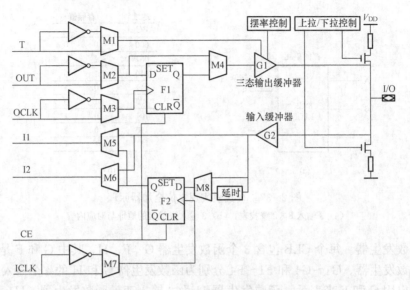

图 2-38 输入输出模块 IOB

当管脚定义为输出时，内部逻辑信号 OUT 输入至 IOB 模块。首先经过 M2 的同相或反相选择，然后经过 M4 选择是否对输出信号进行触发器同步，既可以实现组合逻辑输出又可实现时序逻辑输出，最后通过三态门 G1 实现三态输出。

为了补偿时钟信号的延时，在输入通道增加了一个延时电路。输入信号经过输入缓冲器 G2 到达 D 触发器之前，可以根据实际需要，对 M8 编程选择延时几纳秒或不延时，从而实现对时钟信号的补偿。

没有定义的管脚可由上拉/下拉控制电路控制，通过上拉电阻接电源或下拉电阻接地，避免由于管脚悬空所产生的振荡而引起的附加功耗和系统噪声。

3. 可编程布线资源 PI

可编程布线资源主要用来实现芯片内部 CLB 之间、CLB 和 IOB 之间的连接，使 FPGA 成为用户所需要的电路逻辑网络。PI 由可编程连线和可编程开关矩阵 PSM 组成，分布在 CLB 阵列的行、列之间，贯穿整个芯片。可编程连线由水平和垂直的两层金属线段组成网状结构，如图 2-39 所示。

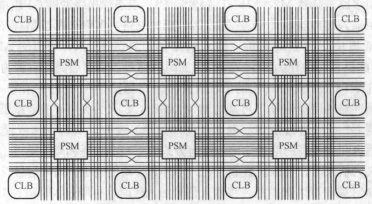

图 2-39 可编程布线资源

（1）可编程开关矩阵。可以实现直线连接、拐弯连接、多路连接等多种方式。

（2）可编程连线。可编程连线共有五种类型，即单长线、双长线、长线、全局时钟线和进位逻辑线。

1）单长线。单长线是指可编程开关矩阵之间的水平金属线和垂直金属线，用来实现局部区域信号的传输。它的长度相当于两个 CLB 之间的距离，可通过 PSM 实现直线连接、拐弯连接或多路连接。由于信号每经过一个开关矩阵都要产生一定的延时，所以单长线不适合长距离传输信号。

2）双长线。双长线的长度是单长线的两倍，每根双长线都是从一个开关矩阵出发，绕过相邻的开关矩阵进入下一个开关矩阵，并在线路中成对出现。它类似于单长线，在 CLB 中除了时钟输入 CLK 外，所有输入端均可由相邻的双长线驱动，而 CLB 的每个输出都可驱动邻近的水平或垂直双长线。双长线与单长线相比，减少了经过开关矩阵的数量，因此它更有效地提供了中距离的信号通路，加快了系统的工作速度。

3）长线。长线是由贯穿整个芯片的水平和垂直的金属线组成，并以网格状分布。它不经过开关矩阵，通常用于高扇出和时间要求苛刻的信号网，可实现高扇出、遍布整个芯片的控制线，如复位/置位线等。每根长线的中点处有一个可编程的分离开关，可根据需要形成两个独立的布线通道，提高长线的利用率。

4）全局时钟线。全局时钟线只分布在垂直方向，主要用来提供全局的时钟信号和高扇出的控制信号。

5）进位逻辑线。每个 CLB 仅有两根进位逻辑线，并分布在垂直方向，主要用来实现 CLB 的进位链。

2.2.7 主要 PLD 供应商

主要 PLD 供应商见表 2-8，用户可以根据设计需要，登录其官方网站选择合适的 PLD 产品。

表 2-8　　　　　　　　　　　主要 PLD 供应商简介

厂商标志	简　　介	网　　址
intel	最大的 PLD 供应商之一	www.intel.cn/content/www/cn/zh/products/programmable.html
XILINX	FPGA 的发明者，最大的 PLD 供应商之一	www.xilinx.com http://china.xilinx.com
Lattice Semiconductor Corporation	ISP 技术的发明者	www.latticesemi.com www.latticesemi.com.cn
Actel	提供军品及宇航级产品	www.actel.com

习题 2

2.1 半导体存储器根据读写方式可以分为_____和_____两大类。

2.2 ROM 的基本结构包括_____、_____、_____。

2.3 一般情况下，SRAM 的存储单元由_____个 MOS 管组成，而 DRAM 的存储单元由_____个 MOS 管组成。

2.4 存储容量为 1M×32 位的 ROM，其地址线需要_____位二进制数。

2.5 RAM 存储器的地址线为 16 位二进制数，数据线宽为 32 位二进制数，该 RAM 的存储容量为_____。

2.6 存储器的扩展方式有_____和_____两种。

2.7 PLD 的基本结构由_____、_____、_____和_____四部分组成。

2.8 低密度 PLD 包括_____、_____、_____和_____四种器件。

2.9 一般情况下，CPLD 至少包含_____、_____和_____三个组成部分。

2.10 典型 FPGA 结构的三个组成部分为_____、_____和_____。

2.11 存储容量为 16×8 的 LUT 的地址线为_____位二进制数，数据为_____位二进制数。

2.12 试用 2 片 512×8 位的 ROM 组成 512×16 位的存储器。

2.13 试用 2 片 512×8 位的 ROM 组成 1024×8 位的存储器。

2.14 试用 PAL 实现逻辑函数 $L=\overline{A}\,\overline{B}\,\overline{C}+\overline{A}BC+A\overline{B}C$。

2.15 试用 LUT 实现 3—8 译码器。

第3章 数字系统

　　本章主要介绍数字系统的组成、设计方法、实现形式以及基于 PLD 的数字系统的设计流程。数字系统虽然因其应用领域不同而具有不同的表现形式，但其基本特性和组成结构具有一定的相同点。同样，由于数字系统的不同其设计方法也有很多种，主要的设计方法有 Top down 和 Bottom up。数字系统根据实现载体可以分为基于 ASIC 的数字系统和基于 PLD 的数字系统，两种实现方式各有优缺点。本章最后介绍基于 PLD 数字系统的设计流程。

3.1 数字系统组成

　　一般认为，系统是指由若干相互关联、相互作用的事物按一定规律组合而成的具有特定功能的整体。因此，可以对数字系统做如下定义：数字系统是由若干相互关联、相互作用的功能模块单元按照一定规律组合而成的能够处理数字信息的电子装置。

　　数字系统一般含有对数字信息进行采集、存储、传输、处理以及控制等功能单元模块。

　　数字系统既可以是由组合电路和时序电路构成的逻辑电路，也可以是一个大系统中的某个子系统，甚至还可以是一个能完成一系列复杂操作的计算机系统、智能控制系统和数据采集系统等。

　　数字系统可以由小规模、中规模、大规模或超大规模集成电路来实现。

　　一般可以将整个数字系统分为数据处理单元和控制单元两个子系统，如图 3-1 所示。

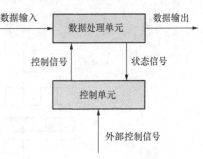

3.1.1 数据处理单元

　　（1）功能：数据处理单元主要完成数据的采集、存储、运算和传输。

　　（2）构成：通常由存储器、运算器、寄存器、数据选择器等逻辑电路组成。

　　（3）工作原理：数据处理单元的所有操作都是

图 3-1　数字系统结构框图

在控制单元产生的控制信号的作用下进行的。数据处理单元接收控制单元产生的控制信号并完成控制信号规定的操作，将产生的状态信号反馈给控制单元。

3.1.2 控制单元

　　（1）功能：控制单元是数字系统执行系统算法、完成系统功能的核心。

　　（2）构成：控制单元是一个具有记忆功能的时序逻辑电路或系统，通常由组合电路和存储电路或寄存器组成。

　　（3）工作原理：控制单元根据系统功能所设定的算法流程，在时钟信号和状态信号的作用下进行状态转换，同时产生控制信号。

3.1.3 简易数字系统举例

以图 3-2 所示简单数字系统为例，该系统可以实现从外部读取数据、对数据进行运算和将运算结果输出的功能。CLK、reset_n 分别为外部输入时钟信号和复位信号；$\overline{\text{WE}}$、OP、$\overline{\text{OE}}$ 为控制单元发送给数据处理单元的控制信号，分别代表写操作使能、数据处理使能、数据输出使能；W_F、OP_F、O_F 为数据处理单元反馈给控制单元的状态信号，表明数据处理单元的运行状态，分别代表写操作完成、数据处理操作完成、数据输出完成。控制单元根据信号 CLK、reset_n、W_F、OP_F、O_F 共同决定控制单元的内部状态机的状态。该系统的控制单元工作原理如图 3-3 所示。图中 S0、S_W、S_OP、S_O 为控制单元状态信号 state 的 4 个状态，分别代表复位状态、数据写状态、数据处理状态和数据输出状态。图 3-3（a）描述了系统信号之间的时序关系，图 3-3（b）描述了系统状态之间的转换关系。

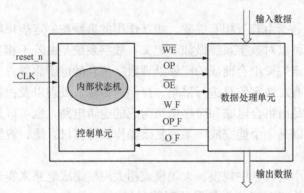

图 3-2 简单数字系统结构图

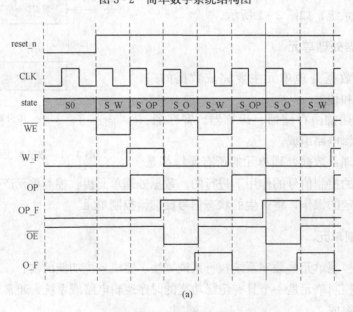

(a)

图 3-3 简易系统的控制单元工作原理（一）
(a) 时序波形图

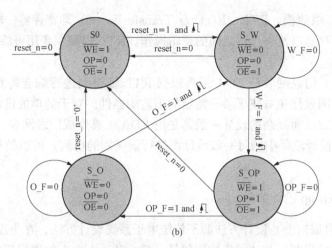

图 3-3 简易系统的控制单元工作原理（二）
(b) 状态转换图

3.2 数字系统设计方法

随着集成技术的发展，数字系统经历了小规模集成电路（SSI）、中规模集成电路（MSI）、大规模集成电路（LSI）、超大规模集成电路（VLSI）的发展过程。在不同的集成度阶段，数字系统的设计方法也具有不同的特点。数字系统的设计方法一般有 Top down 设计方法、Bottom up 设计方法、Top down 与 Bottom up 相结合的设计方法以及 IP 核复用设计方法。

3.2.1 Top down 设计方法

Top down（自顶向下）设计方法将系统设计按实现方式分为若干层次，一般划分为行为级、算法级、寄存器传输级（RTL）、门级、晶体管级等层次。首先对系统进行行为级建模，并进行仿真，然后依次进行算法级、RTL、门级设计与仿真，最终实现设计要求。Top down 设计方法可以在多个层次对设计进行验证，可以保证设计的可靠性。Top down 设计方法的基本流程如图 3-4 所示。

（1）制定设计规范：是对所要实现的设计进行功能、性能、费用和开发时间等基本要求进行说明。通常由工程师和市场分析师共同完成的。

（2）系统行为级建模：行为级模型是一个高层次描述级别的模型，忽略设计的具体实现细节，而注重于整个系统的整体行为是否满足规范中的要求。

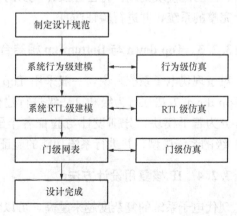

图 3-4 Top down 设计方法的基本流程

(3) 系统 RTL 级建模：RTL（Register Transfer Level）即寄存器传输级，在 RTL 级，系统表现为一组寄存器以及寄存器之间的逻辑操作。RTL 模型主要用可综合 HDL 代码进行描述。

(4) 门级网表：门级网表是 EDA 工具根据 RTL 级模型进行综合得到的基本逻辑单元组成的一个网表。网表往往对应于某一特定的工艺或器件。对于简单的设计，可以在门级进行建模生成门级网表，而复杂的设计一般都是由 EDA 工具生成门级网表。

在 Top down 设计流程中的每一级设计都进行该级别的仿真，可以较早地发现设计中存在的问题。

3.2.2 Bottom up 设计方法

Bottom up（自底向上）设计方法源于传统电子系统设计方法。在集成电路发展的早期，由于制造工艺水平的限制，芯片的集成度较低，单一芯片上含有的逻辑门电路较少，在实现复杂的系统时，单一芯片无法完成整个设计要求。因此需要多个芯片一起进行系统设计，即将多个芯片用连接线连接在一起，搭建成一个整体系统。Bottom up 设计方法在现代数字系统的设计中也经常采用，即首先将整个系统划分为若干模块，然后分别设计每个模块，最后将所有模块整合成一个系统，最终完成设计要求。Bottom up 设计方法的基本流程如图 3-5 所示。

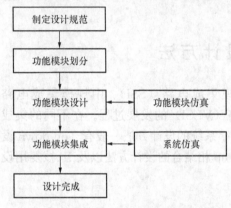

图 3-5 Bottom up 的基本设计流程

(1) 制定设计规范：参见 Top down 设计方法中的描述。

(2) 功能模块划分：将整个设计根据某种原则划分为若干模块。

(3) 功能模块设计：分别实现每个独立的模块，并进行仿真，保证设计的正确性。

(4) 功能模块集成：将已经设计成功的各个独立的模块，根据实际要求进行连接，形成一个完整的系统，并进行验证仿真。

3.2.3 Top down 与 Bottom up 相结合的设计方法

对于现代电子系统来说，一般采用 Top down 与 Bottom up 相结合的设计方法。首先采用 Top down 方法在行为级和算法级进行建模仿真，保证设计的正确性。在 RTL 级一般将设计分为若干模块，分别设计与验证各个子模块，最后将功能正确的所有子模块整合成 RTL 级的系统模型，并进行系统功能的验证与仿真。

3.2.4 IP 核复用设计方法

现代电子系统的复杂度越来越高，可以将整个系统集成到一个芯片上，从而诞生了片上系统（System on Chip，SOC）的概念。由于复杂度的提高，基于功能模块设计的方法已经不再适合 SOC 的设计要求，基于 IP 核复用的设计方法成为 SOC 设计的主流。IP 核即知识产权核，根据设计的实现程度可以分为软核、硬核和固核三类。

（1）软核：一种以可综合的 RTL 代码交付的核。

（2）硬核：一种以 GDSII 文件形式进行集成的核，是已经映射到具体的制造工艺并完成物理设计的核。

（3）固核：介于硬核和软核之间，范围比较广，可以是 RTL 代码或网表形式，也可以是带有部分布局信息和物理设计信息的 RTL 代码。

3.3 数字系统实现方式

数字系统的实现方式是指基于器件实现数字系统设计的方法。器件是数字系统实现的载体，只有将数字系统实现到具体的器件中去，数字系统才能工作。

由 HDL 综合后得到的门级网表，根据最终系统实现的物理载体可以进行两种选择：一种是将网表数据转换成 PLD（Programmable Logic Device）的编程码点，用可编程逻辑器件实现系统；另一种是将网表数据转换成相应的 ASIC（Application Specific Integrated Circuits）芯片制造工艺，最终制成 ASIC 芯片。因此，数字系统的实现有两种实现方式：一种是基于 PLD 的数字系统，另一种是基于 ASIC 的数字系统。

3.3.1 基于 PLD 的数字系统实现方式

基于 PLD 实现数字系统，用户可以反复修改，多次编程，直至完全满足设计要求，具有非常高的灵活性。目前，EDA 开发软件对 PLD 提供强大的支持，用户可以采用硬件描述语言（如 VHDL、Verilog HDL 等）进行数字系统设计，所以基于 PLD 的数字系统实现方式具备很强的便捷性。

3.3.2 基于 ASIC 的数字系统实现方式

专用集成电路是指采用全定制的方法来实现设计的方式，它包括整个电路设计的全过程直至物理版图的设计。基于 ASIC 的数字系统实现方式可以获得高速度、低功耗、低成本的设计，因为 ASIC 设计包括版图设计流程，所以要求设计者使用版图编辑工具进行版图设计。由于 ASIC 在流片后结构功能无法改变，所以必须保证设计阶段的正确性，需要反复验证，不仅增加了设计周期，而且具有高风险性。

两种数字系统的实现方式各有优缺点，设计者需要根据设计要求选择合适的实现方式。

3.4 基于 PLD 的数字系统设计流程

由于数字系统的两种不同实现方式，决定了设计流程也分为基于 PLD 的数字系统设计流程和基于 ASIC 的数字系统设计流程两类。图 3-6 为基于 PLD 的数字系统设计的基本流程。

3.4.1 设计输入（Design Entry）

设计输入是指将设计者所设计的电路以开发软件要求的某种形式表达出来，并输入到相应的软件中去的过程。

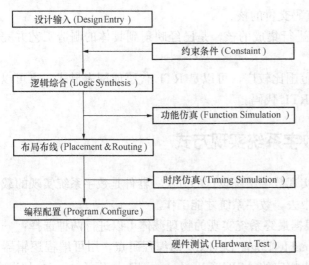

图3-6 基于PLD的数字系统设计基本流程

设计输入有多种表达方式,最常用的是原理图方式和HDL文本方式。

(1) 原理图设计输入。原理图方法是指用图形的方式来描述电路,用元件符号和连接线来描述设计。原理图的优点是直观,可以清楚表现层次结构、各个模块之间的连接关系。一般设计工具会提供基本的元件库和逻辑宏单元,如逻辑门、触发器、编译码器等。原理图输入适合设计比较简单的电路或表示复杂系统的层次结构。图3-7所示为在Quartus Ⅱ软件下采用原理图设计输入设计半加器的例子。

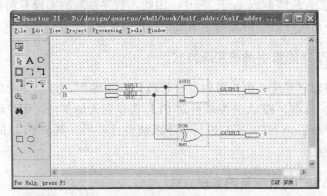

图3-7 Quartus Ⅱ软件下原理图设计输入设计半加器

(2) HDL设计输入。当设计复杂度不断增加时,采用原理图输入的设计方法会变得力不从心。HDL输入方法与原理图输入方法不同,采用文本的形式来描述电路,通过编写符合HDL语法规则的代码来实现期望的电路。HDL设计输入适合从简单到复杂所有电路的设计,但是没有原理图设计输入方法直观。图3-8所示为采用VHDL设计输入设计半加器的示例。

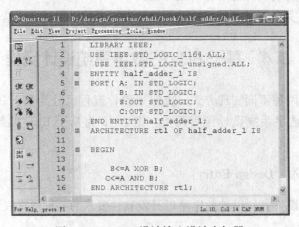

图3-8 VHDL设计输入设计半加器

原理图设计输入和 HDL 设计输入方式比较见表 3-1。

表 3-1　　　　　原理图设计输入方式与 HDL 设计输入方式的比较

设计输入方式	描述方法	特　　点
原理图设计输入	图形	层次结构与连接关系直观，不适合于复杂电路设计
HDL 设计输入	文本	适合于所有规模电路的设计，直观性不如原理图设计输入

（3）原理图与 HDL 相结合输入。现代电子系统设计一般采用模块化设计，整个系统具有层次化结构。为了兼备原理图设计输入方法的直观特点和 HDL 强大描述功能，一般在较高的层次利用 EDA 工具将不同模块的 HDL 代码分别生成元件符号（symbol），然后采用原理图的输入方法进行设计。

3.4.2　约束条件（Constaint）

约束是指根据设计规范的要求对面积、时序、功耗、可测性等条件进行范围限制。面积约束决定了系统的物理尺寸，物理尺寸大小直接关系到成本的高低；时序约束决定了系统的性能；功耗约束决定了系统的功耗。EDA 工具根据约束条件进行逻辑综合。图 3-9、图 3-10 分别为 Quartus Ⅱ 软件中进行面积与性能约束、时序约束的设置界面。

图 3-9　面积与性能约束设置界面

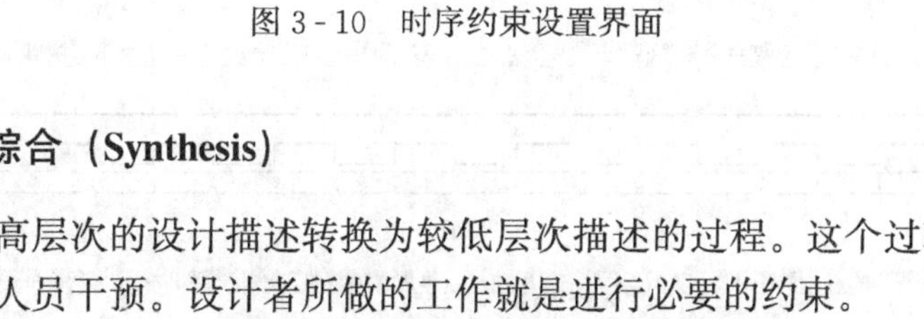

图 3-10　时序约束设置界面

3.4.3　逻辑综合（Synthesis）

综合是指将较高层次的设计描述转换为较低层次描述的过程。这个过程一般由 EDA 工具完成，不需设计人员干预。设计者所做的工作就是进行必要的约束。

逻辑综合指使用 EDA 工具把设计输入自动转换成特定工艺下网表（Netlist）的过程。网表是一种描述逻辑单元和它们之间互连的数据文件。

逻辑综合一般分为展平、优化、映射三个步骤。

（1）将 RTL 描述转换成未优化的门级布尔描述，即布尔逻辑表达式的形式，这个过程称为翻译或者展平。

(2) 执行优化算法，化简布尔方程，称为优化。

(3) 根据系统的实现方式，将优化的布尔描述实现到具体的半导体工艺上（ASIC 实现方式）或实现到具体的 PLD 器件上，称为映射。

图 3-11 所示为图 3-8 VHDL 设计输入的半加器逻辑综合视图。从图中可以看出，QuartusⅡ软件通过逻辑综合将 VHDL 描述的逻辑功能转换成逻辑电路图（网表）的形式。

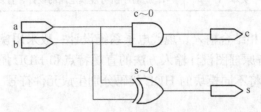

图 3-11　VHDL 设计输入的半加器逻辑综合视图

3.4.4　布局布线（Placement & Routing）

布局是定义每个标准单元的摆放位置，布线则是将标准单元根据逻辑要求进行连接。

3.4.5　仿真（Simulation）

仿真包括功能仿真、时序仿真和定时分析，可以利用软件仿真功能来验证设计项目的逻辑功能和时序关系是否正确。

（1）功能仿真：在设计实现前对所创建的逻辑进行验证，判断其功能是否正确的过程。布局布线以前的仿真都属于功能仿真。功能仿真分为综合前仿真和综合后仿真。一般比较常用的是综合后仿真。

（2）时序仿真：用布局布线后得到的器件和连线的延时信息对电路的行为做出实际的评估。

图 3-12 所示为以十进制计数器的仿真波形为例，从延时的角度说明了功能仿真与时序仿真的区别。图 3-12（a）所示为功能仿真波形，在时钟上升沿计数器立即加 1 没有延时。图 3-12（b）所示为时序仿真波形，在时钟上升沿到来后约 7.829ns 计数器才完成加 1 操作。

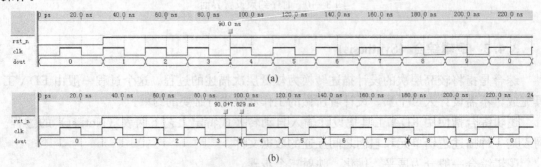

图 3-12　十进制计数器的仿真波形图
（a）功能仿真波形；(b) 时序仿真波形

3.4.6 编程配置

一般将适配（Fitter）生成的编程文件写入到 PLD 的过程称为下载。对基于 E^2PROM 工艺的非易失结构的 CPLD 器件的下载称为编程（Program），对基于 SRAM 工艺结构的 FPGA 器件的下载称为配置（Configure）。

习 题 3

3.1 什么是数字系统？其基本组成部分有哪些？简述各部分的功能。
3.2 数字系统的设计方法主要有哪些？
3.3 数字系统的实现方式根据实现载体可以分为哪两类？每一类的优缺点都有哪些？
3.4 简述基于 PLD 设计数字系统的流程及其每一步的作用。

第 4 章 VHDL 设计初步

本章首先采用读者熟悉的数字电路中组合逻辑电路的设计方法进行 1 位半加器的设计，然后引入采用 VHDL 进行 1 位半加器的设计。通过 1 位半加器的设计代码和验证代码介绍 VHDL 的基本知识，使读者对 VHDL 有一个初步的认识，有关的语法会在以后的章节相继进行详细介绍。

4.1 1 位半加器的 VHDL 设计

4.1.1 用数字电路的知识设计 1 位半加器

半加器属于组合逻辑电路。在数字电路中，组合逻辑电路设计的一般步骤如下：
(1) 明确实际问题的逻辑功能；
(2) 根据电路逻辑功能的要求，列出真值表；
(3) 由真值表写出逻辑表达式；
(4) 简化和变换逻辑表达式，画出逻辑图。

下面按照上述步骤来设计 1 位半加器。
(1) 第一步：逻辑功能为 2 个 1 位的 2 进制数进行相加，产生 1 位和 1 位进位。
(2) 第二步：确定输入变量的个数为 2，并用 A、B 表示 2 个输入变量。确定输出变量的个数为 2，并用 S 表示和，用 C 表示进位。由此可以得到表 4-1 所示的 1 位半加器的逻辑真值表。

表 4-1　　　　　　　　　　　1 位半加器真值表

A	B	S	C
0	0	0	0
0	1	1	0
1	0	1	0
1	1	0	1

(3) 第三步：写出逻辑表达式，即

$$S=\overline{A}B+A\overline{B}=A \oplus B \tag{4-1}$$

$$C=AB \tag{4-2}$$

(4) 第四步：如果受资源的限制只能用特定的逻辑门实现时，需要对表达式进行转换。当要求只能用 2 输入与非门实现时，需要对逻辑表达式进行转换，式 (4-3) 与式 (4-4) 为半加器的 2 输入与非门的逻辑表达式，电路图如图 4-1 (b) 所示。由与门和异或门实现的电路逻辑图如图 4-1 (a) 所示。

$$S=\overline{A}B+A\overline{B}=\overline{\overline{\overline{A}B+A\overline{B}}}=\overline{\overline{\overline{A}B} \cdot \overline{A\overline{B}}} \tag{4-3}$$

$$C = \overline{AB} \tag{4-4}$$

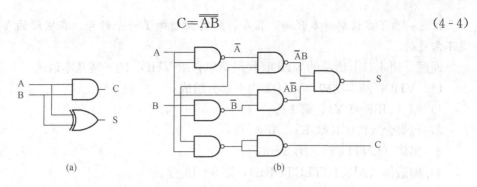

图 4-1 1 位半加器的电路图
(a) 用与门和异或门设计半加器；(b) 用 2 输入与非门设计半加器

4.1.2 用 VHDL 设计 1 位半加器

若采用 VHDL 设计 1 位半加器，也需要遵循一定的步骤。VHDL 设计电路的一般步骤如下：

(1) 第一步：根据设计要求确定逻辑功能。确定逻辑功能即明确设计任务，1 位半加器的设计任务是设计一个能够完成两个 1 位二进制数据相加的逻辑电路。

(2) 第二步：确定输入输出端口。根据数字电路中相同的设计步骤，确定设计实体的输入输出端口。该功能的描述由 VHDL 中的实体（ENTITY）来实现。可以把实体认为是一个具有输入输出端口的黑盒子，例如将 1 位半加器看作如图 4-2 所示的黑盒子。

(3) 第三步：以符合 VHDL 语法格式的设计输入描述逻辑功能。该功能由 VHDL 中的构造体（ARCHITECTURE）来实现，构造体是 VHDL 设计主体。

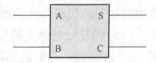

图 4-2 1 位半加器的端口

【例 4-1】 1 位半加器的 VHDL 设计代码。
该代码根据式（4-1）和式（4-2）编写。

```
1   LIBRARY IEEE;                          --声明使用的库
2   USE IEEE.STD_LOGIC_1164.ALL;           --声明使用的包集合
3   ENTITY half_adder IS                   --开始实体声明,half_adder 为实体名
4   PORT( a: IN STD_LOGIC;                 --声明 a 为输入端口,数据类型为 STD_LOGIC
5         b: IN STD_LOGIC;                 --声明 b 为输入端口,数据类型为 STD_LOGIC
6         s: OUT STD_LOGIC;                --声明 s 为输出端口,数据类型为 STD_LOGIC
7         c: OUT STD_LOGIC);               --声明 c 为输出端口,数据类型为 STD_LOGIC,注意此处分号的
                                             位置
8   END ENTITY half_adder;                 --结束实体声明
9   ARCHITECTURE rtl OF half_adder IS      --开始构造体声明,rtl 为构造体名
10  BEGIN
11      s <= a XOR b;                      --描述 s 信号的逻辑表达式
12      c <= a AND b;                      --描述 c 信号的逻辑表达式
13  END ARCHITECTURE rtl;                  --结束构造体声明
```

注意：为了方便解释本代码，在每行的前面增加了一个行号，在实际的 VHDL 代码中是不需要的。

通过［例4-1］所示的 VHDL 代码简单介绍 VHDL 的一些基本语法：

(1) VHDL 基本结构。VHDL 由五部分组成：

1) 库（LIBRARY），第 1 行；

2) 包集合（PACKAGE），第 2 行；

3) 实体（ENTITY），第 3~8 行；

4) 构造体（ARCHITECTURE），第 9~13 行。

5) 配置（CONFIGURATION）。该代码中没有使用配置。

(2) 各组成部分的声明位置及格式。库和包集合的声明放在代码的开始位置，然后声明实体、构造体。

(3) 设计的输入端口和输出端口的声明格式。a、b 为 1 位的输入信号，s、c 为 1 位的输出信号。在 VHDL 中输入、输出信号都以端口的形式出现。输入端口代表输入信号，输出端口代表输出信号。输入端口的声明如第 4、5 行，输出端口的声明如第 6、7 行。

(4) VHDL 输出端口的赋值方法。输出端口看作是具有方向的信号，因此对端口的赋值与信号的赋值方法一样，采用赋值符号"<="，如第 11、12 行。

(5) VHDL 的逻辑运算符。VHDL 定义了可以直接使用的逻辑运算符，可以很方便地实现特定的逻辑运算，如第 11 行中的 XOR 和第 12 行中的 AND。

(6) VHDL 的注释符号。一个注释符号"--"只能注释一行，VHDL 没有提供注释一段的注释符号，一般支持 VHDL 的 EDA 工具都具有注释多行的功能，一般需要程序编写者选中要注释的代码，然后选择注释功能菜单，实现一段程序代码的注释。

(7) VHDL 行结束符号。除实体、构造体等一些开始声明的语句外，如［例4-1］中第 3、9、10 行，一般语句都以"；"结束。

(8) VHDL 的命名规则。在 VHDL 语言中所使用的名称，如信号名、实体名、构造体名、变量名等，在命名时应遵守如下规则：

1) 名字的最前面应该是英文字母；

2) 能使用的字符只有英文字母、数字和下划线；

3) 不能连续使用下划线符号，在名字的最后也不能以下划线结束；

4) 不能使用 VHDL 保留字（关键字）。

(9) VHDL 程序不区分大小写，但三种情况除外：①在单引号内的字符；②在双引号内的字符串；③扩展标识符。

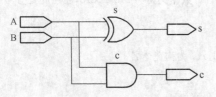

图 4-3 ［例 4-1］综合得到的门级网表

4.1.3 代码综合

编写的 VHDL 代码作为设计输入（Design Entry），由 EDA 工具进行综合，得到门级网表。［例4-1］代码由 QuartusⅡ软件综合得到的门级网表如图 4-3 所示。

4.2 1位半加器的 VHDL 仿真

按照 VHDL 的语法可以写出符合语法的代码,但是否能实现所需的逻辑功能还需要通过仿真进行验证。仿真方法主要包括设置图形仿真文件方法和编写 testbench 方法。

4.2.1 图形仿真文件方法

图形仿真文件是一种激励由图形界面产生的文件,如 Quartus Ⅱ 软件的 vwf 文件。图 4-4(a)为仿真之前的波形仿真文件,由设计者设置输入信号,输出信号在仿真前不可知。图 4-4(b)为仿真后的波形仿真文件,输出信号的结果是输入信号作用在设计代码对应的功能单元上得到的响应。通过分析输出信号,可以判断设计是否正确。

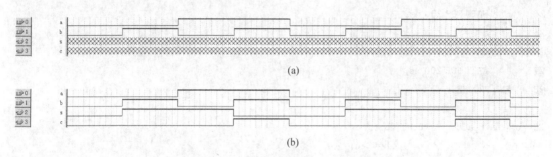

图 4-4 1位半加器的图形仿真文件
(a) 仿真之前的波形仿真文件;(b) 仿真之后的波形仿真文件

4.2.2 编写 testbench 方法

[例 4-1] 只是 1 位半加器的设计代码,要对设计进行验证需要编写验证代码即 testbench。testbench 的作用是产生测试向量,并能捕捉被测设计的响应(具体 testbench 的原理与编写方法参见本教材第 10 章)。

【例 4-2】 一位半加器的 testbench。

```
1   LIBRARY IEEE;                          --库的声明
2   USE IEEE.STD_LOGIC_1164.ALL;           --包集合的声明
3   ENTITY tb_half_adder IS                --开始实体声明
4   END ENTITY tb_half_adder;              --结束实体声明。注意此处实体的声明格式
5   ARCHITECTURE rtl OF tb_half_adder IS   --开始构造体声明
6     COMPONENT half_adder IS              --DUT引用声明
7       PORT(a: IN STD_LOGIC;
8            b: IN STD_LOGIC;
9            s: OUT STD_LOGIC;
10           c: OUT STD_Logic);
11    END COMPONENT half_adder;
```

```
12    SIGNAL a,b,s,c:STD_LOGIC;--信号声明
13    BEGIN
14      PROCESS
15        BEGIN
16          a<='0';
17          b<='0';
18          WAIT FOR 200 ns;
19          a<='0';
20          b<='1';
21          WAIT FOR 200 ns;
22          a<='1';
23          b<='0';
24          WAIT FOR 200 ns;
25          a<='1';
26          b<='1';
27          WAIT FOR 200 ns;
28      END PROCESS;

29    u1: half_adder PORT MAP (a=>a,
30                             b=>b,
31                             s=>s,
32                             c=>c);
33    END ARCHITECTURE rtl;
```

注：为了方便解释本代码，在每行的前面增加了一个行号，在实际的 VHDL 代码中是不需要的。

通过分析 [例 4-2] 的验证代码，再介绍一些 VHDL 的语法：

(1) VHDL 代码的基本结构，在 [例 4-1] 中已经介绍。

(2) 实体的声明格式。实体的声明格式有若干种，编写 testbench 时，实体不需要声明端口，如第 3～4 行的实体声明。

(3) 被测设计的引用。使用 COMPONENT 关键词，如第 6～11 行。

(4) 信号的声明。使用关键词 SIGNAL，如第 12 行。

(5) 进程的声明。使用关键词 PROCESS，如第 14～28 行。

(6) 被测设计的例化。使用关键词 PORT MAP，如第 29～32 行。

使用 Modelsim 仿真工具，对 [例 4-1] 和 [例 4-2] 进行联合仿真，仿真波形如图 4-5 所示。与图形仿真文件不同，testbench 仿真方法的输入信号与输出信号在仿真开始前在仿真波形上都不出现，如图 4-5 (a) 所示。在仿真过程中，根据 testbench 与设计描述联合仿真得到输出信号的响应，并和输入信号一起显示如图 4-5 (b) 所示。

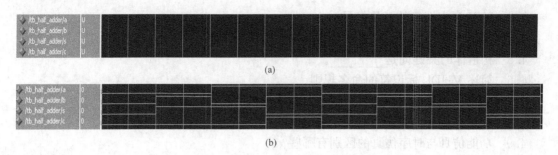

图 4-5 1 位半加器的 testbech 方法的仿真结果
(a) 仿真前；(b) 仿真后

4.3 VHDL 的特点

VHDL 作为一种硬件描述语言，在数字系统设计中扮演着重要的角色。VHDL 的主要特点如下：

(1) VHDL 不仅具有硬件设计的功能，还具有硬件仿真的功能。除此，VHDL 还可以用来作为归档文件的描述语言。

(2) 语法严谨，结构规范，移植性强。VHDL 是一种被 IEEE 标准化的硬件描述语言，几乎被所有的 EDA 工具所支持，可移植性强，便于多人合作进行大规模复杂的电路设计；VHDL 语法严谨、规范，具备强大的电路行为描述能力，尤其擅长于复杂的多层次结构的数字系统设计。

(3) 数据类型丰富。VHDL 有整型、布尔型、字符型、位型、位矢量型、时间型等数据类型，这些数据类型具有鲜明的物理意义。VHDL 允许设计者定义自己需要的数据类型。自定义数据类型可以是枚举、数组或记录等类型，也可以是标准数据类型的子类。

(4) 支持层次结构设计。VHDL 适合采用 Top-down 的设计方法，对系统进行分块、分层次描述，同样也适合采用 Bottom-up 的设计方法。在对数字系统建模时支持结构描述、数据流描述和行为描述。行为描述时，可以像软件程序那样描述模块的行为特征，设计者可以集中在模块的功能上，而不是具体的实现结构上。设计者可以根据需要灵活地运用不同的设计风格。

(5) 独立于器件和设计平台。VHDL 具有很好的适应性，其设计独立于器件和平台，可以非常方便地移植到其他平台，或综合到其他器件。在用户的设计过程中，对器件的结构和细节可以不用考虑。

(6) 便于设计复用。VHDL 不仅提供了丰富的库、程序包，便于设计复用，还提供了配置、子程序等结构，便于设计者构建自己的设计库。

习题 4

4.1 VHDL 的五个组成部分为_____、_____、_____、_____、_____。
4.2 VHDL 的注释符号为_____。

4.3 VHDL 中端口的赋值符号为_____。
4.4 实体关键词是_____。
4.5 构造体的关键词是_____。
4.6 简述 VHDL 标识符的命名规则。
4.7 VHDL 是否区分大小写？特殊情况有哪些？
4.8 如何在 testbench 中调用被测模块？
4.9 功能仿真与时序仿真的区别有哪些？
4.10 仿照［例 4-1］用 VHDL 描述 1 位全加器。

第5章 VHDL 结 构

由第4章1位半加器的VHDL设计实例可以了解到VHDL的四个主要组成部分：库（LIBRARY）、包集合（PACKAGE）、实体（ENTITY）和构造体（ARCHITECTURE）。除了上述四个组成部分，配置（CONFIGURATION）也是VHDL的一个组成部分。在一般设计中，配置使用的比较少。本章重点介绍VHDL的各个组成部分的功能及语法格式。

一个完整的VHDL程序由库（LIBRARY）、包集合（PACKAGE）、实体（ENTITY）、构造体（ARCHITECTURE）和配置（CONFIGURATION）五部分组成。图5-1描述了VHDL各组成部分在整个程序中的位置，几乎所有的VHDL都是按该格式进行编写的。

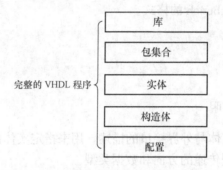

图5-1　VHDL程序的组成及各部分的位置

5.1 实体（ENTITY）

实体虽然可以描述设计的功能，但一般很少用。实体的最常用的功能是描述设计模块的端口信息，即该模块与外界的通信端口的方向及数据类型。因为实体不进行功能的描述，所以实体可以认为是一个具有输入（IN）、输出（OUT）、输入输出（INOUT）等端口的黑盒子，如图5-2所示。这个黑盒子可以是整个系统、一个子系统、一块电路板、一个宏模块、一个逻辑门等不同类型的电子系统。

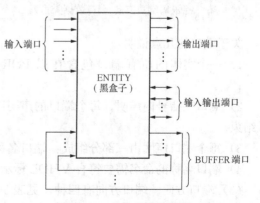

图5-2　实体的等效模型

5.1.1 实体的基本格式

（1）关键词：ENTITY。

(2) 声明格式。实体的声明格式最常用的有三种：

1) 格式1：一般格式。

```
ENTITY 实体名 IS
  PORT (
        端口声明 );
END ENTITY 实体名;
```

2) 格式2：带 GENERIC 声明的格式。

```
ENTITY 实体名 IS
  GENERIC 声明
  PORT (
        端口声明 );
END ENTITY 实体名;
```

3) 格式3：应用于 testbench 的格式。

```
ENTITY 实体名 IS
END ENTITY 实体名;
```

5.1.2 实体的端口声明

端口说明语句是设计实体与外界接口的描述，用来指定实体的输入、输出等信号及其模式，包括端口的名称、数据传递的方向和数据类型。

(1) 关键词：PORT。

(2) 语法格式：

```
PORT ( 端口名称1:端口方向 端口数据类型;
       端口名称2:端口方向 端口数据类型;
       ……
       端口名称N:端口方向 端口数据类型);
```

关于端口的几点说明：

1) 一个实体的所有端口包含在以 PORT 关键词引导的一个括号中，形如"PORT ( );"。

2) 端口在括号内声明，每个端口的声明以分号结束。最后一个端口的声明不需要用分号结束。

3) 每个端口声明由三部分组成：端口名称、端口方向和端口数据类型。

4) 端口名称的命名需要符合 VHDL 标示符的命名规则。

(3) 端口方向。端口方向有四种，见表 5-1。端口的方向是以端口所属实体为参考方向进行定义的。

表 5-1　　　　　　　　　　VHDL 中实体的四种端口方向

端口方向关键字	方向	功能含义
IN	输入	单向，外界产生信号通过输入端口给实体
OUT	输出	单向，实体产生信号通过输出端口给外界
INOUT	输入/输出双向	双向，该端口可以实现 IN 和 OUT 端口的功能
BUFFER	输出	单向，端口的信号可以被实体内部引用

在 VHDL 中，设计实体的输入、输出信号都以端口的形式出现。端口可以看作是具有方向的信号。输入端口代表输入信号，输出端口代表输出信号，输入/输出端口代表双向信号。BUFFER 端口代表可以被设计实体内部引用的输出信号。

1) OUT 与 BUFFER 端口的区别。BUFFER 端口的输出信号可以被设计实体内部引用，而 OUT 端口不可以。如图 5-3 所示，设计实体如果想引用输出信号，必须将该端口声明为 BUFFER 或者 INOUT。

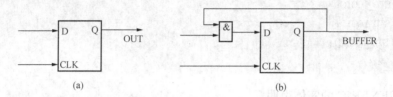

图 5-3　OUT 端口与 BUFFER 端口的区别
(a) OUT 端口；(b) BUFFER 端口

2) BUFFER 端口转化成 OUT 端口。在实际的设计中可以通过改变模块的规模，实现 BUFFER 端口转换成 OUT 端口。如图 5-4 所示，将图 5-4 (a) 中的虚线框内扩展为图 5-4 (b) 中的虚线框，则实现 BUFFER 端口到 OUT 端口的转换。

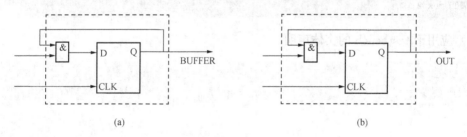

图 5-4　BUFFER 端口转换为 OUT 端口
(a) BUFFER 端口；(b) OUT 端口

5.1.3　GENERIC 语句

GENERIC 语句指定该设计实体的类属参数（如延时、功耗、位宽等），主要目的是设计易于被复用。

(1) 关键词：GENERIC。
(2) 声明格式：

GENERIC(参数名{,参数名}:类型[: = 初始值]);❶

例如:"GENERIC (N: INTEGER: =10);"定义了名为 N 的整数类型参数,并赋予值 10。

(3) GENERIC 语句特点。
1) 位置在端口的声明之前。
2) 参数的数据类型只有整数(INTEGER)类型才能综合。

5.1.4 实体声明举例

【例 5 - 1】 实体声明举例。

(1) 一般格式的实体声明。

```
ENTITY mux_2 IS
  PORT( a: IN STD_LOGIC;
        b: IN STD_LOGIC;
        y:OUT STD_LOGIC);
END ENTITY mux_2;
```

(2) 带 GENERIC 的实体声明。

```
ENTITY mux_2 IS
  GENERIC (N:INTEGER: = 16);
  PORT( a: IN STD_LOGIC_VECTOR(N-1 DOWNTO 0);
        b: IN STD_LOGIC_VECTOR(N-1 DOWNTO 0);
        y:OUT STD_LOGIC_VECTOR(N-1 DOWNTO 0));
END ENTITY mux_2;
```

(3) 应用于 testbench 的实体声明。

```
ENTITY tb_mux_2 IS
END ENTITY tb_mux_2;
```

5.2 构造体(ARCHITECTURE)

构造体又称结构体,它描述了实体的逻辑功能。在构造体中,可以用不同类型的语句和不同描述方式来表达电路的逻辑功能,即相同的逻辑功能可以由不同的描述方式。构造体的这种特性与逻辑函数表达式类似,同一个逻辑函数有不同形式的逻辑表达式,如与-或表达式,与非-与非表达式等。一个实体可以具有多个构造体,由配置(CONFIGURATION)决定使用哪一个构造体。

---

❶ 描述语法时,{ }表示可重复项,[ ]表示可选项。

5.2.1 构造体的基本格式

(1) 关键词：ARCHITECTURE。
(2) 构造体的语法格式：

```
ARCHITECTURE 构造体名 OF 实体名 IS
[说明语句]
BEGIN
  功能描述语句；
END ARCHITECTURE 构造体名；
```

(3) 构造体的命名。只要符合 VHDL 标示符命名规则的名称都可以作为构造体名，即可以由设计者自由命名，但构造体名不能与实体名相同。为了存档和交流，一般根据构造体的描述方式进行命名。构造体常用的描述方式有行为（behavioral）描述、寄存器传输级描述（register transfer level）/数据流（data flow）描述、结构化（structural）描述。所以相对应的构造体命名为 behavioral（beh）、rtl/data flow（df）、structural（str），括号中为省略写法。这样可以使阅读者直接了解设计者所采用的描述方式。

当描述比较复杂的设计时，可能在一个构造体内采用多种描述方式，这种描述方式也称作混合描述方式。此时构造体的命名由设计者自由命名即可。

当一个实体包含多个构造体时，不同的构造体应具有不同的名称。

(4) 说明语句的类型。比较常见的说明语句有：①常数声明；②信号声明；③元件声明；④函数声明；⑤过程声明；⑥自定义数据类型。

5.2.2 构造体的描述方式

VHDL 的构造体主要有四种描述方式：①行为描述方式；②数据流描述方式/RTL 描述；③结构描述方式；④混合描述方式。

混合描述方式是采用行为描述方式、数据流描述方式和结构描述方式三者任意组合的描述方式。

1. 行为描述方式

行为描述依据设计实体的功能或算法对设计进行描述，不需要给出实现这些行为的硬件结构，只强调电路的行为和功能。在结构体中，行为描述主要用函数、过程和进程语句，以功能或算法的形式来描述数据的转换和传输。

【例 5-2】 1 位半加器的行为描述。

半加器执行的行为就是两个 1 位的二进制数相加，相加可以看作是该设计实体的行为。

```
LIBRARY IEEE;
USE IEEE.STD_LOGIC_1164.ALL;
USE IEEE.STD_LOGIC_UNSIGNED.ALL;
ENTITY half_adder IS
  PORT( a: IN STD_LOGIC;
        b: IN STD_LOGIC;
```

```
        s:OUT STD_LOGIC;
        c:OUT STD_LOGIC);
  END ENTITY half_adder;
ARCHITECTURE beh OF half_adder IS
SIGNAL temp:STD_LOGIC_VECTOR(1 DOWNTO 0);
  BEGIN

    temp<='0'&a + b;
    c<=temp(1);
    s<=temp(0);
END ARCHITECTURE beh;
```

2. 数据流描述

数据流描述一般利用 VHDL 中的赋值符号和逻辑运算符进行描述。用数据流方式设计电路与传统的逻辑表达式设计电路很相似，它们的差别在于描述逻辑运算的逻辑运算符和赋值符号不同。数据流描述既包含逻辑单元的结构信息，又隐含地表示某种行为。这种方式主要采用非结构化的并行语句进行描述。

数据流描述也称为寄存器传输级（Register Transfer Level，RTL）描述，以类似于寄存器传输级的方式描述数据的传输和变换，是对信号传输的数据流路径的描述，因此很容易进行逻辑综合。由于要对信号流过的路径进行描述，因此要求设计者对实体功能的实现和硬件电路有清楚的了解。

【例 5-3】 1 位半加器的数据流描述。

```
LIBRARY IEEE;
USE IEEE.STD_LOGIC_1164.ALL;
ENTITY half_adder IS
  PORT( a: IN STD_LOGIC;
        b: IN STD_LOGIC;
        s:OUT STD_LOGIC;
        c:OUT STD_LOGIC);
END ENTITY half_adder;
ARCHITECTURE df OF half_adder IS
  BEGIN
    s<=a XOR b;  --s<=NOT(NOT(NOT(a) AND b) AND (NOT(NOT(b) AND a)));
    c<=a AND b;  --c<=NOT(NOT(a AND b));
END ARCHITECTURE df;
```

3. 结构描述方式

结构描述方式是指根据设计的电路结构，通过调用库中的元件或是已经设计好的模块来完成设计实体的功能描述。一般将已经设计好的，而且被其他设计调用的模块称为元件。在结构化描述方式中，构造体只描述元件和元件之间的连接关系。被调用的元件需要预先定义。

结构描述方式比较适合大规模设计中的层次化设计。将一个复杂的设计划分为若干独立的子模块，这些子模块同样也可以继续划分。这可以看作是 Top down 的设计方法。

结构描述方式主要采用 COMPONENT 语句进行声明调用的元件。COMPONENT 语句的格式与元件的 ENTITY 格式一致，只是将元件的实体描述中的关键词 ENTITY 替换为 COMPONENT。

(1) COMPONENT 语句基本语法。

1) COMPONENT 语句的声明格式：

```
COMPONENT 元件名 IS
  [GENERIC 语句;]
  模块端口声明;
END COMPONENT 元件名;
```

2) 元件例化语句格式：

```
元件标号名:元件名[GENERIC MAP(参数映射语句)]
              PORT MAP(端口映射语句);
```

每个例化语句的元件名是唯一的，是不能缺省。元件名为被调用模块的实体名。GENERIC MAP 语句实现类属参数的映射，PORT MAP 语句实现高层次设计与被调用模块的连接。

【例 5-4】 N 位二输入与门作为一个模块被调用时，与门的 COMPONENT 描述。

```
COMPONENT and_gate IS
  GENERIC(N:INTEGER);
  PORT( a: IN STD_LOGIC_VECTOR(N-1 DOWNTO 0);
        b: IN STD_LOGIC_VECTOR(N-1 DOWNTO 0);
        c: OUT STD_LOGIC_VECTOR(N-1 DOWNTO 0));
END COMPONENT and_gate;
```

【例 5-5】 N 位二输入与门例化为 8 位二输入与门。

```
U1: and_gate GENERIC MAP (8)
             PORT MAP(d1,d2,y);
```

注意，[例 5-5] 中 "GENERIC MAP" 语句不能以分号结束。

(2) 端口映射法。端口映射是指将高层次设计中的信号与被调用的低层次模块的端口进行连接的方法。端口映射法有两种，即位置映射法和名称映射法。

1) 位置映射法。位置映射法是指 PORT MAP ( ) 中指定的高层次设计中的信号的书写顺序与被调用模块 PORT ( ) 语句中端口的书写顺序一一对应的方法。

【例 5-6】 采用位置映射法的二输入与门。

```
COMPONENT and_2 IS
  PORT( a: IN STD_LOGIC;
        b: IN STD_LOGIC;
        c: OUT STD_LOGIC);
END COMPONENT and_2;
```

采用位置映射法在高层次设计例化：

```
u1: and_2   PORT MAP  (op1,op2,rt);
```

该映射方法认为 u1 例化模块中的 op1 对应被调用模块中的 a，同理，op2 对应 b，rt 对应 c。

2) 名称映射法。名称映射法是指在 PORT MAP（）中采用符号=>将高层次设计中的信号与被调用模块 PORT（）中的端口一一对应的方法。

【例 5-7】 采用名称映射法的二输入与门。

被调用模块依然为［例 5-6］中的 and_2，如果采用名称映射法则书写格式为：

```
u1: and_2   PORT MAP  (a=>op1,b=>op2,c=>rt);
```

推荐使用名称映射法，书写格式竖写，格式如下：

```
u1: and_2   PORT MAP  ( a=>op1,
                        b=>op2,
                        c=>rt);
```

采用竖写格式的好处是容易查找对应错误或疏漏的端口。

采用名称映射法时，端口的顺序可以任意改变。如果存在不需要连接的输出端口时，可以在 PORT MAP 语句里面省略，但输入端口不能缺省。

【例 5-8】 1 位半加器的结构描述。

因为 1 位半加器需要使用逻辑门电路，需要首先要定义所使用的逻辑门电路。如果按照逻辑表达式 $S=\overline{A}B+A\overline{B}=A \oplus B$，$C=AB$，则使用 1 位二输入与门和 1 位二输入异或门。

二输入与门的 VHDL 描述：

```
LIBRARY IEEE;
USE IEEE.STD_LOGIC_1164.ALL;
ENTITY and_2 IS
  PORT( a: IN STD_LOGIC;
        b: IN STD_LOGIC;
        c: OUT STD_LOGIC);
END ENTITY and_2;
ARCHITECTURE rtl OF and_2 IS
  BEGIN
    c<= a AND b;
END ARCHITECTURE rtl;
```

二输入异或门的 VHDL 描述：

```vhdl
LIBRARY IEEE;
USE IEEE.STD_LOGIC_1164.ALL;
ENTITY xor_2 IS
  PORT( a: IN STD_LOGIC;
        b: IN STD_LOGIC;
        c: OUT STD_LOGIC);
END ENTITY xor_2;
ARCHITECTURE rtl OF xor_2 IS
  BEGIN
    c <= a XOR b;
END ARCHITECTURE rtl;
```

1 位半加器的 VHDL 结构描述：

```vhdl
LIBRARY IEEE;
USE IEEE.STD_LOGIC_1164.ALL;
ENTITY half_adder IS
  PORT( a: IN STD_LOGIC;
        b: IN STD_LOGIC;
        s: OUT STD_LOGIC;
        co: OUT STD_LOGIC);
END ENTITY half_adder;

ARCHITECTURE str OF half_adder IS
  COMPONENT and_2 IS
    PORT( a: IN STD_LOGIC;
          b: IN STD_LOGIC;
          c: OUT STD_LOGIC);
  END COMPONENT and_2;

  COMPONENT xor_2 IS
    PORT( a: IN STD_LOGIC;
          b: IN STD_LOGIC;
          c: OUT STD_LOGIC);
  END COMPONENT xor_2;
BEGIN
  U1: and_2 PORT MAP(c=>co,a=>a,b=>b);
  U2: xor_2 PORT MAP(c=>s,a=>a,b=>b);
END ARCHITECTURE str;
```

5.3 库（LIBRARY）

按照 VHDL 的规则，VHDL 代码中所使用的文字、数据对象、数据类型都需要预先定义。为了便于编写代码，提高设计效率，将预先定义好的数据类型、元件调用声明以及一些常用的子程序打包放在一个包集合（PACKAGE）内，供设计实体共享和引用。若干包集合形成库。

库是经过编译得到的数据集合，包含有包集合定义、实体定义、构造体定义和配置定义。库的优点在于可以使设计者共享已经编译过的设计结果。

5.3.1 库的基本格式

（1）关键词：LIBRARY。
（2）库的引用声明格式：

LIBRARY 库名；

例如"LIBRARY IEEE；"声明 IEEE 是一个库名。

VHDL 中库的说明总是放在实体的前面，而且允许在同一个实体中使用多个不同的库，但库之间必须是相互独立的。

（3）库的作用范围。库说明语句的作用范围从一个实体声明开始到该实体所属的构造体或配置为止。当一个源代码中有多个实体时，库的声明语句应该在每个实体声明语句前声明该实体引用的库，即每个实体引用的库要单独声明，不能共享声明。

5.3.2 常用的 VHDL 库

1. IEEE 库

IEEE 库是 VHDL 设计中较常用的库，它包含 IEEE 标准的包集合和其他一些支持工业标准的包集合。IEEE 库中的包集合主要包括 STD_LOGIC_1164、NUMERIC_BIT 和 NUMERIC_STD 等，STD_LOGIC_1164 是常用的包集合。

一些 EDA 公司提供的包集合，虽然不是 IEEE 标准，但由于已成为事实上的工业标准，也都并入了 IEEE 库，如 SYSNOPSYS 公司的 STD_LOGIC_ARITH、STD_LOGIC_SIGNED 和 STD_LOGIC_UNSIGNED 包集合；又如 VITAL 库中的 VITAL_timing 和 VITAL_primitives，这两个包集合主要用于仿真，可提高门级时序仿真的准确度，现在的 EDA 开发工具都已经将这两个包集合添加到 IEEE 库中了。

2. STD 库

STD 库是 VHDL 的标准库，在库中存放 STANDARD 和 TEXTIO 两个程序包。在使用 STANDARD 包集合中的内容时，可以不声明 STD 库和 STANDARD 包集合，但是如果使用 TEXTIO 包集合则需要声明 STD 库和 TEXTIO 包集合。

3. ASIC 库/PLD 器件库

为了进行门级仿真，各公司提供面向 ASIC 的逻辑门库，在该库中存在与逻辑门一一对应的实体，一般在设计专用集成电路时用到。

在 PLD 开发设计过程中，为了模拟 PLD 器件的实际工作情况，需要将 VHDL 代码结合特定 PLD 器件进行联合仿真。由于不同的 PLD 器件的结构和特性不同，所以对应的 PLD 器件库也不一样。

例如，在使用 Altera 公司的 CYCLONEⅢ系列的 FPGA 作为物理载体时，在时序仿真时用到的器件库如下：

```
LIBRARY ALTERA;
LIBRARY CYCLONEIII;
LIBRARY IEEE;
USE ALTERA.ALTERA_PRIMITIVES_COMPONENTS.ALL;
USE CYCLONEIII.CYCLONEIII_COMPONENTS.ALL;
USE IEEE.STD_LOGIC_1164.ALL;
```

4. WORK 库

WORK 库是现行作业库，用户设计和定义的一些电路单元和元件都存放在 WORK 库中。WORK 库自动满足 VHDL 语言标准，使用该库无需进行任何说明。

5. 用户自定义库

用户为自己设计需要所开发的公用包集合和实体等，也可以汇集在一起定义成一个库，称作用户定义库，简称用户库。在使用用户定义库时，需要首先说明库名。

5.4 包集合（PACKAGE）

包集合属于库的一个层次。包集合主要用来存放各个设计能够共享的信号说明、常量定义、数据类型、子程序说明、属性说明和元件说明等部分。

5.4.1 包集合的基本格式

（1）关键词：PACKAGE。
（2）包集合的定义。VHDL 中，包集合必须经过定义后才能使用。包集合的定义语法格式：

```
PACKAGE 包集合名 IS
    包集合说明          包集合标题
END PACKAGE 包集合名;

PACKAGE BODY 包集合名 IS
    包集合内容          包集合体
END PACKAGE BODY 包集合名;
```

包集合定义格式包含两个部分：包集合标题和包集合体。包集合标题部分主要对数据类型、子程序、常量、信号、元件、属性等进行说明，所有的说明语句对外都是可见的。包集合体的内容部分由包集合标题说明部分指定的函数和过程的程序体组成，即用来定义包集合的实际功能。包集合体的描述方法与构造体的描述方法相同。

【例 5-9】 logic 包集合的定义。

```
PACKAGE  logic IS                                           --开始声明包集合标题
TYPE  three_level_logic  IS  ('0','1','Z');                 --自定义 three_level_logic 数据类型
CONSTANT  unknown_value: three_level_logic : = '0';         --常数声明
FUNCTION  invert (input : three_level_logic) RETURN  three_level_logic;   --函数声明
END PACKAGE logic;                                          --结束声明包集合标题
PACKAGE  BODY  logic  IS                                    --开始声明包集合体
    FUNCTION  invert (input : three_level_logic)            --定义函数的功能
    RETURN hree_level_logic  IS
    BEGIN
        CASE  input  IS
            WHEN '0' => RETURN '1';
            WHEN '1' => RETURN '0';
            WHEN 'Z' => RETURN 'Z';
        END CASE;
    END FUNCTION invert;                                    --结束函数定义
END PACKAGE BODY logic;                                     --结束包集合体的声明
```

在［例 5-9］中用到了 VHDL 的一些新的语法知识：①自定义数据类型；②常数的声明；③函数的声明；④CASE 描述语句。

（3）包集合调用声明格式：

```
USE 库名.包集合名.项目名
```

例如，"USE IEEE.STD_LOGIC_1164.ALL;"表示使用 IEEE 库中 STD_LOGIC_1164 中的所有项目。

在一般的 VHDL 代码设计中，3 个常用的包集合为 STD_LOGIC_1164、STD_LOGIC_UNSIGNED、STD_LOGIC_ARITH。如果用户调用自定义的包集合，调用格式为 "USE WORK.包集合名.ALL;"。

5.4.2 子程序

子程序是可以在主程序中调用，并将处理结果返回给主程序的程序模块。

VHDL 的子程序一般放在包集合中，可以被多个设计实体共享。因此在包集合中介绍子程序这一知识点。

VHDL 的子程序也可以在构造体声明。与在包集合中声明的子程序唯一的区别就是该子程序的共享范围不同。在构造体声明的子程序只能被该构造体内部共享，而在包集合中声明的子程序可以被引用该包集合的所有实体、构造体共享。

VHDL 中的子程序可以反复调用，但必须在前一次调用返回之后再进行调用。因为 VHDL 采用静态存储原理，每一个客体具有唯一的存储地址，在新的调用开始后，客体在前一次调用的数值被重新赋值，内部值不能保持。因此，VHDL 的子程序是一个非重入程序。

VHDL 的子程序具有可重载性，即允许有许多重名的子程序，但这些子程序的参数类型和返回数值类型是不同的。

VHDL 的子程序有两类，即过程（PROCEDURE）和函数（FUNCTION）。

1. 过程

(1) 关键词：PROCEDURE。

(2) 过程的声明格式：

```
PROCEDURE 过程名(参数1;参数2;…)IS
    [定义语句];--(变量等定义)
BEGIN
    顺序处理语句;
END [PROCEDURE] 过程名;
```

(3) 过程的调用格式：

```
过程名(实际参数表);
```

【例 5-10】 求 2 个 8 位二进制数据中最大值的过程。

```
PROCEDURE max(a,b; IN  std_logic_vector(7 downto 0);
              y; OUT std_logic_vector(7 downto 0))  IS
  BEGIN
      IF (a<b) THEN
          y: = b;
      ELSE
          y: = a;
      END IF;
  END   PROCEDURE max;
```

(4) 过程的主要特点。

1) 过程的参数可以为输入参数（IN）、输出参数（OUT）或输入输出参数（INOUT）。在缺省情况下，OUT 和 INOUT 参数被看作变量。如果调用者需要将 OUT 或 INOUT 的参数作为信号使用，需要显式地将 OUT 或 INOUT 参数声明为信号类型。例如：

```
PROCEDURE max(a,b; IN   STD_LOGIC_VECTOR(7 DOWNTO 0);
              y; OUT STD_LOGIC_VECTOR(7 DOWNTO 0)) ;
```

缺省时输出参数 y 作变量使用。若将上述代码做如下修改：

```
PROCEDURE max(a,b; IN   STD_LOGIC_VECTOR(7 DOWNTO 0);
    SIGNAL  y;  OUT  STD_LOGIC_VECTOR(7 DOWNTO 0)) ;
```

则输出参数 y 作信号使用。

2) 过程中的语句是顺序执行的。过程语句启动后，按顺序自上至下执行过程中的语句。

3) 调用者在调用过程时将初始值传递给过程的输入参数。

4) 过程执行结束后,将输出值复制到调用者的"OUT"或"INOUT"参数所定义的变量或信号中。返回值如果不作特别指定则将值传递给变量;如果调用者需要将 OUT 参数和 INOUT 参数作为信号使用,则在过程中的参数定义时要指明是信号。

(5) 过程在包集合中声明。通过以下例子分析含有过程的自定义包集合以及自定义包集合的引用。

【例 5-11】 过程的输出参数作信号使用。

```
LIBRARY IEEE;
USE IEEE.STD_LOGIC_1164.ALL;
PACKAGE my_vhdl_pac IS
   PROCEDURE max(a,b: IN   std_logic_vector(7 downto 0);
            signal y: OUT std_logic_vector(7 downto 0));
END PACKAGE my_vhdl_pac;
PACKAGE BODY my_vhdl_pac IS
   PROCEDURE max (a,b: IN   std_logic_vector(7 downto 0);
            signal y: OUT std_logic_vector(7 downto 0)) IS    --过程定义开始
      BEGIN
         IF (a<b) THEN
            y <= b;
         ELSE
            y <= a;
         END IF;
      END   PROCEDURE max;              --过程定义结束
END PACKAGE BODY my_vhdl_pac;

LIBRARY IEEE;
USE IEEE.STD_LOGIC_1164.ALL;
USE WORK.my_vhdl_pac.ALL;   --自定义包集合调用
ENTITY   comp IS
   PORT ( d1: IN   STD_LOGIC_VECTOR(7 DOWNTO 0);
          d2: IN   STD_LOGIC_VECTOR(7 DOWNTO 0);
          rt: OUT   STD_LOGIC_VECTOR(7 DOWNTO 0));
END ENTITY comp;
ARCHITECTURE rtl OF comp IS
 BEGIN
      max( d1,d2,rt);          --过程调用
END   ARCHITECTURE rtl;
```

如果过程的输出参数作变量使用,需将[例 5-11]的代码修改为[例 5-12]所示的代码。

【例 5-12】 过程输出参数作变量使用。

```vhdl
LIBRARY IEEE;
USE IEEE.STD_LOGIC_1164.ALL;
PACKAGE my_vhdl_pac IS
    PROCEDURE max(a,b: IN   std_logic_vector(7 downto 0);
                  y: OUT std_logic_vector(7 downto 0));
END PACKAGE my_vhdl_pac;
PACKAGE BODY my_vhdl_pac IS
    PROCEDURE max(a,b: IN   std_logic_vector(7 downto 0);
                  y: OUT std_logic_vector(7 downto 0)) IS   --过程定义开始
      BEGIN
        IF (a<b) THEN
            y: = b;
        ELSE
            y: = a;
        END IF;
    END   PROCEDURE max;   --过程定义结束
END PACKAGE BODY my_vhdl_pac;


LIBRARY IEEE;
USE IEEE.STD_LOGIC_1164.ALL;
USE WORK.my_vhdl_pac.ALL;   --自定义包集合调用
ENTITY   comp IS
   PORT ( d1: IN   STD_LOGIC_VECTOR(7 DOWNTO 0);
          d2: IN   STD_LOGIC_VECTOR(7 DOWNTO 0);
          rt: OUT   STD_LOGIC_VECTOR(7 DOWNTO 0));
END ENTITY comp;
ARCHITECTURE rtl OF comp IS
   BEGIN
     PROCESS(d1,d2) IS
       VARIABLE tmp:STD_LOGIC_VECTOR(7 DOWNTO 0);
     BEGIN
        max( d1,d2,tmp);         --过程调用
        rt< = tmp;
     END PROCESS;
   END   ARCHITECTURE rtl;
```

注意：在包集合标题中，过程的声明格式如下：

PROCEDURE 过程名（参数列表）；

（6）过程在构造体中声明。

【例 5 - 13】过程的输出参数作信号使用。

```
LIBRARY IEEE;
USE IEEE.STD_LOGIC_1164.ALL;
ENTITY comp IS
  PORT ( d1: IN   STD_LOGIC_VECTOR(7 DOWNTO 0);
         d2: IN   STD_LOGIC_VECTOR(7 DOWNTO 0);
         d3: OUT   STD_LOGIC_VECTOR(7 DOWNTO 0));
END ENTITY comp;
ARCHITECTURE beh OF comp IS
  PROCEDURE max(a,b: IN   STD_LOGIC_VECTOR(7 DOWNTO 0);
                SIGNAL  y:OUT   STD_LOGIC_VECTOR(7 DOWNTO 0))   IS
    BEGIN
        IF (a<b) THEN
            y<=b;
        ELSE
            y<=a;
        END IF;
    END  PROCEDURE max;
        BEGIN
     max( d,d2,d3);
END   ARCHITECTURE beh;
```

请读者自行编写过程在构造体声明时，过程的输出参数作变量使用的 VHDL 代码。

2. 函数

(1) 关键词：FUNCTION。

(2) 函数的声明格式：

```
FUNCTION   函数名(输入参数表)RETURN 数据类型 IS
     ［定义语句］；
    BEGIN
       顺序处理语句；
    RETURN［返回变量名］；
END［FUNCTION］  ［函数名］；
```

【例 5 - 14】 用 FUNCTION 语句描述求取最大值的函数。

```
FUNCTION max (a: std_logic_vector;
              b: std_logic_vector)
           RETURN std_logic_vector IS
    VARIABLE tmp:std_logic_vector(a'range);
BEGIN
    IF (a>b) THEN
        tmp: = a;
    ELSE
```

```
        tmp: = b;
    END IF;
    RETURN tmp;
END FUNCTION max;
```

(3) 函数的调用格式：

目的信号<=函数名(实际参数表)；

(4) 函数的主要特点：

1) 函数的参数均为输入参数；

2) 函数内部的语句是顺序处理语句。

(5) 函数在包集合中声明。

【例 5 - 15】 在包集合中用函数选择最大值。

```
LIBRARY IEEE;
USE IEEE.STD_LOGIC_1164.ALL;
PACKAGE my_vhdl_pac IS
    FUNCTION max(a,b: STD_LOGIC_VECTOR) RETURN STD_LOGIC_VECTOR;
END PACKAGE my_vhdl_pac;
PACKAGE BODY my_vhdl_pac IS
    FUNCTION max(a,b: STD_LOGIC_VECTOR) RETURN STD_LOGIC_VECTOR IS    --函数定义
        VARIABLE tmp:STD_LOGIC_VECTOR(a'RANGE);
    BEGIN
        IF (a<b) THEN
            tmp: = b;
        ELSE
            tmp: = a;
        END IF;
        RETURN tmp;
    END  FUNCTION max;
END PACKAGE BODY my_vhdl_pac;


LIBRARY IEEE;
USE IEEE.STD_LOGIC_1164.ALL;
USE WORK.my_vhdl_pac.ALL;      --自定义包集合调用
ENTITY  comp IS
  PORT ( d1: IN  STD_LOGIC_VECTOR(7 DOWNTO 0);
         d2: IN  STD_LOGIC_VECTOR(7 DOWNTO 0);
         rt: OUT  STD_LOGIC_VECTOR(7 DOWNTO 0));
END ENTITY comp;
ARCHITECTURE rtl OF comp IS
  BEGIN
```

```
        rt<= max(d1,d2);              --函数调用
 END  ARCHITECTURE rtl;
```

(6) 函数在构造体中声明。

【例 5-16】 在构造体中用函数选择最大值。

```
LIBRARY IEEE;
USE IEEE.STD_LOGIC_1164.ALL;
ENTITY  comp IS
       PORT(d1: IN   STD_LOGIC_VECTOR(7 DOWNTO 0);
            d2: IN   STD_LOGIC_VECTOR(7 DOWNTO 0);
            rt: OUT STD_LOGIC_VECTOR(7 DOWNTO 0));
END ENTITY comp;
ARCHITECTURE rtl OF comp IS
   FUNCTION max(a,b: STD_LOGIC_VECTOR)
                RETURN STD_LOGIC_VECTOR IS     --函数定义
       VARIABLE tem: STD_LOGIC_VECTOR(a'RANGE);
   BEGIN
       IF (a<b) THEN
           tem:= b;
       ELSE
           tem:= a;
       END IF;
     RETURN  tem;
   END   FUNCTION max;
    BEGIN
       rt<= max(d1,d2);              --函数调用
 END   ARCHITECUTRE rtl;
```

5.5 配　　置

配置（Configuration）是 VHDL 的组成部分之一，但不是必不可少的。配置主要用于指定实体和构造体之间的对应关系。一个实体可以有多个构造体，每个构造体对应着实体的一种实现方案，但在每次综合时，综合器只能选择一个构造体，通过配置语句可以为实体选配一个构造体。仿真时，仿真器可通过配置为同一实体选配不同的构造体，从而使设计者比较不同构造体的仿真差别。

配置也常用来指定高层次设计与所调用低层次模块的对应关系，即可以用于指定元件和设计实体之间的对应关系，或者为例化的各元件实体指定构造体，从而形成一个所希望的例化元件层次构成的设计。

5.5.1　配置的基本格式

(1) 关键词：CONFIGURATION。

(2) 声明格式：
1) 默认配置格式：

```
CONFIGURATION 配置名 OF 实体名 IS
  FOR 选配构造体名
  END FOR;
END CONFIGURATION 配置名;
```

2) 元件配置格式一：

```
CONFIGURATION 配置名 OF 实体名 IS
  FOR 选配构造体名
    FOR 元件例化标号:元件名
        USE CONFIGURATION 库名.元件配置名;
    END FOR;
  END FOR;
END CONFIGURATION 配置名;
```

3) 元件配置格式二：

```
CONFIGURATION 配置名 OF 实体名 IS
  FOR 选配构造体名
    FOR 元件例化标号:元件名
        USE ENTITY 库名.实体名(构造体名);
    END FOR;
  END FOR;
END CONFIGURATION 配置名;
```

5.5.2 配置应用举例

【例 5-17】 采用配置为 1 位半加器选择不同的构造体。

(1) 选择行为描述构造体 beh 的配置。

```
LIBRARY IEEE;
USE IEEE.STD_LOGIC_1164.ALL;
USE IEEE.STD_LOGIC_UNSIGNED.ALL;
ENTITY half_adder IS
  PORT( a: IN STD_LOGIC;
        b: IN STD_LOGIC;
        s:OUT STD_LOGIC;
        c:OUT STD_LOGIC);
END ENTITY half_adder;
- - 采用行为描述的构造体
ARCHITECTURE beh OF half_adder IS
```

```
SIGNAL temp:STD_LOGIC_VECTOR(1 DOWNTO 0);
  BEGIN
    temp<='0'&a + b;
    c<=temp(1);
    s<=temp(0);
END ARCHITECTURE beh;
--采用数据流描述的构造体
ARCHITECTURE df OF half_adder IS
  BEGIN
    s<=a XOR b;
    c<=a AND b;
END ARCHITECTURE df;
--采用结构描述的构造体
ARCHITECTURE str OF half_adder IS
  COMPONENT and_2 IS
    PORT( a:IN STD_LOGIC;
          b:IN STD_LOGIC;
          y:OUT STD_LOGIC);
  END COMPONENT and_2;
  COMPONENT xor_2 IS
    PORT( a:IN STD_LOGIC;
          b:IN STD_LOGIC;
          y:OUT STD_LOGIC);
  END COMPONENT xor_2;

BEGIN
  U1: and_2 PORT MAP(y=>c,a=>a,b=>b);
  U2: xor_2 PORT MAP(y=>s,a=>a,b=>b);
END ARCHITECTURE str;

--选择行为描述构造体 beh 的配置
CONFIGURATION con_beh OF half_adder IS
  FOR beh
  END FOR;
END CONFIGURATION con_beh;
```

综合得到的 RTL 网表视图如图 5-5 所示。

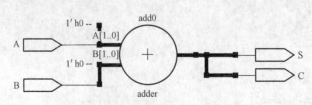

图 5-5　行为描述 RTL 网表视图

(2) 选择数据流描述方式构造体 df 的配置。将配置部分代码修改为如下代码，则选择数据流描述的构造体 df。

```
－－选择数据流描述构造体 df 的配置
CONFIGURATION con_df OF half_adder IS
  FOR df
  END FOR;
END CONFIGURATION con_df;
```

综合得到的 RTL 网表视图如图 5-6 所示。

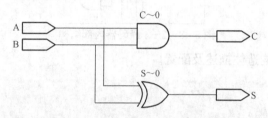

图 5-6　数据流描述 RTL 网表视图

(3) 选择结构描述方式构造体 str 的配置。将配置部分代码修改为如下代码，则选择结构化描述的构造体 str。

```
－－选择结构描述构造体 str 的配置
CONFIGURATION con_str OF half_adder IS
  FOR str
  END FOR;
END CONFIGURATION con_str;
```

综合得到的 RTL 网表视图如图 5-7 所示。

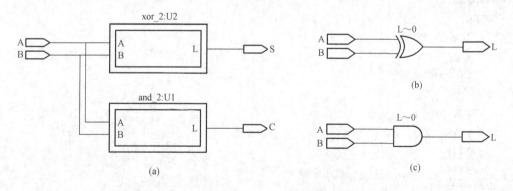

图 5-7　结构化描述的 RTL 网表视图
(a) 顶层视图；(b) 2 输入异或门 RTL 视图；(c) 2 输入门 RTL 视图

【例 5-18】 使用反相器和三输入与门构成 2—4 译码器如图 5-8 所示。

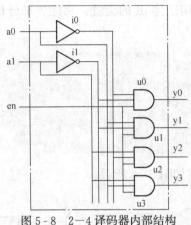

图 5-8 2—4 译码器内部结构

(1) 反相器的不同构造体描述及配置。

```
LIBRARY IEEE;
USE IEEE.STD_LOGIC_1164.ALL;
ENTITY not_1 IS
  PORT( a: IN STD_LOGIC;
        y:OUT STD_LOGIC);
END ENTITY not_1;
ARCHITECTURE rtl OF not_1 IS
 BEGIN
   y<= NOT a;
END ARCHITECTURE rtl;

ARCHITECTURE beh OF not_1 IS
 BEGIN
    PROCESS(a) IS
      BEGIN
         IF a = '0' THEN
            y<= '1';
         ELSIF a = '1' THEN
            y<= '0';
         ELSE
            y<= 'X';
         END IF;
      END PROCESS;
END ARCHITECTURE beh;

CONFIGURATION not_con OF not_1 IS
  FOR beh
  END FOR;
END CONFIGURATION not_con;
```

（2）三输入与门的不同构造体描述与配置。

```vhdl
LIBRARY IEEE;
USE IEEE.STD_LOGIC_1164.ALL;
ENTITY and_3 IS
   PORT( a: IN   STD_LOGIC;
         b: IN   STD_LOGIC;
         c: IN   STD_LOGIC;
         y: OUT STD_LOGIC);
END ENTITY and_3;
ARCHITECTURE rtl OF and_3 IS
 BEGIN
    y<= NOT (a and b and c);
END ARCHITECTURE rtl;
ARCHITECTURE beh OF and_3 IS
 SIGNAL tmp:STD_LOGIC_VECTOR(2 DOWNTO 0);
  BEGIN
    tmp<= a&b&c;
    PROCESS(tmp) IS
      BEGIN
        CASE tmp is
        WHEN "000" => y<= '1';
        WHEN "001" => y<= '1';
        WHEN "010" => y<= '1';
        WHEN "011" => y<= '1';
        WHEN "100" => y<= '1';
        WHEN "101" => y<= '1';
        WHEN "110" => y<= '1';
        WHEN "111" => y<= '0';
        WHEN OTHERS => NULL;
      END CASE;
    END PROCESS;
END ARCHITECTURE beh;
CONFIGURATION and3_con OF and_3 IS
 FOR beh
 END FOR;
END CONFIGURATION and3_con;
```

（3）2—4 译码器的结构描述及配置。

```vhdl
LIBRARY IEEE;
USE IEEE.STD_LOGIC_1164.ALL;
```

```
ENTITY decode IS
    PORT ( a0,a1,en    : IN STD_LOGIC;
           y0,y1,y2,y3 : OUT  STD_LOGIC);
END ENTITY decode;
ARCHITECTURE str OF decode IS
    COMPONENT not_1   IS
      PORT ( a  : IN   STD_LOGIC;
             y: OUT STD_LOGIC);
    END COMPONENT not_1;
    COMPONENT and_3 IS
      PORT(a,b,c: IN STD_LOGIC;
             y: OUT STD_LOGIC);
    END COMPONENT and_3;
    SIGNAL  na0,na1: STD_LOGIC;
BEGIN
  i0: not_1   PORT MAP (a0,na0);
  i1: not_1   PORT MAP (a1,na1);
  u0: and_3   PORT MAP (na0,na1,en,y0);
  u1: and_3   PORT MAP (a0,na1,en,y1);
  u2: and_3   PORT MAP (na0,a1,en,y2);
  u3: and_3   PORT MAP (a0,a1,en,y3);
END ARCHITECTURE str;
```

采用元件配置格式一：

```
CONFIGURATION decode_con OF decode IS
    FOR str
        FOR i0,i1:not_1   USE CONFIGURATION WORK.not_con;
        END FOR;
        FOR all:  and_3   USE CONFIGURATION WORK.and3_con;
        END FOR;
    END FOR;
END CONFIGURATION decode_con;
```

采用元件配置格式二：

```
CONFIGURATION decode_con OF decode IS
    FOR str
        FOR i0,i1:not_1   USE ENTITY WORK.not_1(beh) ;
        END FOR;
        FOR u0,u1,u2,u3:and_3   USE ENTITY WORK.and_3(beh);
        END FOR;
```

```
        END FOR;
END CONFIGURATION decode_con;
```

习题 5

5.1　一个完整的 VHDL 程序由_____、_____、_____、_____和_____五部分组成。

5.2　实体的端口方向有_____、_____、_____和_____四种。

5.3　构造体的描述方式有_____、_____、_____和_____四种。

5.4　构造体的结构描述方式中,端口映射方式有_____和_____两种。

5.5　VHDL 的子程序有_____和_____两种。

5.6　试用 VHDL 写出 1 位全加器的实体。

5.7　试用 VHDL 的结构描述方式,由 2 个半加器设计 1 位全加器。

第6章 VHDL 词法

本章主要介绍 VHDL 的基本语法常识、数据类型、数据对象及运算符。在掌握 VHDL 基本结构的基础上学习相关语法知识,可以进一步熟悉 VHDL,为编写出准确、高效的 VHDL 代码打下基础。

6.1 VHDL 基本常识

VHDL 的基本常识如下:
(1) VHDL 中的英文字母不区分大小写,例如 A 和 a 所代表的意义相同。
(2) VHDL 中区分大小写的场合有:
1) 用单引号括起来的字符;
2) 用双引号括起来的字符串;
3) 扩展标示符。
例如:虽然 A 和 a 所代表的意义相同,但'A'和'a'代表不同的字符。"XX" 和"xx" 代表不同的字符串。
(3) VHDL 中的注释符号为两个连续的"-",即"- -"。
一个注释符号只能注释一行,VHDL 没有提供注释一段代码的注释符号。一般支持 VHDL 的 EDA 工具都具有注释多行的功能,一般需要程序设计者选中要注释的代码,然后选择注释功能菜单,实现一段程序代码的注释或撤销注释的操作。

6.2 VHDL 标示符

标示符类似于事物的名字,用来定义一个事物以便同其他事物区分开来。在 VHDL 中,标示符用来命名和区分实体、构造体、配置、端口、信号、变量或参数等。VHDL 中的实体名、构造体名、配置名、端口名、信号名和变量名都是标示符。标示符的定义需要遵循一定的命名规则。

VHDL 定义了基本标示符和扩展标示符两种标示符。

6.2.1 基本标示符命名规则

(1) 合法字符有三类,即英文字母、数字和下划线;
(2) 最前面应该是英文字母;
(3) 不能连续使用下划线;
(4) 不能用下划线结束;
(5) 不能使用 VHDL 的关键字/保留字。

【例 6-1】 错误的基本标示符命名。

217_count;；不能以数字开头。
money_$;；$为非法字符。
temp__01;；不能连续使用下划线。
temp_;；不能以下划线结束。

6.2.2 扩展标示符命名规则

（1）标示符的首尾要加反斜杠"\"来限定，如\VHDL\。
（2）允许使用ASCII码中的任意字符和图形符号，如%、@。
（3）对字符的顺序没有限制，允许使用保留字，如\234abc\、\library\。
（4）用双反斜杠"\\"表示标示符中的反斜杆字符"\"，如\100\\5=20\。
（5）区分大小写，如\ABC\与\Abc\代表不同的扩展标示符。
（6）扩展标示符和基本标示符不同，如ABC与\ABC\不同。

6.3 VHDL 数据类型

VHDL的数据类型定义很严格，属于强类型语言。不同类型之间的数据不能直接代入，而且即使数据类型相同，位长不同也不能直接代入。不同类型之间的数据代入操作需要调用类型转换函数。

VHDL中的信号、变量、常数、端口等都要指定数据类型。

VHDL语言的数据类型主要有四类：①标量类型（Scalar Type）；②复合类型（Composite Type）；③存取类型（Access Type）；④文件类型（File Type）。

标量类型（Scalar Type）包括枚举类型（Enumeration Type）、整数类型（Integer Type）、浮点类型（Floating Point Type）、物理类型（Physical Type）。物理类型是一种用于表示长度、质量、时间、电压和电流等实际的物理量。其中枚举类型和整数类型又称为离散类型（Discrete Type）。整数类型、物理类型和浮点类型又称为数值类型（Numeric Type）。

复合类型包括数组类型（Array Type）和记录类型（Record Type）。

存取类型与文件类型在逻辑设计中很少使用，本书不做介绍。

VHDL在包集合STANDARD中预定义了一些数据类型，主要有十一种：

（1）枚举类型：CHARACTER、BIT、BOOLEAN、SEVERITY LEVEL。
（2）整数类型：INTEGER、NATURAL、POSITIVE。
（3）物理类型：TIME。
（4）浮点类型：REAL。
（5）数组类型：STRING、BIT_VECTOR。

除了VHDL预定义的数据类型外，用户可以根据设计需要自行定义数据类型。

6.3.1 预定义数据类型

VHDL预定义的十一种数据类型见表6-1。

表 6-1　　　　　　　　　　　　VHDL 标准数据类型

数据类型	说　　明	可综合性
INTEGER	32 位整数，数值范围 $-2\,147\,483\,647 \sim 2\,147\,483\,647$	是
REAL	实数，数值范围 $-1.0E+38 \sim +1.0E+38$	否
BIT	位，取值逻辑 '0' 或 '1'	是
BIT_VECTOR	位矢量	是
BOOLEAN	布尔量	是
CHARACTER	字符	是
TIME	时间	否
SEVERITY LEVEL	错误等级，NOTE、WARNING、ERROR、FAILURE	否
NATURAL	自然数	是
POSITIVE	正整数	是
STRING	字符串	否

1. INTEGER

INTEGER 数据类型代表整数，包括正整数、负整数和零。在 VHDL 中，整数用 32 位有符号的二进制数表示，因此取值范围为 $-2^{31} \sim +2^{31}$，即 $-2\,147\,483\,647 \sim 2\,147\,483\,647$。虽然整数用二进制来表示，但是整数不能按位来进行访问。当要求按位操作时，需要将整数类型转化成可以进行按位操作的数据类型，如 STD_LOGIC_VECTOR 或 BIT_VECTOR。

2. REAL

REAL 数据类型代表实数，是预定义的浮点数据类型。在 VHDL 中，实数的取值范围为 $-1.0E38 \sim +1.0E38$。由取值范围可以看出，实数有正实数和负实数，而且书写时一定要有小数点，以便与整数进行区分。例如，数字 1 代表整数，而数字 1.0 代表实数。两个数的值是一样的，但数据类型不一样。在进行算法研究或仿真时，REAL 数据类型作为硬件方案的抽象手段，主要对实数进行算术运算操作。

3. BIT

BIT 数据类型代表 1 位二进制数。为了与其他数据类型进行区别，将数值用单引号括起来。BIT 数据类型的数据取值范围有 2 个数值，'0' 和 '1'。BIT 类型的数据也可以显式说明，例如 BIT ('1')。

BIT 数据类型与 STD_LOGIC 数据类型的相同点是都代表 1 位数值，但是二者取值范围不同。BIT 数据类型只有 '0'、'1' 两种取值，而 STD_LOGIC 有九种取值。

4. BIT_VECTOR

BIT_VECTOR 是基于 BIT 类型的数组，即由一组 BIT 类型的数据组合而成。在 VHDL 中，BIT_VECTOR 用双引号括起来的数字序列表示，如 "10111" 可以赋值给 5 位 BIT_VECTOR 类型的数据。

BIT_VECTOR 与 STD_LOGIC_VECTOR 相同之处在于二者都代表一组用双引号括起来的数据，但二者取值范围不同，原因在于 BIT_VECTOR 由若干 BIT 类型的数据组成，而 STD_LOGIC_VECTOR 由若干 STD_LOGIC 数据组成。

5. BOOLEAN

BOOLEAN 数据类型具有两个状态：即"真"（TRUE）和"假"（FLASE）。BOOLEAN 数据只代表两种状态，没有数值含义，不能进行算术运算，只能进行关系运算。BOOLEAN 数据完全可以由 BIT 或 STD_LOGIC 数据替代，只要定义两个对立的状态'0'和'1'即可。

6. CHARACTER

CHARACTER 数据类型所定义的字符量是用单引号括起来的字符或符号。字符可以是 26 个大写英文字母、26 个小写英文字母，10 个数字 0～9。符号可以是空白符或者特殊字符如@、$、%等。包集合 STANDARD 中给出了预定义的 128 个 ASCII 码字符类型，不能打印的用标示符给出。

因为字符量是用单引号括起来的，所以字符量区分大小写。字符 'A'与 'a'表示不同的字符。

7. STRING

STRING 数据类型所定义的字符串是用双引号括起来的字符序列，也称为字符矢量或字符数组，如"Welcome"。字符串常用于程序提示和说明，如报告错误或警告信息等。

8. TIME

TIME 是 VHDL 中唯一预定义的一种物理量。完整的时间量数据包含整数和单位两部分，而且整数与单位之间至少留有一个空格的位置。在包集合 STANDARD 中给出了时间的预定义，其单位为 fs、ps、ns、us、ms、sec、min、hr。时间数据的形式如 20ns、3ms。时间量仅用于仿真，不能用于逻辑综合。在系统仿真时，时间量用来表示信号延时、模拟各种信号的时序关系等。

9. SEVERITY LEVEL

错误等级类型数据用来表征系统的状态，按照 STANDARD 的定义共有四级：NOTE、WARNING、ERROR 和 FAILURE。在系统仿真过程中，可以用这四种级别来提示系统当前的工作情况。这样可以使操作人员随时了解系统当前的工作状态，并根据系统的不同状态采取相应的措施。该类数据一般使用在 ASSERT 语句中。

10. NATURAL

NATURAL 是整数的子类，NATURAL 类数据只能取 0 和正整数。在 STANDARD 包集合中对 NATURAL 做了如下定义"SUBTYPE NATURAL IS INTEGER RANGE 0 TO INTEGER'HIGH"。

11. POSITIVE

POSITIVE 也是整数的子类，POSITIVE 只能取正整数。在 STANDARD 包集合中对 POSITIVE 做了如下定义"SUBTYPE POSITIVE IS INTEGER RANGE 1 TO INTEGER'HIGH"。

VHDL 预定义数据类型包含在 STD 库的 STANDARD 包集合中，不需要声明库和包集合可以直接使用这些数据类型。STD 库是 VHDL 的标准库。

STD 库中还有另一个包集合 TEXTIO，使用 TEXTIO 包集合时，需要首先声明 STD 库和 TEXTIO 包集合，才能使用该包集合中预定义的数据。

6.3.2 用户自定义数据类型

除了 VHDL 在 STANDARD 包集合中预定义的数据类型外，设计者可以定义自己需要的数据类型。用户自定义数据类型的语法格式：

```
TYPE 数据类型名｛,数据类型名｝数据类型定义；
SUBTYPE 子类型名 IS 数据类型名［范围］；
```

设计者可以自己定义的数据类型主要有枚举类型、数组类型、记录类型、整数类型、实数类型。

1. 枚举类型（Enumeration Type）

枚举类型定义的语法格式：

```
TYPE 数据类型名 IS（元素 1,元素 2,……,元素 N）；
```

例如：

```
TYPE state_t IS（s_rst,s_idle,s_rd,s_wr）；
```

上面这个例子定义了一个数据类型名为 state_t 的枚举数据类型，该数据类型含有 4 个元素，分别为 s_rst、s_idle、s_rd 和 s_wr。

VHDL 中，枚举类型最常见的应用是状态机的定义。同样是上面的例子，可以看作是定义了含有四种状态的状态机。

2. 数组类型（Array Type）

数组是将相同类型的数据集合在一起所形成的一个新的数据类型。数组可以是一维的也可以是多维的。

数组类型的定义语法格式：

```
TYPE 数据类型名 IS ARRAY（范围）OF 数组元素数据类型；
```

用户自定义数组类型时需要注意的问题如下：

（1）数组类型如果没有指定范围的数据类型，则默认为 INTEGER 类型。例如：

```
TYPE byte_8 IS ARRAY（0 TO 7）OF STD_LOGIC；
TYPE byte_8 IS ARRAY（INTEGER 0 TO 7）OF STD_LOGIC；
```

以上两行代码是等价的。

（2）除整数类型外，范围的数据类型也可以使用其他数据类型。使用时需要显式地声明范围的数据类型，例如使用自定义枚举类型。

【例 6-2】 用数组定义一个课程表。

```
TYPE week IS（mon,tue,wed,thr,fri,sat,sun）；
TYPE lesson_list IS（chinese,english,math,physic,chemical,music）；
TYPE lesson_chart IS ARRAY（week mon TO fri）OF lesson_list；
```

(3) 如果没有指定范围时,需要在定义该数据类型的信号、变量等时指定范围。
例如,STD_LOGIC_VECTOR 在包集合 STD_LOGIC_1164 中有如下定义:

```
TYPE STD_LOGIC_VECTOR IS ARRAY (NATURAL RANGE <>) OF STD_LOGIC;
```

RANGE <>表示没有范围限制。因此,在定义 STD_LOGIC_VECTOR 类型的信号、变量时需要指定具体的范围。

```
SIGNAL temp: STD_LOGIC_VECTOR(7 DOWNTO 0); --8位 STD_LOGIC_VECTOR 类型
```

(4) 多维数组范围的声明方法。N 维数组需要 N 个范围来声明。二维数组一般用来描述存储器,一个范围表示字数,一个范围表示字长。大于二维的数组不能综合,只能用于仿真建模。例如,"TYPE ram IS ARRAY (0 TO 127, 7 DOWNTO 0) OF STD_LOGIC;"
数组定义了一个存储容量为 128×8bit 的存储器。

3. 记录类型 (Record Type)

数组是同一数据类型元素的集合,而记录是不同数据类型元素的集合。记录类型一般用来系统仿真。记录类型的定义语法格式:

```
TYPE 数据类型名 IS RECORD
    元素名:数据类型;
    元算名:数据类型;
    ……
END RECORD;
```

从记录中引用元素时,需要使用"."。

【例 6-3】 定义个人信息记录。

```
TYPE student_info IS  RECORD
    student_name: STRING;
    student_sex: BOOLEAN;
    studeng_age:INTEGER RANGE 0 TO 100;
END RECORD;
SIGNAL zhang_san:RECORD
zhang_san. student_name<= "zhangsan";
zhang_san. student_sex<= TRUE;
zhang_san. student_age<= 17;
```

4. 整数类型 (Integer Type)

用户自定义的整数类型是 VHDL 预定义类型 INTEGER 的子集。
语法格式:

```
SUBTYPE 数据类型名   IS   INTEGER RANGE 取值范围;
```

例如:

```
SUBTYPE decimal IS INTEGER RANGE 0 TO 9;
SUBTYPE hexdecimal IS INTEGER RANGE 0 TO 15;
```

5. 实数类型（Real Type）

用户自定义的实数类型是 VHDL 预定义类型 REAL 的子集。

语法格式：

```
SUBTYPE 数据类型名  IS  REAL RANGE 取值范围；
```

例如：

```
SUBTYPE voltage IS REAL RANGE -3.5 TO +3.5;
```

6.3.3 IEEE 预定义数据类型

为了方便进行硬件仿真，IEEE 在 STD_LOGIC_1164 包集合中，定义了 VHDL 中常用的两个数据类型 STD_LOGIC 和 STD_LOGIC_VECTOR。因此，在使用这两种数据类型时需要声明 IEEE 库和 STD_LOGIC_1164 包集合，即采用如下格式：

```
LIBRARY IEEE;
USE IEEE.STD_LOGIC_1164.ALL;
```

1. STD_LOGIC

根据 IEEE 定义，STD_LOGIC 类型具有表 6-2 中的九种不同的取值。

表 6-2　　　　　　　　　　STD_LOGIC 的九种取值

取值	说明	取值	说明
'U'	初始值	'W'	弱信号不定值
'X'	不定值	'L'	弱信号 0
'0'	0	'H'	弱信号 1
'1'	1	'—'	不可能情况
'Z'	高阻		

由 VHDL 的基本常识得知，虽然 VHDL 不区分大小写，但是在单引号和双引号内的字母是区分大小写的。所以，不定值'X'必须是大写，如果写成小写 'x'是错误的。其他值的使用与之相同。

2. STD_LOGIC_VECTOR

STD_LOGIC_VECTOR 表示一组由 STD_LOGIC 数据组成的矢量。在 STD_LOGIC_1164 包集合中，STD_LOGIC_VECTOR 的定义如下：

```
TYPE STD_LOGIC_VECTOR IS ARRAY (NATURAL RANGE < >) OF STD_LOGIC;
```

NATURAL RANGE 有两种定义方法：

方法1:STD_LOGIC_VECTOR(初始值 TO 结束值);   - -升区间
方法2:STD_LOGIC_VECTOR(初始值 DOWNTO 结束值);   - -降区间

例如:

```
STD_LOGIC_VECTOR(7 DOWNTO 0);
STD_LOGIC_VECTOR(0 TO 7);
SIGNAL a:STD_LOGIC_VECTOR(0 TO 7):= "00000000";
```

【例6-4】 使用IEEE库中STD_LOGIC_1164包集合预定义的数据类型和使用STD库STANDARD包集合中预定义数据类型的区别。

(1) 使用IEEE库中STD_LOGIC_1164包集合预定义的数据类型STD_LOGIC。

```
LIBRARY IEEE; - -声明 IEEE 库,必须声明
USE IEEE.STD_LOGIC_1164.ALL; - -声明 STD_LOGIC_1164 包集合,必须声明
ENTITY nand_2 IS
    PORT (  a: IN STD_LOGIC; - -使用 STD_LOGIC 数据类型
            b: IN STD_LOGIC; - -使用 STD_LOGIC 数据类型
            c: OUT STD_LOGIC); - -使用 STD_LOGIC 数据类型
END ENTITY nand_2;

ARCHITECTURE rtl OF nand_2 IS
    BEGIN
    c<= a NAND b;
END ARCHITECTURE rtl;
```

(2) 使用STD库STANDARD包集合中预定义数据类型BIT。

```
- -LIBRARY STD; - -声明 STD 库,可以不声明
- -USE STD.STANDARD.ALL; - -声明 STANDARD 包集合,可以不声明
ENTITY nand_2 IS
PORT (  a:   IN BIT; - -使用数据类型 BIT
        b:   IN BIT; - -使用数据类型 BIT
        c:  OUT BIT); - -使用数据类型 BIT
END ENTITY nand_2;

ARCHITECTURE rtl OF nand_2 IS
    BEGIN
    c<= a NAND b;
END ARCHITECTURE rtl;
```

6.3.4 数据类型的转换

VHDL属于强类型语言,数据类型的定义非常严格,不同类型的数据不能进行运算和

直接代入。如果被代入量的数据类型与代入量的数据类型不一致,为了实现正确的代入操作,必须将代入量进行类型转换。

VHDL 采用函数转换法实现数据类型的转换,表 6-3 列出了常用的类型转换函数及其所在的包集合。注意在使用类型转换函数时,必须声明其所在的包集合,否则编译会出错。

表 6-3　　　　　　　常用的类型转换函数及其所在的包集合

包集合名	函数名	说明
STD_LOGIC_1164	TO_STDLOGICVECTOR( )	由 BIT_VECTOR 转换为 STD_LOGIC_VECTOR
	TO_BITVECTOR( )	由 STD_LOGIC_VECTOR 转换为 BIT_VECTOR
	TO_STDLOGIC( )	由 BIT 转换为 STD_LOGIC
	TO_BIT( )	由 STD_LOGIC 转换为 BIT
STD_LOGIC_ARITH	CONV_STD_LOGIC_VECTOR(A,位长)	由 INTEGER、UNSIGNED、SIGNED 变换为 STD_LOGIC_VECTOR
	CONV_INTEGER(A)	由 UNSIGNED、SIGNED 转换为 INTEGER
STD_LOGIC_UNSIGNED	CONV_INTEGER(A)	由 STD_LOGIC_VECTOR 变换为 INTEGER

BIT_VECTOR 与 STD_LOGIC_VECTOR 需要转换的原因是:BIT_VECTOR 可以代入二进制数、八进制数和十六进制数,而 STD_LOGIC_VECTOR 只能代入二进制数。此外,有些运算操作符只支持 BIT_VECTOR,而不支持 STD_LOGIC_VECTOR。

【例 6-5】 整数类型转换成 STD_LOGIC_VECTOR 类型。

```
LIBRARY IEEE;
USE IEEE.STD_LOGIC_1164.ALL;
USE IEEE.STD_LOGIC_ARITH.ALL; --必须声明,否则编译错误
ENTITY type_conv IS
  PORT ( a: IN INTEGER RANGE 0 TO 15;
      b: OUT STD_LOGIC_VECTOR(3 DOWNTO 0));
END ENTITY type_conv;
ARCHITECTURE rtl OF type_conv IS
  BEGIN
    b<= CONV_STD_LOGIC_VECTOR(a,4);
END ARCHITECTURE rtl;
```

6.4 VHDL 数据对象

VHDL 的数据对象就是可以赋值的客体。VHDL 有主要有四类数据对象,即常数(CONSTANT)、信号(SIGNAL)、变量(VARIABLE)和文件(FILE)。

6.4.1 常数（CONSTANT）

常数是一个固定的值。常数声明是指对所定义的常数赋一个定值。
(1) 关键词：CONSTANT。
(2) 常数声明的语法格式：

```
CONSTANT 常数名：数据类型 := 表达式
```

例如：

```
CONSTANT max_value:INTEGER: = 255;
    --定义了一个名为 max_value 的常数,数据类型为 INTEGER,数值为 255
CONSTANT vcc : REAL : = 3.3 ;
    --定义了一个名为 vcc 的常数,数据类型为 REAL,数值为 3.3
CONSTANT tco :TIME : = 5 ns;
    --定义了一个名为 tco 的常数,数据类型为 TIME,数值为 10 ns
TYPE memory IS ARRAY (0 TO 2,7 DOWNTO 0) OF STD_LOGIC;
CONSTANT rom:memory: = ((  '0','0','0','0','0','0','0','0'),
                       ('0','0','0','0','0','0','0','0'),
                       ('0','0','0','0','0','0','0','0'));
    --定义了一个名为 rom 的常数数组,数据类型为 memory
```

(3) 其他说明。
1) 常数可以在包集合、实体、构造体内声明。
2) 所赋的数值应与常数的数据类型一致。例如：

```
CONSTANT data_size:INTEGER: = 255.0;
    --这个常数声明是错误的,常数的数据类型为 INTEGER,而赋的数值为 REAL
```

6.4.2 信号（SIGNAL）

信号在 VHDL 硬件设计中使用非常频繁，它代表了硬件电路内部的连接线。信号与端口的唯一区别就是：信号在内部使用，没有方向；而端口用来与外部进行通信，具有方向。
(1) 关键词：SIGNAL。
(2) 声明语法格式：

```
SINGAL 信号名：数据类型 [:= 初值];
```

例如：

```
SIGNAL temp: STD_LOGIC_VECTOR( 7 DOWNTO 0);
    --定义了一个名为 temp 的信号,数据类型为 STD_LOGIC_VECTOR,位宽为 8 位
```

(3) 信号的赋值：

信号名<＝表达式；

例如：

temp<＝a+b;

信号赋值符号为"<＝"，与 VHDL 中的关系运算符"<＝"具有相同的形式。可以通过判断使用的语境进行判断。一般关系运算符用在条件表达式中。

(4) 信号的声明场合。一般在 PACKAGE、ENTITY、ARCHITECTURE 中声明信号。

6.4.3 变量（VARIABLE）

变量分为共享变量和局部变量两类。
1. 共享变量
(1) 关键词：SHARED VARIABLE。
(2) 声明格式：

SHARED VARIABLE 变量名:类型名[:=初值];

全局变量的作用范围、声明场合与信号相似。
2. 局部变量
(1) 关键词：VARIABLE。
(2) 声明格式：

VARIABLE 变量名:类型名[:=初值];

局部变量只能在进程语句和子程序中使用。
例如：

VARIABLE cnt: INTEGER;   ――定义了一个名为 cnt 的变量,数据类型为 INTEGER
VARIABLE temp: STD_LOGIC_VECTOR(7 DOWNTO 0);
              ――定义了一个名为 temp 的变量,数据类型为 STD_LOGIC_VECTOR,位宽为8位

3. 变量的赋值格式
赋值格式如下：

变量名:=表达式;

例如：

cnt:=cnt+1;

4. 信号与局部变量的区别

(1) 赋值符号的区别。

1) 变量的赋值符号为":="。

2) 信号的赋值符号为"<="。

(2) 声明场合。

1) 信号一般声明在 PACKAGE、ENTITY、ARCHITECTURE 中。

2) 变量一般声明在 PROCESS、FUNCTION、PROCEDURE 中。

(3) 延时语句的使用。

1) 信号赋值时可以使用延时语句。

2) 变量赋值时不能使用延时语句。

例如：

```
s<= a + b AFTER 10 ns;
    --将 a + b 的结果延时 10 ns 后赋值给信号 s,这是正确的使用方法
v:= a + b AFTER 10 ns;
    --将 a + b 的结果延时 10 ns 后赋值给变量 v,这是错误的使用方法
正确的使用方法是：
v:= a + b;
    --将 a + b 的结果赋值给变量 v,这是正确的使用方法,不能使用延时语句
```

(4) 赋值生效的时间（PROCESS 或子程序内部）。

1) 变量赋值立即生效。变量赋值语句一旦被执行，变量立即被赋予新值。在执行下一条语句时，该变量的值为新值。

2) 信号的赋值和赋值语句的处理是分开进行的。信号赋值语句被执行时，信号仍保持原值。执行下一条语句时，信号的值为原值。到进程结束时，信号被赋予新值。如果多次赋值，取最后一条赋值语句的值作为信号的最终值。

【例 6-6】 信号赋值。

```
LIBRARY IEEE;
USE IEEE.STD_LOGIC_1164.ALL;
USE IEEE.STD_LOGIC_UNSIGNED.ALL;

ENTITY adder_4 IS
    PORT  ( a:IN STD_LOGIC_VECTOR(3 DOWNTO 0);
            b:IN STD_LOGIC_VECTOR(3 DOWNTO 0);
            c:IN STD_LOGIC_VECTOR(3 DOWNTO 0);
            x:OUT STD_LOGIC_VECTOR(3 DOWNTO 0);
            y:OUT STD_LOGIC_VECTOR(3 DOWNTO 0));
END ENTITY adder_4;

ARCHITECTURE rtl OF adder_4 IS
```

```
    SIGNAL  d:STD_LOGIC_VECTOR( 3 DOWNTO 0); --定义信号 d
  BEGIN
p1: PROCESS(a,b,c,d) IS
  BEGIN
      d<= a;      --将 a 赋值给信号 d
      x<= b+d;
      d<= c;      --将 c 赋值给信号 d
      y<= b+d;
  END PROCESS p1;
END ARCHITECTURE rtl;
```

RTL 综合视图如图 6-1（a）所示。

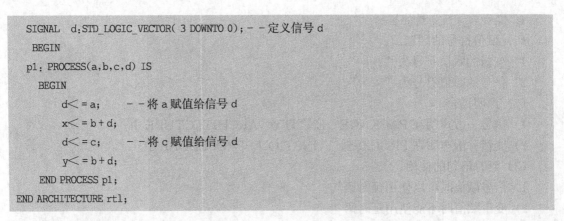

图 6-1 变量与信号的 RTL 综合视图

（a）进程 p1 的 RTL 综合视图；（b）进程 p2 的 RTL 综合视图

对［例 6-6］进程中信号赋值语句处理与信号赋值的分析如下：

a. 执行第一条语句前：

被赋值对象	被赋值对象当前值	赋值表达式当前值
d	d	
x	x	
y	y	

b. 执行第一条语句 "d<=a;" 之后：

被赋值对象	被赋值对象当前值	赋值表达式当前值
d	d	a
x	x	
y	y	

c. 执行第二条语句 "x<=b+d;" 之后：

被赋值对象	被赋值对象当前值	赋值表达式当前值
d	d	a
x	x	b+d
y	y	

d. 执行第三条语句"d<=c;"之后：

被赋值对象　被赋值对象当前值　赋值表达式当前值

d	d	c
x	x	b+d
y	y	

e. 执行第四条语句"y<=b+d;"之后：

被赋值对象　被赋值对象当前值　赋值表达式当前值

d	d	c
x	x	b+d
y	y	b+d

至此，该次进程中的顺序语句处理结束，下面开始赋值。

f. 赋值是并行执行的，所以执行结果如下：

被赋值对象　被赋值对象当前值　赋值表达式当前值

d	c	c
x	b+c	b+c
y	b+c	b+c

所以结果为"x=b+c; y=b+c;"。

在［例 6-6］中信号 d 被赋值 2 次，但结果只取最后一次赋值。因此，建议不要在同一进程中对同一信号进行多次赋值。

【例 6-7】 变量赋值。

```
LIBRARY IEEE;
USE IEEE.STD_LOGIC_1164.ALL;
USE IEEE.STD_LOGIC_UNSIGNED.ALL;

ENTITY adder_4 IS
    PORT (  a:IN STD_LOGIC_VECTOR(3 DOWNTO 0);
            b:IN STD_LOGIC_VECTOR(3 DOWNTO 0);
            c:IN STD_LOGIC_VECTOR(3 DOWNTO 0);
            x:OUT STD_LOGIC_VECTOR(3 DOWNTO 0);
            y:OUT STD_LOGIC_VECTOR(3 DOWNTO 0));
END ENTITY adder_4;

ARCHITECTURE rtl OF adder_4 IS
    BEGIN
    p2: PROCESS(a,b,c) IS
        VARIABLE  d:STD_LOGIC_VECTOR( 3 DOWNTO 0);--定义变量 d
        BEGIN
```

```
        d:=a; --将a赋值给变量d
        x<=b+d;
        d:=c; --将c赋值给变量d
        y<=b+d;
    END PROCESS p2;
END ARCHITECTURE rtl;
```

RTL综合视图如图6-1（b）所示。

对［例6-7］进程中信号、变量赋值语句处理与赋值的分析如下：

a. 执行第一条语句前：

被赋值对象	被赋值对象当前值	赋值表达式当前值
d	d	
x	x	
y	y	

b. 执行第一条语句"d:=a;"之后：

被赋值对象	被赋值对象当前值	赋值表达式当前值
d	a	a
x	x	
y	y	

c. 执行第二条语句"x<=b+d;"之后：

被赋值对象	被赋值对象当前值	赋值表达式当前值
d	a	a
x	x	b+a
y	y	

d. 执行第三条语句"d:=c;"之后：

被赋值对象	被赋值对象当前值	赋值表达式当前值
d	c	c
x	x	b+a
y	y	

e. 执行第四条语句"y<=b+d;"之后：

被赋值对象	被赋值对象当前值	赋值表达式当前值
d	c	c
x	x	b+a
y	y	b+c

至此，该次进程中顺序语句处理结束，下面开始信号赋值。

f. 信号赋值是同时执行的,所以得到如下的结果:

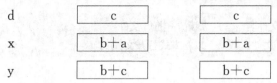

被赋值对象	被赋值对象当前值	赋值表达式当前值
d	c	c
x	b+a	b+a
y	b+c	b+c

所以代码的结果为"x=b+a;y=b+c;"。

6.4.4 文件(FILE)

文件是一种用来定义代表主机中文件格式的客体。文件客体是包含在主系统文件中的一系列数值。

1. 文件的定义格式

文件的定义格式如下:

```
TYPE 类型名 FILE OF 元素类型名;
```

元素类型代表文件中元素的数据类型,FILE 对元素数据类型的使用有一定的要求。数据类型不能是文件(FILE)类型、存取(ACESS)类型、保护(PROTECTED)类型(具体参见 IEEE Standard VHDL Language Reference Manual)。

例如:

```
TYPE f_string FILE OF STRING;
    --定义了一个名为 f_string 的文件,该文件内容包含无限个任意长度的字符串
TYPE f_natural FILE OF NATURAL;
    --定义了一个名为 f_natural 的文件,该文件内容只能包含正整数
```

2. 文件操作语句

VHDL 提供了一个预定义的包集合 TEXTIO,该包集合内定义了对文件进行读写的过程和函数。TEXTIO 定义了处理文本文件的数据类型,包括行(LINE)、文本(TEXT)、侧(SIDE)三种,以及 NATURAL 的子类型 WIDTH。TEXTIO 按行对文件进行处理,一行为一个字符串,并以回车、换行符作为行结束符。

在使用 TEXTIO 包集合时,首先要进行如下说明:

```
LIBRARY STD;
USE STD.TEXTIO.ALL;
```

在 VHDL 语言的标准格式中,TEXTIO 只能使用 BIT 和 BIT_VECTOR 两种数据类型。如果要使用 STD_LOGIC 和 STD_LOGIC_VECTOR,就要使用 STD_LOGIC_TEXTIO,即

```
LIBRARY IEEE;
USE IEEE.STD_LOGIC_TEXTIO.ALL;
```

TEXTIO 定义了操作文件的过程和函数，主要有：
(1) 打开文件：

```
FILE 文件名称：TEXT OPEN READ_MODE IS "文件名"；－－以读方式打开文件
FILE 文件名称：TEXT OPEN WRITE_MODE IS "文件名"；－－以写方式打开文件
```

例如：

```
FILE tb_text：TEXT OPEN READ_MODE IS "tb_text.txt"；－－以读操作方式打开名称为 tb_text.txt 的文件
FILE tb_text_o：TEXT OPEN WRITE_MODE IS "tb_text_o.txt"；－－以写操作方式打开名称为 tb_text_o.txt
文件
```

(2) 从文件中读一行：

```
READLINE(文件变量,行变量);
```

例如：

```
SIGNAL clk:STD_LOGIC;
SIGNAL lin:STD_LOGIC_VECTOR (7 DOWNTO 0);
VARIABLE li: LINE;
FILE invector: TEXT OPEN READ_MODE is "tb_text.txt";
READLINE(invector,li);－－利用 READLINE 语句,从文件变量 invector 所指定的文件中(tb_test.txt)读
                一行数据,将它放到 li 行变量中。
```

(3) 从一行中读一个数据：

```
READ (行变量,数据变量);
```

利用 READ 语句可以从一行中取出一个字符，放到所指定的数据变量（信号）中。例如：

```
READ(li,clk);－－取 li 行的第一位数据,并赋值给 clk；
READ(li,din);－－取后续的 8 位数据,并赋值给 din；
```

(4) 写一行到文件：

```
WRITELINE (文件变量,行变量);
```

行写语句与行读语句相反，将变量中存放的一行数据写到文件变量所指定的文件中去。

(5) 写一个数据到行：

```
WRITE(行变量,数据变量);
```

该写语句将数据写到某一行中。按十六进制写时，写语句应以 H 为前缀"HWRITE"；如果按八进制写时，则冠以 O 为前缀"OWRITE"。

```
WRITE(行变量,数据变量,起始位置,字符数);
```

起始位置可以有两种选择：①LEFT，从行的最左边对齐；②RIGHT，从行的最右边对齐。而字符个数则表示要写的位数，例如"WRITE（lo，dout，left，9）;"表示将数据变量 dout 的数据写到行变量 lo 的左边对齐 9 个字符中。

（6）文件结束检查：

```
ENDFILE(文件变量);
```

该语句检查文件是否结束，如果检出文件结束标志，则返回"真"值，否则返回"假"值。

3. 文件的读写操作流程
（1）打开文件。
（2）定义 line 型变量。
（3）对文件进行读操作时，首先读一行字符，并将其放到 line 数据类型变量中，然后再按字段进行处理。
（4）对文件进行写操作时，首先在行数据暂存区按字段建立 line 变量，然后再将 line 的数据写到文件中去。

【例 6-8】 使用 TXETIO 实现文件读写。

```
FILE tb_text:TEXT OPEN READ_MODE IS "tb_text.txt";
FILE tb_text_o:TEXT OPEN WRITE_MODE IS "tb_text_o.txt";
SIGNAL rst_n,clk: STD_LOGIC;
SIGNAL d_out:STD_LOGIC_VECTOR(3 DOWNTO 0);

PROCESS
    VARIABLE li:LINE;
    VARIABLE rst_t,clk_t:STD_LOGIC;
    BEGIN
      WHILE (NOT ENDFILE(tb_text)) LOOP
        READLINE (tb_text,li);
        READ(li,rst_t);
        READ(li,clk_t);
        rst_n<= rst_t;
        clk<= clk_t;
      WAIT FOR 20 ns;
    END LOOP;

END PROCESS;

PROCESS
  VARIABLE lo:LINE;
```

```
    BEGIN
       WRITE(lo,now,left,8);
       HWRITE(lo,d_out,right,4);
       WRITELINE(tb_text_o,lo);
       WAIT FOR 40 ns;
END PROCESS;
```

6.5 VHDL 运算符

VHDL 中的各种表达式都是由运算符和操作数组成的。操作数（Operands）是表达式中的各种运算对象，而运算符（Operators）则规定操作数的运算方式。VHDL 中的运算符主要可以分为五类：逻辑运算符、算术运算符、关系运算符、移位运算符和并置运算符。

VHDL 对运算符的使用需要结合特定的数据类型，VHDL 对运算符适用的数据类型做了预定义。为了更加灵活地使用运算符，IEEE 在包集合 STD_LOGIC_UNSIGNED 和 STD_LOGIC_ARITH 对运算符做了重载。

6.5.1 逻辑（Logical）运算符

逻辑运算符包括 and、or、nand、nor、xor、xnor 六种，其逻辑功能描述见表 6-4。

表 6-4　　　　　　　　　　逻辑运算符及其功能

逻辑运算符	and	or	not	nand	nor	xor	xnor
逻辑功能	与	或	非	与非	或非	异或	同或

使用逻辑运算符时应注意如下问题：

（1）逻辑运算中操作数的数据类型可以为 BIT、BOOLEAN、STD_LOGIC 以及一维数组 BIT_VECTOR 和 STD_LOGIC_VECTOR。

（2）双目逻辑运算符两边的操作数的数据类型相同，位宽相同。

（3）逻辑运算按位进行运算，结果的数据类型与操作数的类型相同。

（4）逻辑运算中应注意优先级问题，当一个表达式中含有两种以上的逻辑运算符时，应用括号对这些运算进行分组。如果只含有 and、or、xor 三种逻辑运算符中的一种，则不需要使用括号分组。

（5）单目逻辑运算符 NOT 的优先级在所有的逻辑运算中最高。

【例 6-9】 各种逻辑运算符的应用。

```
LIBRARY IEEE;
USE IEEE.STD_LOGIC_1164.ALL;
ENTITY logic_op IS
  PORT(a : IN STD_LOGIC;
```

```
        b:IN STD_LOGIC;
        a_and_b:OUT STD_LOGIC;
        a_or_b:OUT STD_LOGIC;
        a_not:OUT STD_LOGIC;
        a_nand_b:OUT STD_LOGIC;
        a_nor_b:OUT STD_LOGIC;
        a_xor_b:OUT STD_LOGIC;
        a_xnor_b:OUT STD_LOGIC);
END ENTITY logic_op;
ARCHITECTURE rtl OF logic_op IS
  BEGIN
        a_and_b< = a AND b;
        a_or_b< = a OR b;
        a_not< = NOT a ;
        a_nand_b< = a NAND b;
        a_nor_b< = a NOR b;
        a_xor_b< = a XOR b;
        a_xnor_b< = a XNOR b;
END ARCHITECTURE rtl;
```

[例6-9]中代码综合后的RTL视图如图6-2所示。

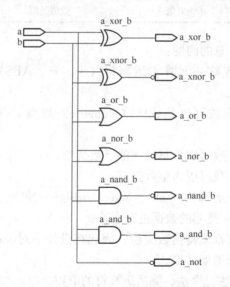

图6-2 [例6-9]综合后的RTL视图

6.5.2 算术（Arithmetic）运算符

算术运算符主要有加、减、乘、除、求模、取余、乘方等。表6-5列出了双目算术运算符及其操作数类型，表6-6列出了单目运算符及其操作数类型。

表 6-5　　　　　　　　　　双目算术运算符及其操作数类型

算术运算符	操作	左操作数类型	右操作数类型	结果类型
+	加法	数值类型	与左操作数同类型	与左操作数同类型
-	减法	数值类型	与左操作数同类型	与左操作数同类型
*	乘法	整数、浮点数	与左操作数同类型	与左操作数同类型
		物理类型	整数、浮点数	与左操作数同类型
		整数、浮点数	物理类型	与右操作数同类型
/	除法	整数、浮点数	与左操作数同类型	与左操作数同类型
		物理类型	整数/浮点数	与左操作数同类型
		物理类型	与左操作数同类型	整数
MOD	求模	整数	整数	整数
REM	取余	整数	整数	整数
**	乘方	整数、浮点数	整数	与左操作数同类型

表 6-6　　　　　　　　　　单目算术运算符及其操作数类型

算术运算符	操作	操作数类型	结果类型
+	正	数值类型	与左操作数同类型
-	负	数值类型	与左操作数同类型
ABS	求绝对值	数值类型	与左操作数同类型

使用算术运算符需要注意的问题：

（1）单目算术运算符或称一元算术运算符（+、-、ABS）的操作数可以是 INTEGER、REAL、PHYSICAL；

（2）加法、减法的操作数可以是数值（Numeric）类型 INTEGER、REAL、PHYSICAL；

（3）乘法、除法的操作数可以为整数和浮点数类型；

（4）求模、取余的操作数可以为整数类型；

（5）加法、减法和乘法运算符在 std_logic_unsigned 包集合中已经进行了重载定义，可以支持 std_logic_vector 类型的数据进行运算；

（6）所有的算术运算符都支持整数类型，因此在设计中对 std_logic_vector 类型数据进行算数运算时，可以进行类型转换。

【例 6-10】　加法、减法、乘法、除法运算符的应用。

```
LIBRARY IEEE;
USE IEEE.STD_LOGIC_1164.ALL;
USE IEEE.STD_LOGIC_UNSIGNED.ALL;
USE IEEE.STD_LOGIC_ARITH.ALL;
ENTITY alu IS
```

```
     GENERIC (data_size: INTEGER: = 8);
     PORT (  a: IN STD_LOGIC_VECTOR(data_size - 1 DOWNTO 0);
             b: IN STD_LOGIC_VECTOR(data_size - 1 DOWNTO 0);
             c: OUT STD_LOGIC_VECTOR(data_size DOWNTO 0);
             d: OUT STD_LOGIC_VECTOR(data_size DOWNTO 0);
             e: OUT STD_LOGIC_VECTOR(2 * data_size - 1 DOWNTO 0);
             f: OUT STD_LOGIC_VECTOR(data_size DOWNTO 0));
END ENTITY alu;
ARCHITECTURE rtl OF alu IS
  SIGNAL t1,t2,t3:INTEGER;
    BEGIN
       t1< = CONV_INTEGER(a);
       t2< = CONV_INTEGER(b);
       c< = '0'&a + b;
       d< = '0'&a - b;
       e< = a * b;
       t3< = t1/t2;
       f< = CONV_STD_LOGIC_VECTOR(t3,9);

END ARCHITECTURE rtl;
```

[例 6 - 10] 代码综合后的 RTL 视图如图 6 - 3 所示。

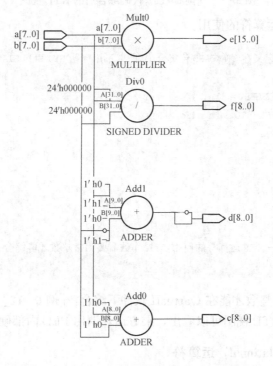

图 6 - 3　[例 6 - 10] 代码综合后的 RTL 视图

【例6-11】 求模、取余运算符的应用。

```
ENTITY mod_rem IS
  PORT (  a : IN INTEGER RANGE 0 TO 255;
          b : IN INTEGER RANGE 0 TO 255;
          c : OUT INTEGER RANGE 0 TO 255;
          d : OUT INTEGER RANGE 0 TO 255);
END ENTITY mod_rem;
ARCHITECTURE rtl OF mod_rem IS
  BEGIN
    c<= a MOD b;
    d<= a REM b;
END ARCHITECTURE rtl;
```

[例6-11]代码综合后的RTL视图如图6-4所示。

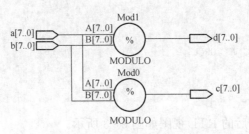

图6-4　[例6-11]代码综合后的RTL视图

【例6-12】 乘方运算符的使用。

```
--因为整数数据类型预定义在STANDARD包集合中,所以不用声明STD库和STANDARD包集合
ENTITY exp_1 IS
  GENERIC (data_size: INTEGER: = 8);
  PORT( a : IN INTEGER RANGE 0 TO data_size - 1;
        c : OUT INTEGER);
END ENTITY exp_1;

ARCHITECTURE rtl OF exp_1 IS
CONSTANT exp : INTEGER : = 7;
  BEGIN
    c<= a * * exp;   --乘方运算符的使用,右操作数需要为常整数才能综合
END ARCHITECTURE rtl;
```

右操作数必须是常整数才能在QartusII软件下综合,[例6-12]代码综合后的RTL视图如图6-5所示。从RTL视图可以看出,乘方运算调用PLD内部硬件乘法器来实现。

6.5.3　关系（Relational）运算符

VHDL中的关系运算符及其操作数类型见表6-7。

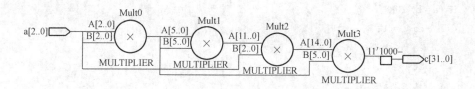

图 6-5 [例 6-12] 代码综合后的 RTL 视图

表 6-7 关系运算符及其操作数类型

关系运算符	操作	操作数类型	结果类型
=	等于	所有数据类型	布尔型
/=	不等于	所有数据类型	布尔型
<	小于	标量类型或离散数组类型	布尔型
<=	小于等于		
>	大于		
>=	大于等于		

（1）关系运算符为二元运算符，运算结果为布尔型。

（2）在没有使用对关系运算符重载的包集合时，要求运算符左右两边操作数的数据类型必须相同。

（3）关系运算符对数组类型数据比较时，比较过程按从左到右的顺序进行。为了避免出现错误，应尽量保持操作数位长一致。

【例 6-13】 关系元算符的应用。

```
LIBRARY IEEE;
USE IEEE.STD_LOGIC_1164.ALL;
ENTITY relation_op IS
  GENERIC ( data_size:INTEGER: = 8);
    PORT( a: IN std_LOGIC_VECTOR(data_size - 1 DOWNTO 0);
        b: IN std_LOGIC_VECTOR(data_size - 1 DOWNTO 0);
        eq: OUT STD_LOGIC;
        eq_n: OUT STD_LOGIC;
        lt: OUT STD_LOGIC;
        lt_eq:OUT STD_LOGIC;
        gt:OUT STD_LOGIC;
        gt_eq:OUT STD_LOGIC);
END ENTITY relation_op;
ARCHITECTURE rtl OF relation_op IS
  BEGIN
    PROCESS( a,b) IS
      BEGIN
```

```
            IF (a = b) THEN
                eq <= '1';
                eq_n <= '0';
                lt <= '0';
                lt_eq <= '1';
                gt <= '0';
                gt_eq <= '1';
            ELSIF (a /= b) THEN
              IF (a > b) THEN
                eq <= '0';
                 eq_n <= '1';
                lt <= '0';
                lt_eq <= '0';
                gt <= '1';
                gt_eq <= '1';
              ELSIF (a < b) THEN
                eq <= '0';
                 eq_n <= '1';
                lt <= '1';
                lt_eq <= '1';
                gt <= '0';
                gt_eq <= '0';
              ELSE
                eq <= '0';
                 eq_n <= '1';
                lt <= '0';
                lt_eq <= '0';
                gt <= '0';
                gt_eq <= '0';
              END IF;
            ELSE
              eq <= '0';
               eq_n <= '0';
              lt <= '0';
              lt_eq <= '0';
              gt <= '0';
              gt_eq <= '0';
            END IF;
        END PROCESS;
END ARCHITECTURE rtl;
```

[例 6-13] 代码综合后的 RTL 视图如图 6-6 所示。

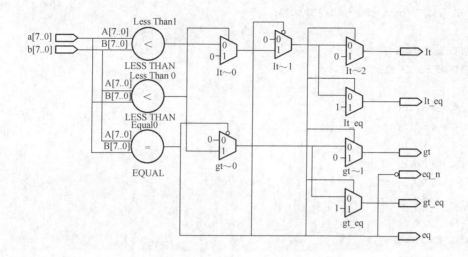

图 6-6 [例 6-13] 代码综合后的 RTL 视图

6.5.4 移位 (shift) 运算符

VHDL 中移位运算符及其操作数类型见表 6-8。

表 6-8　　　　　　　　　　移位运算符及其操作数类型

移位运算符	操作	左操作数类型	右操作数类型	结果类型
SLL	逻辑左移	一维数组，元素为 BIT、BOOLEAN	整数	与左操作数同类型
SRL	逻辑右移	一维数组，元素为 BIT、BOOLEAN	整数	与左操作数同类型
SLA	算术左移	一维数组，元素为 BIT、BOOLEAN	整数	与左操作数同类型
SRA	算术右移	一维数组，元素为 BIT、BOOLEAN	整数	与左操作数同类型
ROL	逻辑循环左移	一维数组，元素为 BIT、BOOLEAN	整数	与左操作数同类型
ROR	逻辑循环右移	一维数组，元素为 BIT、BOOLEAN	整数	与左操作数同类型

【例 6-14】 移位运算符的使用。

```
ENTITY shift_op IS
  GENERIC (data_size:INTEGER: = 8);
PORT (   a: IN BIT_VECTOR(data_size - 1 DOWNTO 0);
         b: IN INTEGER RANGE 0 TO 255;
         c: OUT BIT_VECTOR(data_size - 1 DOWNTO 0);
         d: OUT BIT_VECTOR(data_size - 1 DOWNTO 0);
         e: OUT BIT_VECTOR(data_size - 1 DOWNTO 0);
         f: OUT BIT_VECTOR(data_size - 1 DOWNTO 0);
         g: OUT BIT_VECTOR(data_size - 1 DOWNTO 0);
```

h: OUT BIT_VECTOR(data_size - 1 DOWNTO 0));

END ENTITY shift_op;
ARCHITECTURE rtl OF shift_op IS
　　BEGIN
　　　　c<= a SLL b;
　　　　d<= a SRL b;
　　　　e<= a SLA b;
　　　　f<= a SRA b;
　　　　g<= a ROL b;
　　　　h<= a ROR b;

END ARCHITECTURE rtl;

[例 6-14] 代码综合后的 RTL 视图如图 6-7 所示。

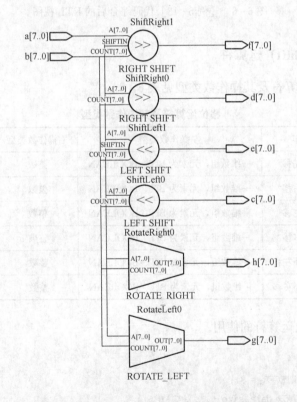

图 6-7　[例 6-14] 代码综合后的 RTL 视图

6.5.5　并置（Concatenation）运算符

1. 并置运算符 & 连接

并置运算符为 &，用于位的连接。例如，首先定义信号如下：

```
SIGNAL a,b,c,d: STD_LOGIC;
SIGNAL temp,temp_1:STD_LOGIC_VECTOR(3 DOWNTO 0);
SIGNAL temp_2,temp_3:STD_LOGIC_VECTOR(4 DOWNTO 0);
```

代码1：

```
temp<= a&b&c&d;
```

代码2：

```
temp(3)<= a;
temp(2)<= b;
temp(1)<= c;
temp(0)<= d;
```

代码1与代码2完全等价。

2. 集合体方法位连接

除了使用并置运算符 & 进行位连接外，VHDL 允许采用集合体方法进行位连接。

(1) 格式1。集合体方法中将并置运算符换成逗号，并用括号括起来。

代码3：

```
temp<= (a,b,c,d);
```

(2) 格式2。集合体方法中通过指定脚标的方法实现位连接。

代码4：

```
temp<= (3=>a,2=>b,1=>c,0=>d);
```

代码1~代码4完全等价，都表示将 a, b, c, d 按从高位到低位连接成一个4位信号 temp。

(3) 格式3。如果有若干相同的位时，可以使用 DOWNTO 或 TO 来表示一个区间。

```
temp_1<= a&a&a&a;
temp_1<= (3 DOWNTO 0 =>a);
```

(4) 格式4。使用 OTHERS 说明，如果有多种元素连接时，OTHERS 的使用需要放在最后。

```
temp_1<= (OTHERS =>a);
temp_2<= b&a&a&a&a;
temp_2<= (4 =>b,OTHERS =>a);
```

并置运算符与集合体的区别在于后者不能用于位矢量的连接。

```
temp_3<= a&temp;- -使用并置运算符实现位矢量连接
temp_3<= (a,temp);- -错误,集合体不能实现位矢量连接
```

【例 6-15】 使用并置运算符的 2 输入与门 VHDL 代码。

```
LIBRARY IEEE;
USE IEEE.STD_LOGIC_1164.ALL;
ENTITY and_2 IS
    PORT( a: IN STD_LOGIC;
          b: IN STD_LOGIC;
          c:OUT STD_LOGIC);
END ENTITY and_2;
ARCHITECTURE rtl of and_2 IS
    SIGNAL d_in:STD_LOGIC_VECTOR(1 DOWNTO 0);
    BEGIN
        d_in<= a&b;
        PROCESS(d_in) IS
          BEGIN
            CASE d_in IS
                WHEN "00" => c<= '0';- -a='0',b='0'
                WHEN "01" => c<= '0';- -a='0',b='1'
                WHEN "10" => c<= '0';- -a='1',b='0'
                WHEN "11" => c<= '0';- -a='1',b='1'
                WHEN OTHERS =>c<= 'X';
            END CASE;
        END PROCESS;
END ARCHITECTURE rtl;
```

习题 6

6.1 VHDL 的标示符分为_____和_____两类。

6.2 VHDL 的数据对象有_____、_____、_____和_____四种。

6.3 简述数组类型与记录类型的区别。

6.4 用数组类型定义 1 个存储容量为 512×16bit 的存储器。

6.5 简述信号与局部变量的区别。

6.6 用算术运算符描述一个具备加法、减法、乘法和除法的 16 位算术逻辑单元。

6.7 用移位运算符描述 1 个 8 位左移移位寄存器。

第7章　VHDL 基本描述语句

本章介绍 VHDL 的基本描述语句。VHDL 作为硬件描述语言与软件编程语言的重要区别就是代码可以并发执行，即执行顺序是并行的，与书写顺序无关。同时为了方便行为建模的需要，VHDL 兼有顺序执行语句来实现优先级、条件判断等操作。此外，还存在一类根据不同使用场合所体现出或并发描述或顺序描述的特点的语句。VHDL 的描述语句按语句执行顺序主要分为三大类，即顺序描述语句、并发描述语句和顺并描述语句。此外，VHDL 还有一类属性描述语句。

7.1　顺序描述语句

顺序描述语句也称为顺序执行语句，一般定义在子程序或进程中。顺序描述语句像一般软件编程语言一样，执行顺序按照语句出现的顺序执行（跳转程序除外）。VHDL 中顺序描述语句可以描述的系统行为有时序流、控制、条件、迭代等，可以实现算术、逻辑运算、信号和变量的赋值、子程序调用等功能。只有进程和子程序内部的语句是顺序执行的，因此 VHDL 的顺序描述语句只能在进程或子程序中使用。

VHDL 主要顺序描述语句有变量赋值语句、IF 语句、CASE 语句、LOOP 语句、NEXT 语句、EXIT 语句、WAIT 语句、NULL 语句。

7.1.1　变量赋值语句

变量赋值语句是对变量进行赋值的语句。变量只能在进程或子程序中声明和使用，决定了变量赋值语句属于顺序描述语句。

变量赋值语句格式：

```
目标变量:=表达式;
```

变量赋值语句的功能是将表达式的值赋给目标变量。使用变量赋值语句需要注意以下问题：

（1）变量赋值语句的符号为":="；
（2）表达式的数据类型、长度与目标变量必须一致；
（3）表达式可以是变量、信号或字符；
（4）变量赋值语句只能在进程或子程序中使用；
（5）变量赋值语句立即生效，执行下一条语句时，变量已经被赋予了新值。

【例 7-1】 变量赋值语句举例。

```
PORCESS ( a,b) IS
  VARIABLE temp : STD_LOGIC;
  BEGIN
    temp: = a AND b;   - - 变量赋值语句,a,b 为数据类型为 STD_LOGIC 的信号
    c< = temp;
END PROCESS;
```

7.1.2 IF 语句

IF 语句是一种条件分支语句，根据分支条件是否为"真"决定是否执行该分支操作。如果分支条件为"真"，则执行该条件下的分支语句；否则不执行该条件下的分支语句。分支条件表达式的值为布尔量，因此 IF 语句中的条件分支表达式只能使用关系运算符及逻辑运算操作的组合表达式。

1. IF 语句的基本格式

根据 IF 语句含有的分支操作的个数，IF 语句的格式主要有三种。

(1) 单分支操作 IF 语句。单分支 IF 语句只有一个分支操作。如果分支条件成立，则执行 IF 语句所包含的顺序描述语句；如果分支条件不成立，则 IF 语句所包含的顺序描述语句不被执行，程序执行 IF 语句后面的语句。

单分支操作 IF 语句的格式：

```
IF 分支条件表达式 THEN
    顺序描述语句; - - 分支操作
END IF;
```

【例 7 - 2】 单分支操作 IF 语句举例。

```
IF a = b THEN
    flag< = '1';
END IF;
```

单分支操作 IF 语句最常用的场合是描述时钟边沿，如时钟上升沿的描述为：

```
IF clk'EVENT AND clk = '1' THEN    - - 判断是否为 clk 的上升沿到来
```

【例 7 - 3】 单分支操作 IF 语句实现 D 触发器。

```
LIBRARY IEEE;
USE IEEE.STD_LOGIC_1164.ALL;
ENTITY d_ff IS
  PORT(clk: IN STD_LOGIC;
       d: IN STD_LOGIC;
       q: OUT STD_LOGIC);
```

```
END ENTITY d_ff;

ARCHITECTURE rtl OF  d_ff  IS
 BEGIN
    PROCESS (clk)  IS
      BEGIN
         IF clk'event AND clk = '1' THEN
              q<= d;
         END IF;
    END PROCESS;
END ARCHITECTURE rtl;
```

(2) 双重分支操作 IF 语句。双重分支操作 IF 语句格式:

```
IF 分支条件表达式 THEN
    顺序描述语句;－－分支1
ELSE
    顺序描述语句;－－分支2
END IF;
```

双重分支操作 IF 语句有两个分支操作，当 IF 语句中分支条件表达式为"真"时，执行分支 1 顺序描述语句，如果分支条件表达式为"假"，则执行分支 2 顺序描述语句。双重分支操作描述语句最典型的实例是 2 选 1 电路。

【例 7-4】 IF 语句描述 2 选 1 电路。

```
PROCESS (sel,a,b) IS
 BEGIN
    IF sel = '1' THEN
        c<= a;
    ELSE
        c<= b;
    END IF
END PROCESS;
```

【例 7-5】 IF 语句描述求绝对值电路。

```
IF a>= 0 THEN
    b<= a;
ELSE
    b<= not(a);
END IF;
```

(3) 多重分支操作 IF 语句。多重分支操作 IF 语句主要有两种格式：IF-ELSIF-ELSE 格式和 IF-IF-ELSE-ELSE 嵌套格式。

1) 多重分支操作 IF 语句格式 1：

```
IF 分支条件表达式 1 THEN
    顺序处理语句；- - 分支 1
ELSIF 分支条件表达式 2 THEN
    顺序处理语句；- - 分支 2
……
ELSIF 分支条件表达式 N THEN
    顺序处理语句；- - 分支 N
ELSE
    顺序处理语句；- - 分支 N+1
END IF；
```

多重分支操作 IF 语句具有多个分支操作。每个分支操作对应一个分支条件，只有满足分支条件的分支操作才被执行。如果所有的分支条件都不满足，则执行 ELSE 项对应的分支操作。由于 IF 语句的顺序执行特点，因此首先判断的分支条件优先级最高，最后判断的分支条件优先级最低。

【例 7-6】 用多重分支操作 IF 语句描述优先级 8-3 编码器。

```
IF input(0) = '0' THEN
    output<= "111";
ELSIF input(1) = '0' THEN
    output<= "110";
ELSIF input(2) = '0' THEN
    output<= "101";
ELSIF input(3) = '0' THEN
    output<= "100";
ELSIF input(4) = '0' THEN
    output<= "011";
ELSIF input(5) = '0' THEN
    output<= "010";
ELSIF input(6) = '0' THEN
    output<= "001";
ELSIF input(7) = '0' THEN
    output<= "000";
ELSE
    output<= "XXX";
END IF；
```

2) 多重分支操作 IF 语句格式 2：

```
IF 分支条件表达式 1 THEN
    IF 分支条件表达式 2 THEN
        ……
```

```
        IF 分支条件表达式 N   THEN
              顺序处理语句;--分支 1,同时满足条件 1~N
           ELSE
              顺序处理语句;--分支 2,同时满足条件 1~N-1
           END IF;
           ……
        ELSE
           顺序处理语句;--分支 N,只满足条件 1
        END IF;
  ELSE
     顺序处理语句;--分支 N+1,所有条件都不满足
  END IF;
```

【例 7-7】 用嵌套 IF 设计同步复位 D 触发器。

```
PROCESS(clk,rst_n) IS
    BEGIN
       IF clk'EVENT AND clk = '1' THEN --条件 1
          IF rst_n = '1'   THEN --条件 2
              Q<= '0';
          ELSE
              Q<= D;
          END IF;
       END IF;
END PROCESS;
```

2. 使用 IF 语句需要注意的问题

(1) 每个 IF 语句必须以 END IF 结束。ELSIF 语句作为 IF 的后续语句,不需要 END IF 与其对应。

(2) IF 语句只能在进程、过程或函数等顺序执行语句的结构中使用。

(3) IF 语句描述时钟边沿时,只能使用单分支操作 IF 语句格式,即不能含有 ELSE 项。

(4) IF 语句的分支条件表达式的值为布尔量,表达式只能是包含关系运算符的表达式,或关系运算符和逻辑运算符的组合表达式。

7.1.3 CASE 语句

CASE 语句是 VHDL 中的另一种比较常用的条件分支语句,主要用来描述编码、译码或总线等逻辑功能。

1. CASE 语句的语法格式

CASE 语句格式:

```
CASE 条件表达式 IS
    WHEN 条件表达式取值 1 => 顺序描述语句;
    WHEN 条件表达式取值 2 => 顺序描述语句;
    ……
    WHEN 条件表达式取值 N => 顺序描述语句;
END CASE;
```

CASE 语句中的"条件表达式取值"（条件表达式取值 1～条件表达式取值 N）为条件表达式的所有可能情况，当条件表达式满足其中一个取值时，则执行该条件表达式取值所对应的顺序描述语句，即由符号"=>"所指的顺序描述语句。条件表达式取值可以是一个数值，也可以是多个数值的逻辑或，也可以是一个取值范围，或者是其他所有缺省值。因此，CASE 语句的 WHEN 条件表达式取值一般有四种表示形式：

（1）"WHEN 值 => 顺序描述语句；"：条件表达式取值是一个数值。

（2）"WHEN 值｜值｜值｜…｜值 => 顺序描述语句；"：条件表达式取值是多个数值的逻辑或。

（3）"WHEN 值 TO 值 => 顺序描述语句；"：条件表达式取值是一个取值范围。

（4）"WHEN OTHERS => 顺序描述语句；"：条件表达式取值是其他默认值。

【例 7-8】 CASE 语句描述 2-4 译码器。

```
CASE input IS
    WHEN  "00"   =>   output<="1110"; --条件表达式取值 1:input="00"
    WHEN  "01"   =>   output<="1101"; --条件表达式取值 2:input="01"
    WHEN  "10"   =>   output<="1011"; --条件表达式取值 3:input="10"
    WHEN  "11"   =>   output<="0111"; --条件表达式取值 4:input="11"
    WHEN OTHERS =>   output<="1111"; --其余条件表达式取值:input 取值为上述 4 种情况外的其他
                                        情况
END CASE;
```

2. 使用 CASE 语句的注意事项

（1）"条件表达式取值 1"～"条件表达式取值 N"唯一，不能重复。

（2）必须列出表达式的所有可能取值。

如果［例 7-8］中 input 的数据类型为 BIT_VECTOR（1 DOWNTO 0），则 input 只有 4 种取值情况，即只有"00""01""10""11"四种条件，WHEN OTHERS 语句可以去掉。但如果 input 的数据类型为 STD_LOGIC_VECTOR（1 DOWNTO 0），则 input 除了"00""01""10""11"四种情况外，还具备"XX"、"ZZ"等其他情况，为了列出 input 的所有可能取值情况，必须使用 WHEN OTHERS 语句。

（3）CASE 语句中所有的条件表达式取值都是平级的，可以任意改变顺序，不会影响所描述的逻辑功能。

（4）CASE 语句不支持具有优先级的逻辑电路的描述。

（5）条件表达式取值不能使用任意值"X"与"0""1"的组合值，如"XXXX01"等。

3. CASE 语句与 IF 语句的区别

IF 语句中的条件具有优先级,先判断的条件优先级高。CASE 语句所有的条件是并行判断的,没有优先级。因此,IF 语句可以描述具有优先级的逻辑电路,如优先级编码器等,CASE 语句则不能。

7.1.4　LOOP 语句

LOOP 语句可以使代码能进行循环执行,而且循环执行的次数可控。LOOP 语句有 FOR-LOOP 和 WHILE-LOOP 两种语句格式。

1. FOR-LOOP 语句

FOR-LOOP 语句格式:

```
[标号]:FOR 循环变量　IN　取值范围 LOOP
    顺序描述语句;
    END LOOP [标号];
```

FOR-LOOP 语句中的循环变量不需定义,一般为整数变量,其值在每次循环后都发生改变。IN 后面的取值范围表示循环变量在循环过程中的取值范围。当循环变量在该范围内时,执行顺序描述语句;当超出该范围时,执行 END LOOP 语句跳出循环。

【例 7-9】 FOR-LOOP 完成二进制到十进制的转换。

```
result: = 0;
FOR i IN 0 TO 7 LOOP
    IF a(i) = '1'　THEN
        result: = result + 2 * * i;
    END IF;
END LOOP;
```

2. WHILE-LOOP 语句

WHILE-LOOP 语句格式:

```
[标号]:WHILE 条件 LOOP
顺序描述语句;
END LOOP [标号];
```

在 WHILE 引导的 LOOP 语句中,当条件为"真"时,进行循环;否则,结束循环。

【例 7-10】 WHILE-LOOP 完成二进制到十进制的转换。

```
result: = 0;
i: = 0;
WHILE i < 8 LOOP
    IF a(i) = '1'　THEN
        result: = result + 2 * * i;
    END IF;
```

```
    i = i + 1;
END LOOP;
```

FOR-LOOP 语句的循环变量不需定义可直接使用,而 WHILE-LOOP 语句需要定义循环变量。通过[例 7-11]可以发现两种语句循环变量使用上的不同。

【例 7-11】 FOR-LOOP 与 WHILE-LOOP 的使用区别。

(1) 用 FOR-LOOP 描述 8 位移位寄存器。

```
LIBRARY IEEE;
USE IEEE.STD_LOGIC_1164.ALL;
ENTITY shift_8 IS
   PORT ( rst_n: IN STD_LOGIC;
          clk: IN STD_LOGIC;
          din: IN STD_LOGIC;
          d_o: OUT STD_LOGIC_VECTOR(7 DOWNTO 0));
END ENTITY shift_8;

ARCHITECTURE rtl OF shift_8 IS
   SIGNAL tmp:STD_LOGIC_VECTOR(7 DOWNTO 0);
   BEGIN
     PROCESS(rst_n,clk) IS
       BEGIN
         IF rst_n = '0' THEN
              tmp< = (OTHERS = >'0');
            ELSIF clk'EVENT AND clk = '1' THEN
              tmp(0)< = din;
              FOR i IN 0 TO 6 LOOP    --循环变量不需定义,直接使用
                tmp(i + 1)< = tmp(i);
              END LOOP;
         END IF;
            d_o< = tmp;
     END PROCESS;
END ARCHITECTURE rtl;
```

(2) 用 WHILE-LOOP 描述 8 位移位寄存器。

```
LIBRARY IEEE;
USE IEEE.STD_LOGIC_1164.ALL;
ENTITY shift_8 IS
   PORT(rst_n:IN STD_LOGIC;
        clk:IN STD_LOGIC;
        din:IN STD_LOGIC;
        d_o:OUT STD_LOGIC_VECTOR(7 DOWNTO 0));
```

```
END ENTITY shift_8;

ARCHITECTURE rtl OF shift_8 IS
  SIGNAL tmp:STD_LOGIC_VECTOR(7 DOWNTO 0);
  BEGIN
    PROCESS(rst_n,clk) IS
      VARIABLE i:INTEGER RANGE 0 to 7;      --定义循环变量
      BEGIN
        IF rst_n = '0' THEN
            tmp<= (OTHERS =>'0');
          ELSIF clk'EVENT AND clk = '1' THEN
            tmp(0)<= din;
        i:= 0;
        WHILE  i<7   LOOP
          tmp(i+1)<= tmp(i);
            i:= i + 1;
          END LOOP;
        END IF;
          d_o<= tmp;
    END PROCESS;
END ARCHITECTURE rtl;
```

7.1.5 NEXT 语句

LOOP 语句中为了跳出本次循环，引入了 NEXT 语句。NEXT 语句的作用类似于 C 语言中的 continue，停止本次循环，执行下一次新的循环。

NEXT 语句的格式为：

```
NEXT [标号] [WHEN 条件];
```

根据 NEXT 后面所跟的可选项，可以分为三种情况。
(1) NEXT：无条件退出本次循环。
(2) NEXT 标号：跳至标号标示的位置开始执行下次循环。
(3) NEXT 标号 WHEN 条件：满足条件的情况下，跳至标号标示的位置开始执行下次循环。

【例 7 - 12】 检测数据中 0 的个数。

```
FOR i IN 15 DOWNTO 0 LOOP
      CASE d_in(i) IS
        WHEN '0' =>
          cnt:= cnt + 1;
        WHEN OTHERS =>
          NEXT; --如果 d_in(i)/= '0' 则跳出本次循环
```

```
            END CASE;
        END LOOP;
```

7.1.6 EXIT 语句

EXIT 语句也是 LOOP 语句中使用的一个循环控制语句。与 NEXT 不同的是，EXIT 语句结束整个 LOOP 循环，从 LOOP 语句中跳出。作用类似于 C 语言中的 break。

EXIT 语句的格式为：

```
EXIT [标号] [WHEN 条件];
```

根据 EXIT 后面所跟的可选项，可以分为三种情况。

(1) EXIT：无条件跳出 LOOP 循环。
(2) EXIT 标号：跳至标号标示的位置。
(3) EXIT 标号 WHEN 条件：满足条件的情况下，跳至标号标示的位置。

【例 7-13】 检测数据的第一个 1 的前面的 0 的个数。

```
FOR i IN 15 DOWNTO 0 LOOP
        CASE d_in(i) IS
            WHEN '0' =>
                cnt: = cnt + 1;
            WHEN OTHERS =>
                EXIT; - - 如果 d_in(i)/ = '0'跳出 LOOP 循环
        END CASE;
    END LOOP;
```

通过比较分析 [例 7-12] 与 [例 7-13]，可以发现 NEXT 语句与 EXIT 语句的区别。

7.1.7 WAIT 语句

VHDL 语言中进程 PROCESS 的状态有执行和挂起两种。挂起状态也称为等待状态。WAIT 语句具有控制进程状态的作用，即 WAIT 语句可以使进程执行或挂起。根据 WAIT 语句判断进程是否从挂起状态转换为执行 WAIT 语句后面的其他语句。

根据 WAIT 语句后面所跟的条件，WAIT 语句主要有五种格式。

(1) WAIT：无限等待。
(2) WAIT ON：敏感信号变化。
(3) WAIT UNTIL：条件满足。
(4) WAIT FOR：时间到。
(5) 多条件 WAIT 语句：满足所有条件中的一个条件或多个条件。

1. WAIT ON 语句

WAIT ON 语句的格式：

```
[标号:] WAIT ON 敏感信号列表;
```

WAIT ON 语句后面是一个或多个信号组成的敏感信号列表。当信号列表中的一个信号或多个信号发生改变时，WAIT ON 语句所在的进程停止挂起，开始继续执行 WAIT ON 语句后面的语句。

【例 7-14】 使用 WAIT ON 语句的进程。

```
PROCESS
  BEGIN
    WAIT ON s1,s2;
    s< = s1 XOR s2;
END PROCESS;
```

进程启动后，进程内部语句按照顺序执行。首先执行第一条语句"WAIT ON s1, s2;"，如果信号 s1 与 s2 不发生变化，则进程挂起，等待信号 s1、s2 发生变化。只要 s1 或 s2 中有 1 个信号发生变化，进程就结束挂起状态，继续执行 WAIT ON 语句后面的语句"s<=s1 XOR s2;"。如果 s1 和 s2 都不发生变化，则进程停止在 WAIT ON 语句保持挂起状态。

【例 7-15】 带敏感信号列表的进程。

```
PROCESS (s1,s2) IS
  BEGIN
    s< = s1 XOR s2;
END PROCESS;
```

[例 7-14] 与 [例 7-15] 所描述的 2 个进程是完全等价的。[例 7-14] 用 WAIT ON 语句控制进程的启动与挂起，[例 7-15] 使用敏感信号列表控制进程。也可以认为 [例 7-14] 中敏感信号列表是放在 WAIT ON 语句的后面，而 [例 7-15] 中敏感信号列表是放在 PROCESS 关键词的后面。

【例 7-16】 错误使用 WAIT ON 语句示例。

```
PROCESS (s1,s2) IS
  BEGIN
    WAIT ON s1,s2;
    s< = s1 XOR s2;
END PROCESS;
```

[例 7-16] 中同时存在 WAIT ON 语句和 PROCESS 敏感信号列表，这种情况是不允许的。如果 PROCESS 语句后面带有敏感信号列表，则进程中不能再使用 WAIT ON 语句，如 [例 7-15]。如果使用 WAIT ON 语句，则 PROCESS 后面不能有敏感信号列表，如 [例 7-14]。由于 WAIT ON 语句不能综合，所以推荐使用 [例 7-15] 的格式，即 PROCESS 关键词后面带有敏感信号列表。

2. WAIT UNTIL 语句

WAIT UNTIL 语句的格式：

WAIT UNTIL [布尔表达式];

布尔表达式是进程停止挂起、继续执行的条件。进程执行到 WAIT UNTIL 语句时,判断布尔表达式是否为 TRUE:若为 TURE,则进程继续执行 WAIT UNTIL 后面的语句;如果为 FALSE,则进程挂起。如果 WAIT UNTIL 后面没有布尔表达式,则默认为布尔表达式为 TRUE。

布尔表达式中任何一个信号量发生变化时,就立即对表达式进行一次判断,根据判断结果控制进程的状态。例如" WAIT UNTIL (s1>5);",当信号 s1 每发生一次变化时,该语句就进行一次判断 s1 是否大于 5,如果大于 5,则进程停止挂起,继续执行 WAIT UNTIL 后面的语句;如果小于等于 5,则进程仍处于挂起状态。

布尔表达式形式多样,可以是信号的取值、取值范围、时钟边沿等,例如:
"WAIT UNTIL s1='1';":判断信号的取值,进程挂起至 s1='1'。
"WAIT UNTIL 1<a<10;":判断信号的取值范围,进程挂起至 1<a<10。
"WAIT UNTIL clk' EVENT AND clk='1';":判断时钟边沿,进程挂起至 clk 上升沿到来。

WAIT UNTIL 语句是可综合的,比较常见的用法是用来判断时钟的边沿,如[例 7-17]。

【例 7-17】 使用 WAIT UNTIL 描述 D 触发器。

```
LIBRARY IEEE;
USE IEEE.STD_LOGIC_1164.ALL;
ENTITY d_ff IS
  PORT( clk: IN STD_LOGIC;
        d: IN STD_LOGIC;
        q:OUT STD_LOGIC);
END ENTITY d_ff;
ARCHITECTURE rtl OF d_ff IS
  BEGIN
    PROCESS
      BEGIN
        WAIT UNTIL clk'EVENT AND clk = '1' THEN
            q<= d;
    END PROCESS;
END ARCHITECTURE rtl;
```

3. WAIT FOR 语句

WAIT FOR 语句的格式:

WAIT FOR 时间表达式;

WAIT FOR 语句后面跟随时间表达式。当进程执行到该语句时,进程被挂起,直到等待时间等于时间表达式所表示的时间时,进程重新开始执行 WAIT FOR 语句后面的语句。

例如：

"WAIT FOR 20 ns;"进程被挂起，等待 20 ns 后，进程继续执行该语句后面的语句。

"WAIT FOR t1+t2-t3;"进程被挂起，等待（t1+t2-t3）时间单位后，进程继续执行该语句后面的语句。

【例 7-18】 WAIT FOR 语句产生复位信号和时钟信号。

```
P1: PROCESS
    BEGIN
    rst_n <= '0';
    WAIT FOR 100 ns;    --等待 100 ns
    rst_n <= '1';
    WAIT;               --无限等待
END PROCESS P1;

P2: PROCESS
    BEGIN
    clk <= '0';
    WAIT FOR 50 ns;     --等待 50 ns
    clk <= '1';
    WAIT FOR 50 ns;     --等待 50 ns
END PROCESS P2;
```

进程 P1 产生 100ns 的低电平复位信号，然后进程 P1 进入无限等待状态，进程被无限挂起。进程 P2 生成周期为 100ns 的时钟信号，执行到第二条 WAIT FOR 语句时，进程从头重新执行，不断循环。

［例 7-18］产生的复位信号和时钟信号的时序波形图如图 7-1 所示。

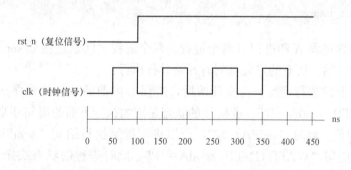

图 7-1　［例 7-18］产生信号的波形图

4. 多条件 WAIT 语句

多条件 WAIT 语句是 WAIT ON、WAIT UNTIL、WAIT FOR 两者或三者组合而成的 WAIT 语句。例如"WAIT ON s1,s2 UNTIL ((s1='1') AND (s2='1')) FOR 20 ns;"，该语句等待三个条件：

（1）信号量 s1 与 s2 中任何一个发生变化；

(2) 信号量 s1 与 s2 同时为"1";

(3) 该语句已等待 20ns。

只要满足上述三个条件中的一个条件,进程将再次启动,继续执行 WAIT 语句后面的语句。需要注意的是,多条件 WAIT 语句中表达式的值至少应包含一个信号量的值,不能都是变量。

多条件 WAIT 语句可以用来判断超时等待,防止程序死锁。

【例 7 - 19】 出现死锁状态的 VHDL 代码。

```
ARCHITECTURE wait_timeout  OF  wait_example IS
   SIGNAL sendA : STD_LOGIC: = '0';
   SIGNAL sendB : STD_LOGIC: = '0';
BEGIN
A: PRCOESS
   BEGIN
     WAIT UNTIL sendB = '1';
        sendA< = '1' AFTER 10 ns;
     WAIT UNTIL sendB = '0';
        sendA< = '0' AFTER 10 ns;
   END PROCESS A;
B: PRCOESS
   BEGIN
     WAIT UNTIL sendA = '0';
        sendB< = '0'   AFTER 10 ns;
     WAIT UNTIL sendA = '1';
        sendB< = '1'   AFTER 10 ns;
   END PROCESS B;
END ARCHITECTURE wait_timeout;
```

[例 7 - 19] 包含进程 A 和进程 B 两个进程,两个进程之间通过信号 sendA 与 sendB 相互通信。在仿真的开始,所有的进程都同时开始并行执行。

首先分析进程 B 的执行情况。仿真开始后,进程 B 内部的语句按顺序执行,首先执行语句"WAIT UNTIL sendA='0'",进程 B 的状态是继续执行下面的语句还是挂起决定于信号此时 sendA 的数值。此时"sendA='0'",所以进程继续执行语句"sendB<='0'AFTER 10 ns"。然后执行语句"WAIT UNTIL sendA='1'",此时进程的状态决定于信号 sendA,因为信号 sendA 是在进程 A 中被赋值的,因此需要根据进程 A 的执行情况确定此时信号 sendA 的数值。因为进程 B 中遇到了 WAIT 语句,所以信号的赋值被代入,即 sendB 的值为"0"。

然后分析进程 A 的执行情况。在仿真开始后,进程 A 内部的语句同样按顺序执行,先执行语句"WAIT UNTIL sendB='1'",由于信号在定义时被赋初值为"0",即"sendB='0'",所以进程 A 被挂起,等待信号 sendB 被赋值为"1"。如果 sendB 始终不能被赋值为"1",则进程 A 一直处在等待状态,因此进程 A 的第二条语句"sendA<='1' AFTER

10 ns；"无法被执行，信号 sendA 一直保持为"0"。信号"sendA='0'"导致进程 B 处在等待状态。进程 A 与进程 B 处在了互相等待的状态，导致了死锁现象。

为了避免死锁的发生，可以引入多条件 WAIT 语句，如［例 7 - 20］。

【例 7 - 20】 超时等待。

```
ARCHITECTURE wait_timeout  OF wait_example IS
  SIGNAL sendA : STD_LOGIC: = '0';
  SIGNAL sendB : STD_LOGIC: = '0';
BEGIN
A: PRCOESS
    BEGIN
     WAIT UNTIL (sendB = '1') FOR 1 us;
      ASSERT (sendB = '1')
      REPORT"sendB timed out at '1' "
        SEVERITY ERROR;
      sendA< = '1' after 10 ns;
      WAIT UNTIL (sendB = '0') FOR 1 us;
      ASSERT (sendB = '0')
       REPORT"sendB timed out at '0' "
         SEVERITY ERROR;
      sendA< = '0' after 10 ns;
END PROCESS A;
B: PRCOESS
    BEGIN
     WAIT UNTIL (sendA = '0') FOR 1 us;
      ASSERT (sendA = '0')
       REPORT "sendA timed out at '0' "
         SEVERITY ERROR;
      sendB< = '0' after 10 ns;
      WAIT UNTIL (sendA = '1') FOR 1 us;
      ASSERT (sendA = '1')
       REPORT"sendA timed out at '1' "
         SEVERITY ERROR;
      sendB< = '1' after 10 ns ;
  END PROCESS B;
END ARCHITECTURE wait_timeout ;
```

［例 7 - 20］中进程 A 执行到语句"WAIT UNTIL（sendB＝'1'）FOR 1 us；"时，如果等待时间超过 1μs，则执行 ASSERT-REPORT 语句，输出错误信息，方便设计人员排查死锁错误。

7.1.8　NULL 语句

在 VHDL 中，NULL 语句用来表示一种只占位置的空操作，该语句不执行任何操作。

NULL 语句的格式为：

```
NULL;
```

NULL 语句经常用在 CASE 语句中，用来表示 OTHERS 剩余项的操作行为。

【例 7 - 21】 使用 NULL 语句的四选一电路。

```
CASE sel IS
    WHEN "00" => q <= d0;
    WHEN "01" => q <= d1;
    WHEN "10" => q <= d2;
    WHEN "11" => q <= d3;
    WHEN  OTHERS => NULL;
END CASE;
```

7.2 并发描述语句

现实中的电子系统的许多操作是并行执行的，因此硬件描述语言需要具备描述电子系统的并行行为的语句，这类语句称为并发描述语句。并发描述语句也称作并行描述语句或并行执行语句。VHDL 中可以使用并发描述语句的场合主要有构造体和 BLOCK。并发描述语句主要有：PROCESS 语句、BLOCK 语句、选择信号赋值语句、条件信号赋值语句、COMPONENT 语句及 PORT MAP 语句、GENERATE 语句。

7.2.1 PROCESS 语句

PROCESS 语句是一个并发描述语句，一个构造体内的多个 PROCESS 语句是并发执行的，与书写顺序无关。PROCESS 语句是 VHDL 中描述硬件系统并发行为的最常用、最基本的语句。

1. PROCESS 语句的格式

```
[进程名:] PROCESS [(敏感信号列表)][IS]
    [说明语句;]
BEGIN
    顺序描述语句;
END PROCESS [进程名];
```

(1) 进程名是一个可选项，设计者可以为每个进程设置一个进程名，用来区分不同的进程。进程名是唯一的，不同的进程其进程名不同。

(2) 敏感信号列表也是一个可选项，当进程内部有 WAIT 语句时，敏感信号列表是不需要的，一个进程中不允许同时存在敏感信号列表和 WAIT 语句，二者只能选择其一。

(3) 进程语句的状态有两种执行和挂起。进程状态取决于敏感信号列表中信号的状态或 WAIT 语句的条件。敏感信号列表中至少含有 1 个信号量。当敏感信号列表中的一个信号或多个信号发生变化时,进程被启动,进程中的顺序语句按照书写顺序依次执行。

(4) 说明语句根据设计需求决定其是否需要。说明语句用于定义进程中需要使用的一些局部量,包括数据类型、常数、变量、属性等。

(5) BEGIN 关键词表示进程功能描述的开始。

(6) 顺序描述语句的作用是描述进程的功能。顺序描述语句可以是 7.1 节中任意的顺序描述语句。

(7) 进程以 END PROCESS 结束,表示进程描述结束。

2. PROCESS 语句的主要特点

(1) 可以与同一构造体内的其他进程并发执行。

(2) 可使用构造体内或实体内定义的信号。

(3) 进程内部的语句是顺序执行的。

(4) 进程的状态有两种,即执行和挂起。

(5) 进程执行的条件是敏感信号列表中的信号发生变化或者 WAIT 语句满足条件。

(6) 进程之间的通信通过信号进行传递。

【例 7 - 22】 进程通过敏感信号列表的信号进行通信。

```
LIBRARY IEEE;
USE IEEE.STD_LOGIC_1164.ALL;
ENTITY process_com IS
    PORT(rst_n: IN STD_LOGIC;
        clk: IN STD_LOGIC;
            rt:OUT STD_LOGIC);
END ENTITY process_com;
ARCHITECTURE rtl OF process_com IS
    SIGNAL cnt: INTEGER RANGE 0 TO 15;
  BEGIN
    A:PROCESS(rst_n,clk) IS

      BEGIN
        IF rst_n = '0' THEN
              cnt< = 0;
            ELSIF clk'EVENT AND clk = '1' THEN
              cnt< = cnt + 1;
          END IF;
      END PROCESS A;

    B: PROCESS (rst_n,cnt) IS
      BEGIN
        IF rst_n = '0' THEN
              rt< = '0';
```

```
        ELSE
          IF cnt = 15 THEN
              rt <= '1';
          ELSE
              rt <= '0';
          END IF;
       END IF;
    END PROCESS B;
END ARCHITECTURE rtl;
```

[例7-22]的代码包含2个进程,进程A与进程B。进程A对信号cnt进行赋值,进程B根据信号cnt的数值决定端口rt的取值。进程A与进程B之间通过信号cnt进行通信,信号cnt作为敏感信号出现在进程B的敏感信号列表中。图7-2为[例7-22]的波形仿真图,rt的结果除取决于的复位信号外,还决定于信号cnt的取值。

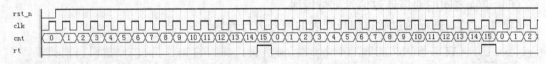

图7-2　[例7-22]仿真波形图

7.2.2 BLOCK 语句

BLOCK 语句是并发语句,与 PROCESS 不同,BLOCK 语句内部的语句也是并发语句,而进程内部的语句是顺序语句。

1. BLOCK 语句的格式

```
块名: BLOCK [卫式布尔表达式] [IS]
[类属参数说明]
[类属参数映射]
[端口说明]
[端口映射]
[说明语句]
  BEGIN
    并发描述语句;
END BLOCK [块名];
```

2. BLOCK 语句的特点

(1) 块名是必须要有的,不能省略。

(2) BLOCK 语句是一个独立的子结构,可以包含 PORT 语句和 GENERIC 语句,在构造体的结构描述方式中实现高层次设计与低层次模块的连接。

(3) 说明语句可以是子程序声明或定义、类型定义、常数定义、信号定义、COMPO-NENT 元件声明等。

(4) BLOCK 内部语句是并发描述语句。

(5) 卫式布尔表达式说明了 BLOCK 语句的执行条件，只有条件为"真"时，BLOCK 语句才执行。采用卫式布尔表达式的 BLOCK 语句内部需要使用关键词 GUARDED 控制赋值语句的执行。

【例 7-23】 1 位全加器的 BLOCK 的描述。

```
LIBRARY IEEE;
USE IEEE.STD_LOGIC_1164.ALL;
ENTITY full_adder IS
    PORT ( a: IN STD_LOGIC;
           b: IN STD_LOGIC;
           ci: IN STD_LOGIC;
           s: OUT STD_LOGIC;
           co: OUT STD_LOGIC);
END ENTITY full_adder;

ARCHITECTURE rtl OF full_adder IS
    SIGNAL x,y: STD_LOGIC;
    BEGIN
      b1: BLOCK
          BEGIN
            x <= a XOR b;
            y <= x AND ci;
            s <= x XOR ci;
            co <= y OR (a AND b);
          END BLOCK;
END ARCHITECTURE rtl;
```

【例 7-24】 D 触发器的 BLOCK 描述。

```
LIBRARY IEEE;
USE IEEE.STD_LOGIC_1164.ALL;
ENTITY d_ff IS
    PORT (rst_n: IN STD_LOGIC;
          clk: IN STD_LOGIC;
          d: IN STD_LOGIC;
          q: OUT STD_LOGIC);
END ENTITY d_ff;
ARCHITECTURE rtl OF d_ff IS
 SIGNAL s1: STD_LOGIC;
 BEGIN
    s1 <= '0' WHEN rst_n = '0' ELSE
           d;
```

```
        b1:BLOCK (clk'EVENT AND clk = '1')
            BEGIN
                q<= GUARDED s1;
            END BLOCK;
END ARCHITECTURE rtl;
```

[例7-24] 所述仿真结果如图7-3所示。

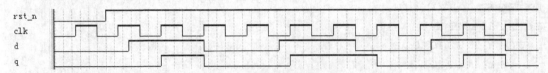

图7-3　BLOCK描述的D触发器仿真波形

【例7-25】 用BLOCK结构化描述方式实现1位全加器。

```
LIBRARY IEEE;
USE IEEE.STD_LOGIC_1164.ALL;
ENTITY full_adder IS
  PORT( a: IN STD_LOGIC;
        b: IN STD_LOGIC;
        ci:IN STD_LOGIC;
        s:OUT STD_LOGIC;
        co:OUT STD_LOGIC);
END ENTITY full_adder;
ARCHITECTURE rtl OF full_adder IS
 SIGNAL b1_s,b1_co,b2_co: STD_LOGIC;
   BEGIN
     b1:BLOCK   --half_adder 1
         PORT( a: IN STD_LOGIC;
               b: IN STD_LOGIC;
               s:OUT STD_LOGIC;
               co:OUT STD_LOGIC);
      PORT MAP ( a =>a,
                 b =>b,
                 s =>b1_s,
                 co =>b1_co);

         BEGIN
           s<= a XOR b;
           co<= a AND b;
       END BLOCK;
```

```
    b2:BLOCK - - half_adder 2
        PORT( a: IN STD_LOGIC;
              b: IN STD_LOGIC;
              s:OUT STD_LOGIC;
              co:OUT STD_LOGIC);
        PORT MAP(a = >b1_s,
              b = >ci,
              s = >s,
              co = >b2_co);

        BEGIN
            s<= a XOR b;
            co<= a AND b;
    END BLOCK;
co<= b1_co OR b2_co;
END ARCHITECTURE rtl;
```

[例 7-25] 仿真结果如图 7-4 所示。

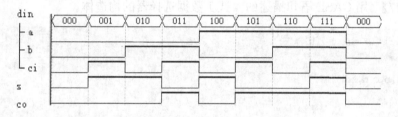

图 7-4　BLOCK 语句实现 1 位全加器仿真波形图

7.2.3　选择信号赋值语句

选择信号赋值语句的格式：

```
WITH 条件表达式 SELECT
    目标信号量 <= 表达式 1   WHEN 条件 1,
              表达式 2   WHEN 条件 2,
              ……
              表达式 n   WHEN 条件 n;
```

【例 7-26】 使用选择信号赋值语句描述 4 选 1 数据选择器。

```
LIBRARY IEEE;
USE IEEE.STD_LOGIC_1164.ALL;
ENTITY mux_4_1 IS
```

```
PORT (  a: IN STD_LOGIC;
        b: IN STD_LOGIC;
        c: IN STD_LOGIC;
        d: IN STD_LOGIC;
        sel: IN STD_LOGIC_VECTOR(1 DOWNTO 0);
        y: OUT STD_LOGIC);
END ENTITY mux_4_1;

ARCHITECTURE rtl OF mux_4_1 IS
  BEGIN
    WITH sel SELECT
        y <= a WHEN "00",
             b WHEN "01",
             c WHEN "10",
             d WHEN "11",
             'X' WHEN OTHERS;
END ARCHITECTURE rtl;
```

【例 7-27】 用 CASE 语句描述的 4 选 1 数据选择器的构造体。

```
ARCHITECTURE rtl OF mux_4_1 IS
  BEGIN
    PROCESS(a,b,c,d,sel) IS
      BEGIN
        CASE sel IS
            WHEN "00" => y <= a;
            WHEN "01" => y <= b;
            WHEN "10" => y <= c;
            WHEN "11" => y <= d;
            WHEN OTHERS => y <= 'X';
        END CASE;
    END PROCESS;
END ARCHITECTURE rtl;
```

通过比较［例 7-26］与［例 7-27］，可以发现选择信号赋值语句可以在构造体作为并发描述语句时使用，而 CASE 语句虽然能够实现相同的功能，但由于 CASE 语句是顺序描述语句，所以必须在进程或子程序中使用。

7.2.4　条件信号赋值语句

条件信号赋值语句的格式：

```
目标信号量 <=   表达式 1   WHEN 条件 1   ELSE
                表达式 2   WHEN 条件 2   ELSE
                ……
                表达式 n;
```

【例 7 - 28】 使用条件信号赋值语句描述优先级 8 - 3 编码器。

```
LIBRARY IEEE;
USE IEEE.STD_LOGIC_1164.ALL;
ENTITY pencode IS
  PORT (input: IN STD_LOGIC_VECTOR(7 DOWNTO 0);
        y: OUT STD_LOGIC_VECTOR(2 DOWNTO 0));
END pencode;
ARCHITECTURE beh OF pencode IS
  BEGIN
    y< = "111" WHEN input(0) = '0' ELSE
        "110" WHEN input(1) = '0' ELSE
        "101" WHEN input(2) = '0' ELSE
        "100" WHEN input(3) = '0' ELSE
        "011" WHEN input(4) = '0' ELSE
        "010" WHEN input(5) = '0' ELSE
        "001" WHEN input(6) = '0' ELSE
        "000";
END beh;
```

虽然条件信号赋值语句与 IF 语句都可以描述优先级电路，但它们之间主要有以下区别：

(1) IF 语句属于顺序描述语句，只能在进程或子程序内部使用；条件信号赋值语句一般在构造体中使用。

(2) IF 语句的 ELSE 项可以有也可以没有，条件信号赋值语句中的 ELSE 项是一定要有的。

(3) IF 语句可以嵌套，条件信号赋值语句不能进行嵌套。

7.2.5 COMPONENT 语句及 PORT MAP 语句

COMPONENT 语句的格式：

```
COMPONENT 元件名 [IS]
  [GENERIC 语句;]
  PORT ( 端口列表 );
END COMPONENT [元件名];
```

PORT MAP 语句的格式：

元件标号名:元件名 [GENERIC MAP(参数映射列表)]
          PORT MAP(端口映射列表);

【例7-29】 如图7-5所示由D触发器构成的具有异步复位的2位异步计数器的VHDL代码描述。

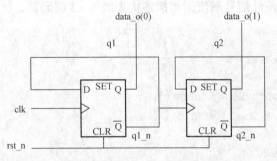

图7-5 由D触发器构成的具有异步复位的2位异步计数器

(1) 具有异步复位功能的D触发器的VHDL描述。

```
LIBRARY IEEE;
USE IEEE.STD_LOGIC_1164.ALL;
ENTITY dff_1 IS
  PORT(rst_n: IN STD_LOGIC;
       clk: IN STD_LOGIC;
       d: IN STD_LOGIC;
       q:OUT STD_LOGIC;
       q_n:OUT STD_LOGIC);
END ENTITY dff_1;
ARCHITECTURE rtl OF dff_1 IS
  BEGIN
    PROCESS(rst_n,clk) IS
    BEGIN
      IF rst_n = '0' THEN
          q<= '0';
          q_n<= '1';
      ELSIF clk'EVENT AND clk = '1' THEN
          q<= d;
          q_n<= NOT d;
      END IF;
    END PROCESS;
END ARCHITECTURE rtl;
```

(2) 用COMPONENT语句描述由D触发器构成的2位异步计数器。

```
LIBRARY IEEE;
USE IEEE.STD_LOGIC_1164.ALL;
ENTITY cnt2 IS
 PORT(rst_n: IN STD_LOGIC;
      clk: IN STD_LOGIC;
      data_o:OUT STD_LOGIC_VECTOR(1 DOWNTO 0));
END ENTITY cnt2;
ARCHITECTURE rtl OF cnt2 IS
  COMPONENT dff_1 IS
   PORT( rst_n: IN STD_LOGIC;
         clk: IN STD_LOGIC;
         d: IN STD_LOGIC;
         q:OUT STD_LOGIC;
         q_n:OUT STD_LOGIC);
END COMPONENT dff_1;
SIGNAL q1,q1_n,q2,q2_n:STD_LOGIC;
BEGIN
     u1:dff_1 PORT MAP  (rst_n=>rst_n,
                         clk=>clk,
                         d=>q1_n,
                         q=>q1,
                         q_n=>q1_n);
     u2:dff_1 PORT MAP  (rst_n=>rst_n,
                         clk=>q1_n,
                         d=>q2_n,
                         q=>q2,
                         q_n=>q2_n);
  data_o(0)<=q1;
  data_o(1)<=q2;
  END ARCHITECTURE rtl;
```

其仿真结果如图 7-6 所示。

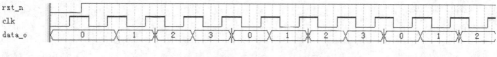

图 7-6　[例 7-29] 仿真波形图

【例 7-30】 用 BLOCK 结构描述方式实现 2 位异步计数器。

```
LIBRARY IEEE;
USE IEEE.STD_LOGIC_1164.ALL;
ENTITY block_test IS
```

```vhdl
    PORT(rst_n: IN STD_LOGIC;
         clk: IN STD_LOGIC;
         data_o:OUT STD_LOGIC_VECTOR(1 DOWNTO 0));
END ENTITY block_test;

ARCHITECTURE rtl OF block_test IS
    SIGNAL q1,q1_n,q2,q2_n:STD_LOGIC;
    BEGIN
        b1:BLOCK
            PORT( rst_n: IN STD_LOGIC;
                  clk: IN STD_LOGIC;
                  d: IN STD_LOGIC;
                  q:OUT STD_LOGIC;
                   q_n:OUT STD_LOGIC);
            PORT MAP(
                rst_n=>rst_n,
                    clk=>clk,
                    d=>q1_n,
                    q=>q1,
                    q_n=>q1_n);
            BEGIN
                PROCESS(rst_n,clk) IS
                BEGIN
                    IF clk'EVENT AND clk = '1' THEN
                        IF rst_n = '0' THEN
                            q<= '0';
                            q_n<= '1';
                        ELSE
                            q<= d;
                            q_n<= not d;
                        END IF;
                    END IF;
                END PROCESS;
        END BLOCK b1;

b2:BLOCK
        PORT( rst_n: IN STD_LOGIC;
              clk: IN STD_LOGIC;
              d: IN STD_LOGIC;
              q:OUT STD_LOGIC;
               q_n:OUT STD_LOGIC);
        PORT MAP(
```

```
                rst_n = >rst_n,
                clk = >q1_n,
                d = >q2_n,
                q = >q2,
                q_n = >q2_n);
        BEGIN
            PROCESS(rst_n,clk) IS
            BEGIN
                IF clk'EVENT AND clk = '1' THEN
                    IF rst_n = '0' THEN
                        q< = '0';
                        q_n< = '1';
                    ELSE
                        q< = d;
                        q_n< = NOT d;
                    END IF;
                END IF;
            END PROCESS;
    END BLOCK b2;

    data_o(0)< = q1;
    data_o(1)< = q2;

END ARCHITECTURE rtl;
```

其仿真结果如图 7-7 所示。

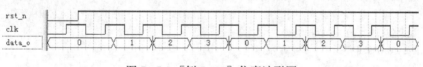

图 7-7　[例 7-30] 仿真波形图

7.2.6　GENERATE 语句

GENERATE 语句主要用在具有规则结构的电子系统中，用来生成多个相同的逻辑单元。GENERATE 语句有两种格式：FOR-GENERATE 和 IF-GENERATE。FOR-GENER-ATE 语句只能处理规则的构造体，为了解决不规则电路的统一描述方法，可以采用 IF-GENERATE 语句。

(1) FOR-GENERATE 格式：

```
标号: FOR 变量 IN 取值区间 GENERATE
     并发描述语句;
END GENERATE [标号名];
```

FOR-GENERATE 语句和 FOR-LOOP 语句不同，前者的结构中采用并发处理语句，后者是顺序处理语句，所以 FOR-GENERATE 结构中不能使用 EXIT 和 NEXT 语句，变量为整数类型，不需定义。

（2）IF-GENERATE 语句格式：

```
标号：IF 条件 GENERATE
    并发描述语句；
END GENERATE [标号名];
```

IF-GENERATE 语句在条件为"真"时才执行结构内部的语句，语句同样是并发处理的，该结构中没有 ELSE 项。

【例 7-31】 8 位移位寄存器的 GENERATE 语句描述。

```
LIBRARY IEEE;
USE IEEE.STD_LOGIC_1164.ALL;
ENTITY shift IS
    GENERIC(N:INTEGER:=8);
    PORT (a,clk: IN STD_LOGIC;
          b: OUT STD_LOGIC);
END ENTITY shift;
ARCHITECTURE rtl OF shift IS
    COMPONENT dff IS
    PORT(d,clk: IN STD_LOGIC;
          q: OUT STD_LOGIC);
    END COMPONENT dff;
SIGNAL s:STD_LOGIC_VECTOR(1 to (N-1));
    BEGIN
    g1:FOR i in 0 TO (N-1) GENERATE
        g2:IF i = 0 GENERATE
            dffx: dff PORT MAP (a,clk,s(i+1));
          END GENERATE;
        g3:IF i = (N-1) GENERATE
            dffx: dff PORT MAP (s(i),clk,b);
          END GENERATE;
        g4:IF ((i/=0) AND (i/=N-1)) GENERATE
            dffx: dff PORT MAP (s(i),clk,s(i+1));
          END GENERATE;
      END GENERATE;
END ARCHITECTURE rtl;
```

[例 7-31] 的代码综合后的 RTL 视图如图 7-8 所示。图中 8 个 D 触发器的顶端用 GENERATE 语句的标号进行了标识。所有的 8 个 D 触发器都由标号为 g1 的 FOR-GENERATE 语句生成，从左到右分别用 g1：0～g1：7 进行了标识。为了解决输入端口和输出端口

的特殊情况,采用 IF-GENERATE 语句。输入端口的 D 触发器 g1:0 为标号为 g2 的 IF-GENERATE 语句生成,输出端口的 D 触发器 g1:7 为标号为 g3 的 IF-GENERATE 语句生成,其他为标号为 g4 的 IF-GENERATE 语句生成。

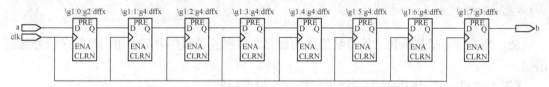

图 7-8　[例 7-31] 8 位移位寄存器的 RTL 视图

7.3　顺并描述语句

在 VHDL 语言中存在一类语句,根据不同的使用场合,既可以作为顺序描述语句,又可作为并发描述语句,本教材中将该类语句称为顺并描述语句。

顺并描述语句主要有信号赋值语句、过程调用语句、ASSER 语句、REPPORT 语句等。本书只介绍信号赋值语句、过程调用语句和 ASSERT 语句,其他语句可以参阅 IEEE Standard VHDL Language Reference Manual。

7.3.1　信号赋值语句

信号赋值语句根据使用场合的不同,分为并发信号赋值语句和顺序信号赋值语句。一般在构造体或 BLOCK 中直接使用的信号赋值语句是并发描述语句,而在进程或子程序中使用的信号赋值语句是顺序描述语句。

信号赋值语句的格式:

```
目的信号<=表达式;
```

并发信号赋值语句与顺序信号赋值语句具有相同的格式,只是使用的场合不同。

(1) 并发信号赋值语句。在构造体的进程之外的信号赋值语句以及在 BLOCK 结构中的信号赋值语句都是并发描述语句。一个并发信号赋值语句可以看作是一个进程的简化形式。

【例 7-32】 采用并发信号赋值语句描述 1 位半加器。

```
LIBRARY IEEE;
USE IEEE.STD_LOGIC_1164.ALL;
ENTITY half_adder IS
  PORT( a: IN STD_LOGIC;
        b: IN STD_LOGIC;
        s: OUT STD_LOGIC;
        c: OUT STD_LOGIC);
END ENTITY half_adder;
ARCHITECTURE df OF half_adder IS
```

```
BEGIN
    s<= a XOR b;
    c<= a AND b;
END ARCHITECTURE df;
```

(2) 顺序信号赋值语句。信号赋值语句如果在进程或子程序内部使用，是顺序信号赋值语句。

【例 7 - 33】 采用顺序信号赋值语句描述 1 位半加器。

```
LIBRARY IEEE;
USE IEEE.STD_LOGIC_1164.ALL;
ENTITY half_adder IS
  PORT( a: IN STD_LOGIC;
        b: IN STD_LOGIC;
        s: OUT STD_LOGIC;
        c: OUT STD_LOGIC);
END ENTITY half_adder;
ARCHITECTURE df OF half_adder IS
 BEGIN
  PROCESS(a,b) IS
    BEGIN
      s<= a XOR b;
  END PROCESS;
    PROCESS(a,b) IS
    BEGIN
      c<= a AND b;
  END PROCESS;
END ARCHITECTURE df;
```

分析［例 7 - 32］与［例 7 - 33］可以发现，并发信号赋值语句可以看作一个简化的进程，敏感信号列表为赋值符号右边表达式中包含的信号，只要表达式中的信号发生一次变化，并发信号赋值语句就执行一次。并不是所有的顺序赋值语句都能像上面例子那样转换成并发描述语句，如 IF 语句中的信号赋值语句，只能是顺序赋值语句，不能放到进程或子程序之外使用。

7.3.2 过程调用语句

过程调用语句根据使用场合的不同，分为并发调用过程语句和顺序调用过程语句。
过程调用的格式：

过程名(实际参数表);

(1) 并发过程调用语句。在构造体或 BLOCK 语句中的过程调用语句为并发过程调用语句。

【例 7 - 34】 在构造体中的过程调用。

```
LIBRARY IEEE;
USE IEEE.STD_LOGIC_1164.ALL;
ENTITY  comp IS
   PORT ( tem1: IN   STD_LOGIC_VECTOR(7 DOWNTO 0);
          tem2: IN   STD_LOGIC_VECTOR(7 DOWNTO 0);
          tem3: OUT  STD_LOGIC_VECTOR(7 DOWNTO 0));
END ENTITY comp;
ARCHITECTURE beh OF comp IS
   PROCEDURE max(a,b: IN  STD_LOGIC_VECTOR(7 DOWNTO 0);
                 SIGNAL  y:OUT  STD_LOGIC_VECTOR(7 DOWNTO 0))  IS
      BEGIN
         IF (a<b) THEN
               y<= b;
         ELSE
               y<= a;
         END IF;
     END  PROCEDURE max;
         BEGIN
       max( tem1,tem2,tem3);
END  ARCHITECTURE beh;
```

(2) 顺序过程调用语句。如果过程调用语句在进程内,则为顺序过程调用语句。

【例 7 - 35】 在进程使用的过程调用语句。

```
LIBRARY IEEE;
USE IEEE.STD_LOGIC_1164.ALL;
ENTITY  comp IS
   PORT ( tem1: IN   STD_LOGIC_VECTOR(7 DOWNTO 0);
          tem2: IN   STD_LOGIC_VECTOR(7 DOWNTO 0);
          tem3: OUT  STD_LOGIC_VECTOR(7 DOWNTO 0));
END ENTITY comp;
ARCHITECTURE beh OF comp IS
   PROCEDURE max(a,b: IN  std_logic_vector(7 downto 0);
                 y: OUT std_logic_vector(7 downto 0))  IS
      BEGIN
        IF (a<b) THEN
             y: = b;
        ELSE
             y: = a;
        END IF;
     END  PROCEDURE max;
```

```
BEGIN
  PROCESS(tem1,tem2)
    VARIABLE tem4: std_logic_vector(7 downto 0);
    BEGIN
    max(tem1,tem2,tem4);
    tem3<= tem4;
  END PROCESS;
END   ARCHITECTURE beh;
```

7.3.3 ASSERT 语句

ASSERT 语句主要用于程序仿真、调试中的人机对话，用字符串作为输出警告或错误信息。ASSERT 语句不能被综合，在综合时 EDA 工具一般会忽略该语句。

1. ASSERT 语句的声明格式

```
ASSERT 条件
  [REPORT 输出信息]
  [SEVERITY 级别];
```

执行到 ASSERT 语句时，判断条件是否为"假"，若为"假"，则执行 REPORT 语句。REPORT 语句的输出信息是用双引号括起来的字符串，通常说明错误的原因，一般由设计人员编写。SEVERITY 后面的错误级别可以是四种 VHDL 错误等级类型中的任意一种。四种错误等级类型为 FAILURE、ERROR、WARNING、NOTE。

2. 并发 ASSERT 语句

在构造体或 BLOCK 语句使用的 ASSERT 语句为并发 ASSERT 语句。

【例 7 - 36】 使用并发 ASSERT 语句判断基本 SR 锁存器的非法状态。

```
LIBRARY IEEE;
USE IEEE.STD_LOGIC_1164.ALL;

ENTITY con_assert IS
    PORT (   r: IN STD_LOGIC;
             s: IN STD_LOGIC;
             q:OUT STD_LOGIC);
END ENTITY con_assert;

ARCHITECTURE rtl OF con_assert   IS
  SIGNAL tmp:STD_LOGIC;
  SIGNAL rs:STD_LOGIC_VECTOR(1 DOWNTO 0);
    BEGIN
        ASSERT(r = '1' NAND s = '1')
            REPORT"The states of rs latch is illegal"
```

```
        SEVERITY ERROR;
        rs<= r&s;
        tmp<= tmp    WHEN rs = "00" ELSE
                '1'  WHEN rs = "01" ELSE
                '0'  WHEN rs = "10" ELSE
                NULL ;
    q<= tmp;
END ARCHITECTURE rtl;
```

在［例 7-36］中，并发 ASSERT 语句与信号赋值语句、条件信号赋值语句并发执行。当 r='1'与 s='1'同时满足时，(r='1' nand s='1') 为 FALSE，执行 REPORT 语句。

3. 顺序 ASSERT 语句

如果 ASSERT 语句在进程或子程序中使用，则为顺序 ASSERT 语句。执行到 ASSERT 语句时，判断条件是否为"假"，若为"假"，则执行 REPORT 语句；若为"真"，则执行 ASSERT 语句的下一条语句。

【例 7-37】 使用顺序 ASSERT 语句判断基本 SR 锁存器的非法状态。

```
LIBRARY IEEE;
USE IEEE.STD_LOGIC_1164.ALL;

ENTITY seq_assert IS
    PORT (  r: IN STD_LOGIC;
            s: IN STD_LOGIC;
            q:OUT STD_LOGIC);
END ENTITY seq_assert;

ARCHITECTURE rtl OF seq_assert  IS
 SIGNAL tmp:STD_LOGIC;
  BEGIN
    PROCESS(r,s,tmp) IS
      VARIABLE rs:STD_LOGIC_VECTOR(1 DOWNTO 0):= "00";
      BEGIN
        ASSERT(r = '1' NAND s = '1')
          REPORT"The states of rs latch is illegal"
          SEVERITY ERROR;
          rs: = r&s;
          CASE rs IS
            WHEN "00" => tmp<= tmp;
            WHEN "01" => tmp<= '1';
            WHEN "10" => tmp<= '0';
            WHEN OTHERS =>NULL;
          END CASE;
```

```
        END PROCESS;
    q<= tmp;
END ARCHITECTURE rtl;
```

在[例 7-37]中，ASSERT 语句在进程中使用，属于顺序 ASSERT 语句。当 r='1'与 s='1'同时满足时，(r='1' nand s='1')为 FALSE，执行 REPORT 语句。其他情况按顺序执行 ASSERT 语句后面的其他进程语句。

7.4 并发描述语句的多驱动问题

VHDL 规定，每一个对信号进行赋值的操作都将为该信号创建一个驱动器，并且对信号的赋值将直接影响该驱动器的值。例如，给信号赋值的每一个进程都将为该信号创建一个驱动器。通常，将影响驱动器的信号称为驱动源。由于一个信号只能有一个驱动源，因此同一信号不能用两条或更多的并行信号赋值语句进行赋值。比如，不能在两个及两个以上的进程中对同一信号进行赋值操作。虽然 VHDL 提供了使用判决函数处理多驱动源问题的机制，但一般在设计具体的逻辑电路时，不允许对同一信号使用多个并发语句进行赋值。

【例 7-38】 导致多驱动问题的 VHDL 代码。

```
LIBRARY IEEE;
USE IEEE.STD_LOGIC_1164.ALL;
ENTITY muti_driver IS
    PORT(a: IN STD_LOGIC;
         b: IN STD_LOGIC;
         c: OUT STD_LOGIC);
END ENTITY multi_driver;
ARCHITECTURE rtl OF  multi_driver IS
  BEGIN
    c<= a;
    c<= b;
END ARCHITECTURE rtl;
```

[例 7-38]中，存在两条并发描述语句对同一个信号进行赋值，这在实际的数字系统设计中是不允许的。因为当 a='0'，b='1'时，c 的值将无法确定，而且 a 和 b 连接在一起相当于短路。同样，在多个进程中对同一个信号进行赋值也是不允许的。

7.5 属 性 描 述 语 句

VHDL 语言中预定义的属性类型有数值属性、函数属性、信号属性、数据类型类属性和数据范围类属性。除预定义属性外，用户可以自定义属性。

7.5.1 数值属性（Value）

数值属性是由于该类属性得到的结果为数值，因此命名为数值属性。数值属性用来得到标量类型或数组类型的有关值，如可以用来得到数组的长度、标量类型的最低限制等。根据类型的不同，数值属性主要包含两类：①标量类型的数值属性；②数组类型的数值属性。

1. 标量类型的数值属性

标量类型的数值属性格式：

标量类型'属性名

VHDL 的标量类型包括枚举类型、整数类型、物理类型和浮点类型。

标量类型的数值属性有以下五种：

（1）T'LEFT：得到标量类或子类区间的最左端的值，表示约束区间最左的入口点。

（2）T'RIGHT：得到标量类或子类区间的最右端的值，表示约束区间最右的入口点。

（3）T'HIGH：得到标量类或子类区间的高端值，表示约束区间的最大值。

（4）T'LOW：得到标量类或子类区间的低端值，表示约束区间的最低值。

（5）T'ASECNDING：得到标量类或子类是否为增区间，若按照升序定义，则得到 TURE，否则为 FALSE。

【例 7-39】 枚举类型的属性。

```
ARCHITECTURE time1 OF time IS
  TYPE tim IS (sec,min,hour,day,month,year);
  SUBTYPE  revers_tim IS tim RANGE month DOWNTO min;
  SIGNAL tim1,tim2,tim3,tim4,tim5,tim6,tim7,tim8:TIME;
  SIGNAL tim9,tim10: BOOLEAN
BEGIN
    tim1<= tim'LEFT;  --得到 sec
    tim2<= tim'RIGHT; --得到 year
    tim3<= tim'HIGH;  --得到 year
    tim4<= tim'LOW;  --得到 sec
    tim5<= revers_tim'LEFT; --得到 month
    tim6<= revers_tim'RIGHT; --得到 min
    tim7<= revers_tim'HIGH; --得到 month
    tim8<= revers_tim'LOW; --得到 min
    tim9<= tim'ASCENDING; --得到 TRUE
    tim10<= revers_tim'ASCENDING; --得到 FALSE
END ARCHITECTURE time1;
```

【例 7-40】 整数类型的属性。

```
ARCHITECTURE time1 OF time IS
  SUBTYPE dec_data IS INTEGER RANGE 0 TO 9;
  SUBTYPE hex_data IS INTEGER RANGE 15 DOWNTO 0;
  SIGNAL s1,s2,s3,s4,s5,s6,s7,s8:INTEGER;
  SIGNAL s9,s10 : BOOLEAN;
BEGIN
```

```
    s1<= dec_data'LEFT;    --得到 0
    s2<= dec_data'RIGHT;  --得到 9
    s3<= dec_data'HIGH;   --得到 9
    s4<= dec_data'LOW;    --得到 0
    s5<= hex_data'LEFT;   --得到 15
    s6<= hex_data'RIGHT;  --得到 0
    s7<= hex_data'HIGH;   --得到 15
    s8<= hex_data'LOW;    --得到 0
    s9<= dec_data'ASCENDING; --得到 TRUE
    s10<= hex_data'ASCENDING; --得到 FALSE
END ARCHITECTURE time1;
```

分析［例 7-39］和［例 7-40］可以得知标量类数值属性的特点：

(1) 当标量类或子类的区间用（a TO b）来定义时，b>a，此时"LEFT"属性的值通常等于"LOW"的值；

(2) 当标量类或子类的区间用（b DOWNTO a）来定义时，b>a，此时"LEFT"属性的值则与"HIGH"的属性值相对应；

(3) 枚举类型在说明中较早出现的数据，其位置序号值低于较后说明的数据。

2. 数组类型的数值属性

数组的数值属性包含"LENGTH (n)"和"'ASCENDING (n)"。

"LENGTH (n)"得到一个数组的长度值，该属性可用于任何标量类数组和多维的标量类区间的数组。当 n 缺省时，就代表对一维数组进行操作。

"'ASCENDING (n)"得到布尔量。当一个数组按升序定义时，返回值为 TRUE，否则为 FALSE。

【例 7-41】 数组类型的数值属性。

```
PROCESS(a) IS
  TYPE bit4 IS ARRAY (0 TO 3) OF BIT;
  TYPE bit_strange IS ARRAY (10 TO 20) OF BIT;
  VARIABLE len1,len2:INTEGER;
BEGIN
  len1:= bit4'LENGTH;         --len1 = 4
  len2:= bit_strange'LENGTH;  --len2 = 11
END PROCESS;
```

7.5.2 函数属性（FUNCTION）

函数属性是指以函数的形式，让设计人员得到有关数据类型或信号等的某些信息。

当函数属性以表达式形式使用时，先应指定一个自变量值，函数调用后得到一个返回值。该返回值可能是枚举类型数据的位置序号，也可能是数组区间中的某一个值，还可能是信号有某种变化的指示等。根据数据类型的不同，函数属性分为三类：

(1) 离散/物理类型的函数属性;
(2) 数组类型的函数属性;
(3) 信号的函数属性。

1. 离散/物理类型的函数属性

离散类型包含枚举类型和整数类型,因此离散/物理类型的函数属性适应的数据类型共三种,即枚举类型、整数类型和物理类型。

离散/物理类型的函数属性主要有以下六种函数属性:

(1) 'POS(x):得到输入 x 值的位置序号。
(2) 'VAL(x):得到输入位置序号 x 的值。
(3) 'SUCC(x):得到输入 x 值的下一个值。
(4) 'PRED(x):得到输入 x 值的前一个值。
(5) 'LEFTOF(x):得到邻接输入 x 值左边的值。
(6) 'RIGHTOF(x):得到邻接输入 x 值右边的值。

对于递增区间来说:

'SUCC(x) = 'RIGHTOF(x);
'PRED(x) = 'LEFTOF(x);

对于递减区间来说:

'SUCC(x) = 'LEFTOF(x);
'PRED(x) = 'RIGHTOF(x);

【例 7-42】 枚举类型的函数属性。

```
PACKAGE  t_time IS
TYPE time IS (sec,min,hous,day,month,year);
SUBTYPE revers_time IS time RANGE year DOWNTO sec;
END t_time;
time'SUCC(hous)——得到 day;
time'PRED(day)——得到 hous;
reverse_time'SUCC(hous)——得到 day;
reverse_time'PRED(day)——得到 hous;
time'RIGHTOF(hous)——得到 day;
time'LEFTOF(day)——得到 hous;
reverse_time'RIGHTOF(hous)——得到 min;
reverse_time'LEFTOF(day)——得到 month;
```

当一个枚举类型数据的极限值被传递给属性"SUCC"和"PRED"时,如果执行如下定义:

y: = sec;
x: = time'PRED(y);

第二个表达式将引起运行错误。这是因为在枚举数据 time 中,最小值是 sec,"time'PRED(y)"要求提供比 sec 更小的值,已超出了定义范围。

2. 数组类型的函数属性

利用数组类型的函数属性可得到数组区间的信息。在对数组的每一个元素进行操作时，必须知道数组的区间。数组类型的函数属性主要有四类：

(1) 'LEFT（n）：得到索引号为 n 的区间的左端位置号。n 代表多维数组中定义的多维区间序号。当 n 缺省时，就代表对一维区间进行操作。

(2) 'RIGHT（n）：得到索引号为 n 的区间的右端位置号。

(3) 'HIGH（n）：得到索引号为 n 的区间的高端位置号。

(4) 'LOW（n）：得到索引号为 n 的区间的低端位置号。

对于递增区间来说：

'LEFT(n) = 'LOW(n)

'RIGHT(n) = 'HIGH(n)

对于递减区间来说：

'LEFT(n) = 'HIGHT(n)

'RIGHT(n) = 'LOW(n)

【例 7 - 43】 数组类型的函数属性（降区间）。

```
PROCESS (a) IS
TYPE bit_range IS ARRAY (31 DOWNTO 0) OF BIT;
VARIABLE left_range,right_range,uprange,lowrange: INTEGER;
BEGIN
  left_range: = bit_range'LEFT;    --得到 31
  right_range: = bit_range'RIGHT;  --得到 0
  uprange: = bit_range'HIGH;       --得到 31
  lowrange: = bit_range'LOW;       --得到 0
END PROCESS;
```

【例 7 - 44】 数组类型的函数属性（升区间）。

```
PROCESS (a) IS
TYPE bit_range IS ARRAY (0 TO 31) OF BIT;
VARIABLE left_range,right_range,uprange,lowrange: INTEGER;
BEGIN
  left_range: = bit_range'LEFT;    --得到 0
  right_range: = bit_range'RIGHT;  --得到 31
  uprange: = bit_range'HIGH;       --得到 31
  lowrange: = bit_range'LOW;       --得到 0
END PROCESS;
```

3. 信号的函数属性

VHDL 语言规定，信号的值发生改变称为发生了一个事件，信号的值被重新赋值称为信号被刷新。信号被刷新不一定产生事件，如 JK 触发器，当 J＝K＝'1'时，触发器输出信号在时钟边沿到来时翻转,则认为输出信号发生了一个事件;当 J=K='0'时,触发器输出信号在时钟边沿到来时保持,则认为触发器输出信号被刷新,但是没有事件发生。

(1) 类别。信号的函数属性用来得到信号的行为信息。信号的函数属性主要有五种:

1) S'EVENT:如果在当前仿真周期内事件发生了,属性是一个为"真"的布尔量,否则为"假"。

2) S'ACTIVE:如果在当前仿真周期内信号被刷新,属性是一个为"真"的布尔量,否则为"假"。

3) S'LAST_EVENT:该属性得到一个时间类型的值,即从信号前一个事件发生到现在所经过的时间。

4) S'LAST_ACTIVE:该属性得到一个时间类型的值,即从信号前一次被刷新到现在所经过的时间。

5) S'LAST_VALUE:该属性得到信号的一个数值,该值是信号最后一次改变以前的值。

(2) 特点。

1) 属性'EVENT 和'LAST_VALUE。属性'EVENT 通常用于确定时钟信号的边沿,用它可以检查信号是否处于某一个特殊值,以及信号是否刚好已发生变化。

【例 7-45】 用属性'EVENT 描述时钟边沿。

```
LIBRARY IEEE,
USE IEEE.STD_LDGIC_1164.ALL,
ENTITY dff IS
PORT(d,clk: IN STD_LOGIC;
            q:OUT STD_LOGIC);
END ENTITY dff,
 ARCHITECTURE dff OF dff IS
  BEGIN
      PROCESS (clk) IS
       BEGIN
         IF clk'EVENT AND clk = '1'   THEN
           q<= d;
         END IF;
      END PROCESS;
END ARCHITECTURE dff;
```

语句"IF clk'EVENT AND clk='1' THEN"描述了一个时钟脉冲的上升沿,上升沿的发生是由两个条件约束的,即时钟脉冲目前处于'1'电平,而且时钟脉冲刚刚从其他电平变为"1"电平。如果原来的电平为"0",那么逻辑是正确的。在 RTL 仿真时,STD_LOGIC 类型的信号允许出现除"0"和"1"外的其他七种状态,因此如果原来的电平是"X",那么该语句也同样认为出现了上升沿,显然这种情况是错误的。为了避免出现这种逻辑错误,最好使用属性"'LAST_VALUE"。使用属性"'LAST_VALUE"的时钟上升沿描述语句如下:

IF (clk'EVENT AND clk = '1')AND (clk'LAST_VALUE = '0')　　THEN

修改后的语句保证时钟脉冲在变成"1"电平之前一定处于"0"状态。

2) 属性'LAST_EVENT。属性'LAST_EVENT可得到信号上各种事件发生以来所经过的时间。该属性常用于检查定时时间，如检查建立时间、保持时间和脉冲宽度等。

建立保持时间的时序波形图如图7-9所示，建立时间检查保证数据输入信号在建立时间内不发生变化，保持时间检查保证在时钟上升沿后面的一段规定的保持时间内数据输入信号不发生变化。

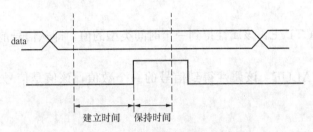

图7-9　建立保持时间的时序波形图

【例7-46】 利用属性'LAST_EVENT检查建立时间。

```
ENTITY dff IS
  GENERIC (setup_time,hold_time:time: = 5 ns);
    PORT(d,clk: IN STD_LOGIC;
            q: OUT STD_LOGIC);
BEGIN
setup_check: PROCESS (clk) IS
  BEGIN
    IF clk'EVENT AND clk = '1' THEN
         ASSERT(d'LAST_EVENT> = setup_time)
           REPORT "SETUP VIOLATION"
             SEVERITY ERROR;
      END IF;
END PROCESS setup_check;
END ENTITY dff;
```

[例7-46] 中属性d'LAST_EVENT将返回一个信号d自最近一次变化以来到现在clk事件发生时（clk的上升沿）为止所经过的时间。本例同时还说明了在实体中可以含有进程语句。

3) 属性'ACTIVE和'LAST_ACTIVE。属性'ACTIVE和'LAST_ACTIVE在信号被刷新时被触发，不管信号值是否发生改变。属性'ACTIVE将返回布尔量，与属性与'EVENT类似。属性'LAST_ACTIVE返回一个时间值，与'LAST_EVENT类似。

7.5.3　信号属性（SIGNAL）

信号属性用于产生一种特别的信号，这种特别的信号是以所加属性的信号为基础而形成的。信号属性不能用于子程序中，否则程序在编译时会出现编译错误信息。信号属性主要有以下四种：

(1) S'DELAYED [(time)]：该属性产生一个延时信号，其类型与该属性所加的信号相同。产生的信号是以属性所加的信号为参考信号，经括号内的时间表达式所确定的延时后得到的延迟信号。

(2) S'STABLE [(time)]：该属性产生一个布尔类型信号。在括号内的时间表达式所说明的时间内，若参考信号没有发生事件，则该属性为"真"；若信号发生事件，则属性为"假"。

(3) S'QUIET [(time)]：该属性产生一个布尔类型信号。在括号内的时间表达式所说明的时间内，若参考信号没有被刷新，则属性为"真"；若信号被刷新，则属性为"假"。

(4) S'TRANSACTION：该属性产生一个 BIT 类型信号。当属性所加的信号被刷新时，产生的信号的值发生翻转。

如果属性后面的时间缺省，则认为实际的时间为 0ns。

1. 属性'DELAYED

属性'DELAYED 可以得到一个所加信号的延迟信号。传输延时语句 TRANSPORT 可以实现与属性'DELAYED 相同的功能。两者的区别在于：TRANSPORT 要求设计人员使用传输延时赋值的方法，而且一般被传输延时赋值的信号是一个新的信号，需要在程序中加以说明。

【例 7 - 47】 属性'DELAYED 与 TRANSPORT 语句的使用比较。

```
LIBRARY IEEE;
USE IEEE.STD_LOGIC_1164.ALL;
ENTITY and2 IS
  GENERIC (a_ipd,b_ipd,c_opd:TIME);
    PORT ( a,b:IN STD_LOGIC;
        c:OUT STD_LOGIC);
END ENTITY and2;
ARCHITECTURE   int_signals OF and2 IS    --使用 TRANSPORT 语句
  SIGNAL inta,intb:STD_LOGIC;   --定义被传输延时赋值的信号
BEGIN
    inta< = TRANSPORT a after a_ipd;
    intb< = TRANSPORT b after b_ipd;
    c< = inta AND intb after c_opd;
END ARCHITECTURE int_signals;

ARCHITECTURE attr OF and2 IS    --使用属性'DELAYED
  begin
    c< = a'DELAYED (a_ipd) AND b'DELAYED (b_ipd) AFTER c_opd;
END ARCHITECUTRE attr;
```

2. 属性'STABLE

属性'STABLE 用来确定信号对应的有效电平，即它可以在一个指定的时间间隔中，确

定信号是否正好发生改变或者没有发生改变。属性返回的值是一个布尔量。

【例 7-48】 用属性'STABLE 检测信号发生变换。

```
LIBRARY IEEE;
USE IEEE.STD_LOGIC_1164.ALL;
ENTITY pulse_gen IS
   PORT ( a: IN STD_LOGIC;
          b: OUT BOOLEAN);
END ENTITY pulse_gen;
ARCHITECTURE pulse_gen OF pulse_gen IS
   BEGIN
      b< = a'STABLE (10 ns);
END ARCHITECTURE pulse_gen;
```

图 7-10 描述了［例 7-48］的仿真结果。在每个 10ns 周期内对信号 a 进行检测，若发生跳变，信号 b 为 FALSE，在图中用低电平表示。若在 10ns 周期内信号 a 没有发生跳变，则信号 b 为 TRUE，在图中用高电平表示。若信号 a 发生跳变的周期小于 10ns，则信号 b 一直为 FLASE，直到检测到信号 a 在最后一次跳变后经历 10ns 的周期内没有发生跳变才变为 TRUE。如图 7-10 中 55～70ns 期间信号 b 的取值。

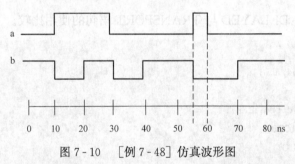

图 7-10 ［例 7-48］仿真波形图

如果属性'STABLE 后面跟的括号中的时间值被说明为 0ns 或者未加说明，那么当信号 a 发生改变时，输出信号 b 在对应的时间位置将产生 δ 宽度的低电平脉冲。图 7-11 为时间缺省时，在 Modelsim 软件下的仿真波形。

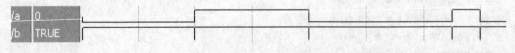

图 7-11 属性'STABLE 时间缺省时的仿真波形图

δ 延迟（delta delay）是 VHDL 处理并发描述语句的一种同步仿真机制。为了保证在仿真过程中并发描述语句不因执行顺序的不同而影响仿真结果，VHDL 对所有 0 延时信号赋值语句在仿真时加一个无限小的延时，这个无限小的延时是 δ 延迟的有限整数倍。有限个 δ 延时不能超过最小时间单位 1fs（10^{-15} s）。只要小于 1fs 的仿真结果，都认为是没有事件发生的。

【例 7-49】 并发语句的等效 δ 延时代码。

```
ARCHITECTURE  rtl OF entity_1 IS
  SIGNAL c,d:STD_LOGIC;
  BEGIN
    c< = NOT(a);
    d< = NOT(b AND c);
    q< = c AND d;
END ARCHITECTURE rtl;
```

在仿真时，为 3 条并发语句添加 δ 延迟：

```
ARCHITECTURE  rtl OF entity_1 IS
  SIGNAL c,d:STD_LOGIC;
  BEGIN
    c< = NOT(a) ;
    d< = NOT(b AND c) AFTER δ;
    q< = c AND d AFTER 2δ;
END ARCHITECTURE rtl;
```

属性'STABLE 也可以用来检测时钟边沿：

```
IF(NOT (clk'STABLE) AND (clk = '1') AND
         (clk'LAST_VALUE = '0')) THEN
……
END IF;
```

属性'EVENT 检测时钟边沿：

```
IF( (clk'EVENT) AND (clk = '1') AND
       (clk'LAST_VALUE = '0')) THEN
……
END IF;
```

与属性'EVENT 检测时钟边沿相比，'EVENT 在内存有效利用及速度方面将更加有效。这是因为属性'STABLE 需要建立一个额外的信号，这将使其使用更多的内存。而且在进程启动时，无论是否使用新信号都要对其值进行刷新。

3. 属性'QUIET

属性'QUIET 具有与'STABLE 相同的功能，但是两者的区别在于，前者所加的信号只要被刷新，不管信号值是否发生改变，返回值为"假"；而后者必须是信号值发生改变才返回"假"。

4. 属性'TRANSACTION

属性'TRANSACTION 将建立一个数据类型为 BIT 的信号，当属性所加的信号每次从"1"或"0"发生改变时，就触发该 BIT 信号翻转。

7.5.4 数据类型属性（TYPE）

利用该属性可以得到所加数据类型的基类，仅仅作为其他属性的前缀来使用，即必须结合数值属性或函数属性来表示。

类型属性只有一种：

```
T'BASE
```

【例 7-50】 类型属性。

```
do_nothing: PROCESS (x) IS
  TYPE color IS (red,blue,green,yellow,brown,black);
  SUBTYPE color_gun IS color RANGE red TO green;
  VARIABLE a:color;
BEGIN
  a: = color_gun'BASE'RIGHT; - - a = black;
  b: = color'BASE'LEFT; - - b = red;
  c: = color_gun'BASE'SUCC(green); - - c = yellow
END PROCESS do_nothing;
```

7.5.5 数据范围类属性（RANGE）

区间属性仅用于受约束的数组类型数据，得到与输入索引参数相对应的区间范围。

在 VHDL 语言中有两类区间属性：

```
a'RANGE[(n)]
a'REVERSE_RANGE[(n)]
```

属性'RANGE [(n)] 将返回一个由索引参数 n 所指出的第 n 个数据区间，而 'REVERSE_ RANGE [(n)] 将返回一个次序颠倒的数据区间。当 n 缺省时，默认为一维数组。

【例 7-51】 使用'RANGE 属性的函数。

```
FUNCTION vector_to_int(vect:STD_LOGIC_VECTOR)
  RETURN INTEGER IS
  VARIABLE result:INTEGER: = 0;
  BEGIN
    FOR i IN vect'RANGE LOOP - - 循环变量 i 的取值范围与输入参数 vect 的范围一致
      result: = result * 2;
      IF vect(i) = '1' THEN
        result: = result + 1;
      END IF;
    END LOOP;
    RETURN result;
END vector_to_int;
```

7.5.6 用户自定义的属性

除了预定义的属性外，VHDL 允许用户自己定义属性。用户自定义属性主要用来为设计项目提供附加说明信息，例如标准单元分配与布局、最大延时、信号摆率、管脚分配、资源分配等信息。用户自定义属性主要用于验证和跨平台数据交换，不能在仿真中改变，也不能用于逻辑综合。

自定义属性格式：

```
ATTRIBUTE 属性名 :类型名/子类型名;
ATTRIBUTE 属性名 OF 目标名:目标集合 IS 表达式;
```

在对要使用的属性进行说明以后，就可以对数据类型、信号、变量、实体、构造体、配置、子程序、元件、标号进行具体的描述。

【例 7-52】 自定义属性举例。

```
ATTRIBUTE max_area :REAL;
ATTRIBUTE max_area  OF fifo: ENTITY IS 150.0;

ATTRIBUTE capacitance :cap;
ATTRIBUTE capacitance OF clk,reset: SIGNAL IS 20 pF;
```

习题 7

7.1 在 VHDL 语言中，可以使用顺序描述语句的场合主要有_____、_____、_____。

7.2 列举三种常用的顺序描述语句_____、_____、_____。

7.3 在 VHDL 语言中，可以使用并发描述语句的场合主要有_____、_____、_____。

7.4 列举三种常用的并发描述语句_____、_____、_____。

7.5 进程的启动条件是什么？简述进程内部语句执行的特点。

7.6 简述 IF 语句与 CASE 语句主要区别。

7.7 用选择信号代入语句描述整数 0～9 的 8421BCD 码。

7.8 用 CASE 语句描述整数 0～9 的 8421BCD 码。

7.9 用 GENERATE 语句描述 8 个 1 位 2 输入与门。

7.10 编写一个函数，可以检测 16 位任意二进制数据中"1"的个数。

第8章 组合逻辑电路 VHDL 设计

本章通过介绍基本组合逻辑电路的 VHDL 设计，使读者更进一步地了解 VHDL 的语法。通过分析常用组合逻辑电路的 VHDL 描述，能够达到用 VHDL 自行设计简单的实用组合电路的目的。

8.1 基本逻辑门电路

8.1.1 二输入与门

【例 8-1】 采用逻辑运算符对二输入与门进行描述。

```
LIBRARY IEEE;
USE IEEE.STD_LOGIC_1164.ALL;
ENTITY and_2 IS
  PORT ( a : IN STD_LOGIC ;
         b : IN STD_LOGIC;
         c : OUT STD_LOGIC ) ;
END ENTITY and_2;
ARCHITECTURE rtl OF and_2 IS
  BEGIN
    c <= a AND b;
  END ARCHITECTURE rtl;
```

【例 8-2】 采用真值表对二输入与门进行描述（见表 8-1）。

表 8-1　　　　　　　　　　1 位二输入与门真值表

输入信号		输出信号
a	b	c
0	0	0
0	1	0
1	0	0
1	1	1

```
LIBRARY IEEE;
USE IEEE.STD_LOGIC_1164.ALL;

ENTITY and_2 IS
```

```
    PORT( a: IN STD_LOGIC;
          b: IN STD_LOGIC;
          c: OUT STD_LOGIC);
END ENTITY and_2;

ARCHITECTURE rtl OF and_2 IS
  SIGNAL input:STD_LOGIC_VECTOR(1 DOWNTO 0);
    BEGIN
      input<= a&b;
        PROCESS(input) IS
          BEGIN
            CASE input IS
              WHEN "00" => c<= '0';
              WHEN "01" => c<= '0';
              WHEN "10" => c<= '0';
              WHEN "11" => c<= '1';
              WHEN OTHERS => c<= 'X';
            END CASE;
        END PROCESS;
END ARCHITECTURE rtl;
```

8.1.2 其他逻辑门

VHDL 提供了专用的逻辑运算符,用户在设计特定逻辑门时可以直接使用对应的逻辑运算符。VHDL 提供的逻辑运算符见表 8-2。用户也可以使用多个逻辑运算符实现逻辑组合。

表 8-2 　　　　　　　　　　　逻 辑 运 算 符 号

逻辑运算	逻辑运算符号	逻辑运算	逻辑运算符号
与	AND	或非	NOR
或	OR	异或	XOR
非	NOT	同或	XNOR
与非	NAND		

8.1.3 多于二输入的逻辑门

对于多于二输入的逻辑门电路,如果采用逻辑运算符进行描述,则可以将逻辑运算符组成逻辑表达式。同样,对于该类逻辑门也可以采用真值表进行描述。

【例 8-3】 采用逻辑运算符描述三输入与门。

```
LIBRARY IEEE;
USE IEEE.STD_LOGIC_1164.ALL;
ENTITY and_3 IS
```

```
    PORT (  a: IN STD_LOGIC;
            b: IN STD_LOGIC;
            c: IN STD_LOGIC;
            y: OUT STD_LOGIC);
END ENTITY and_3;

ARCHITECTURE rtl OF and_3 IS
  BEGIN
    y <= a AND b AND c;
END ARCHITECTURE rtl;
```

8.1.4 三态门电路

三态门电路在总线逻辑中经常使用，通过使能端控制输出的状态。三态门电路真值表见表 8-3。

表 8-3　　　　　　　　　　　三态门电路真值表

输入信号		输出信号
en	a	y
0	×	Z
1	0	0
1	1	1

【例 8-4】 三态门电路的 VHDL 描述。

```
LIBRARY IEEE;
USE IEEE.STD_LOGIC_1164.ALL;
ENTITY three_state_gate IS
  PORT (  en: IN STD_LOGIC;
          a: IN STD_LOGIC;
          y: OUT STD_LOGIC);
END ENTITY three_state_gate;
ARCHITECTURE rtl OF three_state_gate IS
  BEGIN
    PROCESS (en,a) IS
      BEGIN
        IF en = '1' THEN
          y <= a;
        ELSE
          y <= 'Z';
        END IF;
    END PROCESS;
END ARCHITECTURE rtl;
```

8.2 编 码 器

8.2.1 4线-2线编码器

【例8-5】 4线-2线编码器的VHDL描述（真值表见表8-4）。

表8-4　　　　　　　　　　　4线-2线编码器真值表

输入信号				输出信号	
i3	i2	i1	i0	y1	y0
0	0	0	1	0	0
0	0	1	0	0	1
0	1	0	0	1	0
1	0	0	0	1	1

```vhdl
LIBRARY IEEE;
USE IEEE.STD_LOGIC_1164.ALL;

ENTITY decode_4_2 IS
    PORT(i0: IN STD_LOGIC;
         i1: IN STD_LOGIC;
         i2: IN STD_LOGIC;
         i3: IN STD_LOGIC;
         y0:OUT STD_LOGIC;
         y1:OUT STD_LOGIC);
END ENTITY decode_4_2;

ARCHITECTURE rtl OF decode_4_2 IS
    SIGNAL input: STD_LOGIC_VECTOR(3 DOWNTO 0);
    SIGNAL output:STD_LOGIC_VECTOR(1 DOWNTO 0);
    BEGIN
     input<= i3&i2&i1&i0;
     PROCESS(input) IS
       BEGIN
         CASE input IS
           WHEN "0001" => output<= "00";
           WHEN "0010" => output<= "01";
           WHEN "0100" => output<= "10";
           WHEN "1000" => output<= "11";
           WHEN OTHERS => output<= "ZZ";
         END CASE;
     END PROCESS;
```

```
    y0<= output(0);
    y1<= output(1);
END ARCHITECTURE rtl;
```

8.2.2 优先4线-2线编码器

【例8-6】 优先4线-2线编码器的VHDL描述（真值表见表8-5）。

表8-5　　　　　　　　　　优先4线-2线编码器真值表

输入信号				输出信号	
input (3)	input (2)	input (1)	input (0)	output (1)	output (0)
×	×	×	1	0	0
×	×	1	0	0	1
×	1	0	0	1	0
1	0	0	0	1	1

```
LIBRARY IEEE;
USE IEEE.STD_LOGIC_1164.ALL;

ENTITY decode_priority_4_2 IS
  PORT(input: IN STD_LOGIC_VECTOR(3 DOWNTO 0);
       output :OUT STD_LOGIC_VECTOR(1 DOWNTO 0));
END ENTITY decode_priority_4_2;

ARCHITECTURE rtl OF decode_priority_4_2 IS
  BEGIN
    PROCESS(input) IS
      BEGIN
        IF input(0) = '1' THEN
            output<= "00";
        ELSIF input(1) = '1' THEN
            output<= "01";
        ELSIF input(2) = '1' THEN
            output<= "10";
        ELSIF input(3) = '1' THEN
            output<= "11";
        ELSE
            output<= "ZZ";
        END IF;
    END PROCESS;
END ARCHITECTURE rtl;
```

读者可试采用条件信号赋值语句实现优先4线-2线编码器。

8.3 译 码 器

8.3.1 3线—8线译码器

【例8-7】 3线—8线译码器的VHDL描述（真值表见表8-6）。

表8-6 3线—8线译码器真值表

输入信号			输出信号							
input（2）	input（1）	input（0）	y（7）	y（6）	y（5）	y（4）	y（3）	y（2）	y（1）	y（0）
0	0	0	1	1	1	1	1	1	1	0
0	0	1	1	1	1	1	1	1	0	1
0	1	0	1	1	1	1	1	0	1	1
0	1	1	1	1	1	1	0	1	1	1
1	0	0	1	1	1	0	1	1	1	1
1	0	1	1	1	0	1	1	1	1	1
1	1	0	1	0	1	1	1	1	1	1
1	1	1	0	1	1	1	1	1	1	1

```vhdl
LIBRARY IEEE;
USE IEEE.STD_LOGIC_1164.ALL;
ENTITY decode_3_8 IS
   PORT(input: IN STD_LOGIC_VECTOR(2 DOWNTO 0);
        y:OUT STD_LOGIC_VECTOR(7 DOWNTO 0));
END ENTITY decode_3_8;

ARCHITECTURE rtl OF decode_3_8 IS
  BEGIN
    PROCESS(input) IS
      BEGIN
        CASE input IS
            WHEN "000" => y <= "11111110";
            WHEN "001" => y <= "11111101";
            WHEN "010" => y <= "11111011";
            WHEN "011" => y <= "11110111";
            WHEN "100" => y <= "11101111";
            WHEN "101" => y <= "11011111";
            WHEN "110" => y <= "10111111";
            WHEN "111" => y <= "01111111";
            WHEN others => y <= "11111111";
        END CASE;
    END PROCESS;
END ARCHITECTURE rtl;
```

8.3.2 显示译码器

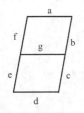

图 8-1 7 段数码管编号

为了直观地观测数字系统的数据,需要将二进制数据直观地显示出来,显示电路可以完成这样的功能。显示电路一般由译码驱动电路和数码显示器组成。数码显示器是用来显示数字、文字或符号的器件。

【例 8-8】 共阴极 7 段数码管显示译码。

共阴极 7 段数码管编号如图 8-1 所示,译码器真值表见表 8-7。

表 8-7 共阴极 7 段数码管译码器真值表

输入信号				输出信号						
d (3)	d (2)	d (1)	d (0)	y (6)	y (5)	y (4)	y (3)	y (2)	y (1)	y (0)
				a	b	c	d	e	f	g
0	0	0	0	1	1	1	1	1	1	0
0	0	0	1	0	1	1	0	0	0	0
0	0	1	0	1	1	0	1	1	0	1
0	0	1	1	1	1	1	1	0	0	1
0	1	0	0	0	1	1	0	0	1	1
0	1	0	1	1	0	1	1	0	1	1
0	1	1	0	0	0	1	1	1	1	1
0	1	1	1	1	1	1	0	0	0	0
1	0	0	0	1	1	1	1	1	1	1
1	0	0	1	1	1	1	1	0	1	1

```
LIBRARY IEEE;
USE IEEE.STD_LOGIC_1164.ALL;
ENTITY decode_dis IS
  PORT(d:IN STD_LOGIC_VECTOR(3 DOWNTO 0);
       y:OUT STD_LOGIC_VECTOR(6 DOWNTO 0));
END ENTITY decode_dis;
ARCHITECTURE rtl OF decode_dis IS
  BEGIN
    PROCESS(d) IS
      BEGIN
        CASE d IS
          WHEN "0000" => y<= "1111110";
          WHEN "0001" => y<= "0110000";
          WHEN "0010" => y<= "1101101";
          WHEN "0011" => y<= "1111001";
          WHEN "0100" => y<= "0110011";
          WHEN "0101" => y<= "1011011";
          WHEN "0110" => y<= "0011111";
```

```
                WHEN "0111" => y<= "1110000";
                WHEN "1000" => y<= "1111111";
                WHEN "1001" => y<= "1111011";
                WHEN OTHERS => y<= "0000000";
            END CASE;
        END PROCESS;
END ARCHITECTURE rtl;
```

8.4 数据选择器

8.4.1 4选1数据选择器

【例8-9】 4选1数据选择器的VHDL描述(真值表见表8-8)。

表8-8　　　　　　　　　　4选1数据选择器真值表

输入信号						输出信号
i3	i2	i1	i0	sel(1)	sel(0)	y
×	×	×	0	0	0	0
×	×	×	1	0	0	1
×	×	0	×	0	1	0
×	×	1	×	0	1	1
×	0	×	×	1	0	0
×	1	×	×	1	0	1
0	×	×	×	1	1	0
1	×	×	×	1	1	1

```
LIBRARY IEEE;
USE IEEE.STD_LOGIC_1164.ALL;
ENTITY mux_4_1 IS
    PORT ( i0: IN STD_LOGIC;
           i1: IN STD_LOGIC;
           i2: IN STD_LOGIC;
           i3: IN STD_LOGIC;
           sel: IN STD_LOGIC_VECTOR(1 DOWNTO 0);
           y: OUT STD_LOGIC);
END ENTITY mux_4_1;
ARCHITECTURE rtl OF mux_4_1 IS
    BEGIN
        PROCESS(i0,i1,i2,i3,sel) IS
            BEGIN
                CASE sel IS
```

```
            WHEN "00" => y <= i0;
            WHEN "01" => y <= i1;
            WHEN "10" => y <= i2;
            WHEN "11" => y <= i3;
            WHEN OTHERS => y <= 'X';
        END CASE;
    END PROCESS;
END ARCHITECTURE rtl;
```

8.4.2　8选1数据选择器

【例8-10】　74151数据选择器的VHDL描述（真值表见表8-9）。

表8-9　　　　　　　　　　74151数据选择器真值表

输入信号											输出信号	
e_n	d7	d6	d5	d4	d3	d2	d1	d0	s2	s1	s0	y	y_n
1	×	×	×	×	×	×	×	×	×	×	×	0	1
0	×	×	×	×	×	×	×	0	0	0	0	0	1
0	×	×	×	×	×	×	×	1	0	0	0	1	0
0	×	×	×	×	×	×	0	×	0	0	1	0	1
0	×	×	×	×	×	×	1	×	0	0	1	1	0
0	×	×	×	×	×	0	×	×	0	1	0	0	1
0	×	×	×	×	×	1	×	×	0	1	0	1	0
0	×	×	×	×	0	×	×	×	0	1	1	0	1
0	×	×	×	×	1	×	×	×	0	1	1	1	0
0	×	×	×	0	×	×	×	×	1	0	0	0	1
0	×	×	×	1	×	×	×	×	1	0	0	1	0
0	×	×	0	×	×	×	×	×	1	0	1	0	1
0	×	×	1	×	×	×	×	×	1	0	1	1	0
0	×	0	×	×	×	×	×	×	1	1	0	0	1
0	×	1	×	×	×	×	×	×	1	1	0	1	0
0	0	×	×	×	×	×	×	×	1	1	1	0	1
0	1	×	×	×	×	×	×	×	1	1	1	1	0

```
LIBRARY IEEE;
USE IEEE.STD_LOGIC_1164.ALL;
ENTITY mux_8_1 IS
    PORT(e_n: IN STD_LOGIC;
         d0: IN STD_LOGIC;
         d1: IN STD_LOGIC;
         d2: IN STD_LOGIC;
```

```vhdl
        d3: IN STD_LOGIC;
        d4: IN STD_LOGIC;
        d5: IN STD_LOGIC;
        d6: IN STD_LOGIC;
        d7: IN STD_LOGIC;
        s2: IN STD_LOGIC;
        s1: IN STD_LOGIC;
        s0: IN STD_LOGIC;
        y:  OUT STD_LOGIC;
        y_n:OUT STD_LOGIC);
END ENTITY mux_8_1;
ARCHITECTURE rtl OF mux_8_1 IS
    SIGNAL sel:STD_LOGIC_VECTOR(2 DOWNTO 0);
    SIGNAL tmp:STD_LOGIC;
      BEGIN
        sel<= s2&s1&s0;
        PROCESS(d0,d1,d2,d3,d4,d5,d6,d7,sel) IS
          BEGIN
            CASE (sel) IS
                WHEN "000" => tmp<= d0;
                WHEN "001" => tmp<= d1;
                WHEN "010" => tmp<= d2;
                WHEN "011" => tmp<= d3;
                WHEN "100" => tmp<= d4;
                WHEN "101" => tmp<= d5;
                WHEN "110" => tmp<= d6;
                WHEN "111" => tmp<= d7;
                WHEN OTHERS => tmp<= 'X';
            END CASE;
        END PROCESS;

        PROCESS(tmp,e_n) IS
          BEGIN
            IF e_n = '0' THEN
                y<= tmp;
                y_n<= NOT tmp;
            ELSE
                y<= '0';
                y_n<= '1';
            END IF;
        END PROCESS;
END ARCHITECTURE rtl;
```

8.5 数据比较器

8.5.1 N位无符号数比较器

【例8-11】 逐位比较描述方法。

```vhdl
LIBRARY IEEE;
USE IEEE.STD_LOGIC_1164.ALL;
ENTITY comp IS
   GENERIC (N:INTEGER: = 8);
   PORT( a: IN STD_LOGIC_VECTOR(N-1 DOWNTO 0);
         b: IN STD_LOGIC_VECTOR(N-1 DOWNTO 0);
         gt:OUT STD_LOGIC;
         lt:OUT STD_LOGIC;
         eq:OUT STD_LOGIC);
END ENTITY comp;

ARCHITECTURE rtl OF comp IS
  BEGIN
    PROCESS(a,b) IS
      BEGIN
        FOR i IN N-1 DOWNTO 0 LOOP
          IF a(i)>b(i) THEN
             gt< = '1';
             lt< = '0';
             eq< = '0';
             EXIT;
          ELSIF a(i)<b(i) THEN
             gt< = '0';
             lt< = '1';
             eq< = '0';
             EXIT;
          ELSE
             IF i = 0 THEN
               gt< = '0';
               lt< = '0';
               eq< = '1';
               EXIT;
             ELSE
               NEXT;
             END IF;
```

```
            END IF;
         END LOOP;
      END PROCESS;
END ARCHITECTURE rtl;
```

【例 8 - 12】 整体比较描述方法。

```
LIBRARY IEEE;
USE IEEE.STD_LOGIC_1164.ALL;
ENTITY comp IS
   GENERIC (N:INTEGER: = 8);
   PORT( a: IN STD_LOGIC_VECTOR(N - 1 DOWNTO 0);
         b: IN STD_LOGIC_VECTOR(N - 1 DOWNTO 0);
         gt:OUT STD_LOGIC;
         lt:OUT STD_LOGIC;
         eq:OUT STD_LOGIC);
END ENTITY comp;
ARCHITECTURE rtl OF comp IS
   BEGIN
PROCESS(a,b) IS
   BEGIN
      IF a>b THEN
         gt< = '1';
         lt< = '0';
         eq< = '0';
      ELSIF a<b THEN
         gt< = '0';
         lt< = '1';
         eq< = '0';
      ELSE
         gt< = '0';
         lt< = '0';
         eq< = '1';
      END IF;
END PROCESS;
END ARCHITECTURE rtl;
```

无符号数比较器仿真波形如图 8 - 2 所示。

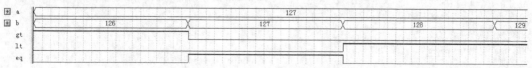

图 8 - 2 无符号数比较器仿真波形图

8.5.2 N位有符号数比较器

【例8-13】 N位有符号数比较器逐位比较描述方法。

```vhdl
LIBRARY IEEE;
USE IEEE.STD_LOGIC_1164.ALL;

ENTITY comp IS
  GENERIC (N:INTEGER: = 8);
  PORT( a: IN STD_LOGIC_VECTOR(N-1 DOWNTO 0);
        b: IN STD_LOGIC_VECTOR(N-1 DOWNTO 0);
        gt:OUT STD_LOGIC;
        lt:OUT STD_LOGIC;
        eq:OUT STD_LOGIC);
END ENTITY comp;

ARCHITECTURE rtl OF comp IS
  BEGIN
    PROCESS(a,b) IS
      BEGIN
        IF a(N-1)>b(N-1) THEN
            gt<='0';
            lt<='1';
            eq<='0';
        ELSIF a(N-1)<b(N-1) THEN
            gt<='1';
            lt<='0';
            eq<='0';
        ELSE
          FOR i IN N-2 DOWNTO 0 LOOP
            IF a(i)>b(i) THEN
                gt<='1';
                lt<='0';
                eq<='0';
                EXIT;
            ELSIF a(i)<b(i) THEN
                gt<='0';
                lt<='1';
                eq<='0';
                EXIT;
            ELSE
              IF i=0 THEN
```

```
                    gt<= '0';
                    lt<= '0';
                    eq<= '1';
                    EXIT;
                ELSE
                    NEXT;
                END IF;
            END IF;
        END LOOP;
    END IF;
    END PROCESS;
END ARCHITECTURE rtl;
```

有符号数仿真波形如图 8-3 所示。

图 8-3　有符号数仿真波形图

8.6　算术运算电路

8.6.1　1 位全加器

1 位全加器真值表见表 8-10。

表 8-10　1 位全加器真值表

输入信号			输出信号	
a	b	c	s	co
0	0	0	0	0
0	0	1	1	0
0	1	0	1	0
0	1	1	0	1
1	0	0	1	0
1	0	1	0	1
1	1	0	0	1
1	1	1	1	1

【例8-14】 1位全加器的最小项描述。

```
LIBRARY IEEE;
USE IEEE.STD_LOGIC_1164.ALL;
ENTITY full_adder IS
  PORT( a:IN STD_LOGIC;
        b:IN STD_LOGIC;
        c:IN STD_LOGIC;
        s:OUT STD_LOGIC;
        co:OUT STD_LOGIC);
END ENTITY full_adder;
ARCHITECTURE rtl OF full_adder IS
SIGNAL a_n,b_n,c_n:STD_LOGIC;
SIGNAL m1,m2,m4,m7:STD_LOGIC;
SIGNAL m3,m5,m6:STD_LOGIC;
  BEGIN
  a_n<= NOT a;
  b_n<= NOT b;
  c_n<= NOT c;
  m1<= a_n AND b_n AND c;
  m2<= a_n AND b   AND c_n;
  m4<= a AND b_n AND c_n;
  m7<= a AND b AND c;
  m3<= a_n AND b AND c;
  m5<= a AND b_n AND c;
  m6<= a AND b   AND c_n;
  s<= m1 OR m2 OR m4 OR m7;
  co<= m3 OR m5 OR m6 OR m7;
END ARCHITECTURE rtl;
```

1位全加器仿真波形如图8-4所示。

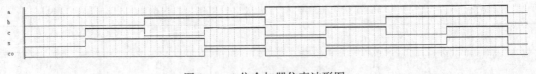

图8-4 1位全加器仿真波形图

8.6.2 超前进位加法器

【例8-15】 4位超前进位加法器的VHDL描述。

进位产生变量G_i、传输变量P_i、和S_i、进位输出C_i的公式为

$$G_i = A_i \cdot B_i, \quad P_i = A_i \oplus B_i, \quad S_i = P_i \oplus C_{i-1}, \quad C_i = G_i + P_i \cdot C_{i-1}$$

```vhdl
LIBRARY IEEE;
USE IEEE.STD_LOGIC_1164.ALL;
ENTITY super_adder IS
    PORT( a: IN STD_LOGIC_VECTOR(3 DOWNTO 0);
          b: IN STD_LOGIC_VECTOR(3 DOWNTO 0);
          ci:IN STD_LOGIC;
          s: OUT STD_LOGIC_VECTOR(3 DOWNTO 0);
          co:OUT STD_LOGIC);
END ENTITY super_adder;

ARCHITECTURE rtl OF super_adder IS
    SIGNAL g0,g1,g2,g3:STD_LOGIC;
    SIGNAL p0,p1,p2,p3:STD_LOGIC;
    SIGNAL c0,c1,c2,c3:STD_LOGIC;
    SIGNAL s0,s1,s2,s3:STD_LOGIC;
    BEGIN
        g0<= a(0) AND b(0);
        g1<= a(1) AND b(1);
        g2<= a(2) AND b(2);
        g3<= a(3) AND b(3);

        p0<= a(0) XOR b(0);
        p1<= a(1) XOR b(1);
        p2<= a(2) XOR b(2);
        p3<= a(3) XOR b(3);

        c0<= g0 OR (p0 AND ci);
        c1<= g1 OR (p1 AND c0);
        c2<= g2 OR (p2 AND c1);
        c3<= g3 OR (p3 AND c2);

        s0<= p0 XOR ci;
        s1<= p1 XOR c0;
        s2<= p2 XOR c1;
        s3<= p3 XOR c2;

        s<= s3 & s2 & s1 & s0;
        co<= c3;
END ARCHITECTURE rtl;
```

4位超前进位加法器仿真波形如图8-5所示。

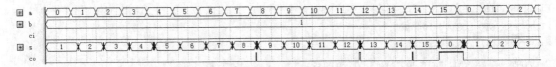

图 8-5　4 位超前进位加法器仿真波形图

8.6.3　算术逻辑单元设计

【例 8-16】　具备加、减、乘、除运算功能的 8 位算术逻辑单元设计。

```
LIBRARY IEEE;
USE IEEE.STD_LOGIC_1164.ALL;
USE IEEE.STD_LOGIC_UNSIGNED.ALL;
USE IEEE.STD_LOGIC_ARITH.ALL;
ENTITY alu IS
  PORT ( a: IN STD_LOGIC_VECTOR(7 DOWNTO 0);
         b: IN STD_LOGIC_VECTOR(7 DOWNTO 0);
         c: OUT STD_LOGIC_VECTOR(8 DOWNTO 0);
         d: OUT STD_LOGIC_VECTOR(8 DOWNTO 0);
         e: OUT STD_LOGIC_VECTOR(15 DOWNTO 0);
         f: OUT STD_LOGIC_VECTOR(8 DOWNTO 0));
END ENTITY alu;
ARCHITECTURE rtl OF alu IS
  SIGNAL t1,t2,t3:INTEGER;
    BEGIN
        t1<= CONV_INTEGER(a);
        t2<= CONV_INTEGER(b);
        c<= '0'&a + b;
        d<= '0'&a - b;
        e<= a * b;
        t3<= t1/t2;
        f<= CONV_STD_LOGIC_VECTOR(t3,9);
END ARCHITECTURE rtl;
```

8 位算术逻辑单元仿真波形如图 8-6 所示。

图 8-6　8 位算术逻辑单元仿真波形图

8.6.4　前零检测电路

【例 8-17】　检测任意 8 位二进制数中第一个 1 前面 0 的个数。

```
LIBRARY IEEE;
USE IEEE.STD_LOGIC_1164.ALL;

ENTITY zero_test IS
  PORT(d_in:IN STD_LOGIC_VECTOR(7 DOWNTO 0);
       zero_cnt:OUT INTEGER RANGE 0 TO 8);
END ENTITY zero_test;

ARCHITECTURE rtl OF zero_test IS
  BEGIN
    PROCESS(d_in) IS
      VARIABLE cnt: INTEGER RANGE 0 TO 8;
        BEGIN
          cnt: = 0;
            FOR i IN d_in'RANGE LOOP
              CASE d_in(i) IS
                WHEN '0' =>
                  cnt: = cnt + 1;
                WHEN OTHERS =>
                  EXIT;
              END CASE;
            END LOOP;
          zero_cnt<= cnt;
      END PROCESS;
END ARCHITECTURE rtl;
```

前零检测仿真波形如图 8-7 所示。

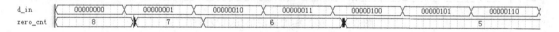

图 8-7 前零检测仿真波形图

8.6.5 移位相加乘法器

【例 8-18】 8 位移位相加乘法器的 VHDL 描述。

```
LIBRARY IEEE;
USE IEEE.STD_LOGIC_1164.ALL;
USE IEEE.STD_LOGIC_UNSIGNED.ALL;

ENTITY mult IS
  PORT(  a: IN STD_LOGIC_VECTOR(7 DOWNTO 0);
       b: IN STD_LOGIC_VECTOR(7 DOWNTO 0);
```

```
          rt:OUT STD_LOGIC_VECTOR(15 DOWNTO 0));
END ENTITY mult;

ARCHITECTURE rtl OF mult IS
  BEGIN
    PROCESS(a,b)
      VARIABLE temp_a,temp_b,temp_3,temp:STD_LOGIC_VECTOR(15 DOWNTO 0);
      VARIABLE temp_1,temp_2:BIT_VECTOR(15 DOWNTO 0);
      BEGIN
        temp_a: = "00000000"&a;
        temp_b: = (OTHERS = >'0');
        FOR i IN 0 TO 7 LOOP
            FOR j IN 15 DOWNTO 0 LOOP
              temp(j): = temp_a(j) AND b(i);
            END LOOP;
            temp_1: = TO_BITVECTOR(temp);
            temp_2: = temp_1 SLL i;
            temp_3: = TO_STDLOGICVECTOR(temp_2);
            temp_b: = temp_3 + temp_b;
        END LOOP;
        rt< = temp_b;
      END PROCESS;
END ARCHITECTURE rtl;
```

移位相加乘法器仿真波形如图 8-8 所示。

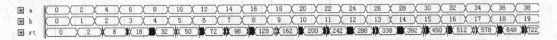

图 8-8 移位相加乘法器仿真波形图

8.1 用 VHDL 描述四输入与非门的逻辑功能。

8.2 设计一个 4 位奇偶校验器,当 4 位数据中有奇数个 1 时输出为 0,否则输出为 1。

8.3 用 CASE 语句设计一个将 8421BCD 码转换成格雷码的码制转换电路。

8.4 用 WITH-SELECT 语句设计 4 位自然二进制码到 one-hot 码的码制转换电路。

8.5 用条件选择信号赋值语句描述 4 线—2 线优先编码器。

8.6 设计 8 位二进制比较器,若 A>B,Y 输出为 1,若 A≤B,Y 输出为 0。

8.7 采用结构描述方式,用 2 个 1 位半加器设计 1 位全加器。

第 9 章 时序逻辑电路 VHDL 设计

时序逻辑电路由组合逻辑电路和存储电路组成。时序逻辑电路的状态与时间因素相关，即时序逻辑电路在任一时刻的状态不仅是当前输入信号的函数，而且是电路以前状态的函数。时序逻辑电路的输出信号由输入信号和电路的状态共同决定。

9.1 时钟信号及复位方式

9.1.1 时钟边沿的描述

时序逻辑电路的一个重要的驱动信号是时钟信号。只有在时钟信号边沿跳变时，时序逻辑电路的状态才发生改变。因此，在 VHDL 中将时钟信号作为时序逻辑电路的执行条件，时序逻辑电路用以时钟信号为敏感信号的进程来描述。

1. 完整的时钟边沿描述

（1）IF 语句描述的时钟边沿。

1）时钟上升沿：

```
IF clock_signal'EVENT AND clock_signal'LAST_VALUE = '0' AND clock_singal = '1' THEN
```

2）时钟下降沿：

```
IF clock_signal'EVENT AND clock_signal'LAST_VALUE = '1' AND clock_singal = '0' THEN
```

（2）WAIT UNTIL 语句描述。

1）时钟上升沿：

```
WAIT UNTIL clock_signal'EVENT AND clock_signal'LAST_VALUE = '0' AND clock_singal = '1';
```

2）时钟下降沿：

```
WAIT UNTIL clock_signal'EVENT AND clock_signal'LAST_VALUE = '1' AND clock_singal = '0';
```

必须注意，WAIT UNTIL 语句必须放在进程的最前或最后，因此在描述异步复位等时序电路时，无法使用 WAIT UNTIL 语句实现，因此推荐使用 IF 语句实现时钟边沿描述。

2. 简化的时钟边沿描述

（1）时钟上升沿：

```
IF clock_signal'EVENT   AND clock_singal = '1' THEN
```

(2) 时钟下降沿：

```
IF clock_signal'EVENT  AND clock_singal = '0' THEN
```

3. 函数描述
(1) 时钟上升沿：

```
IF rising_edge (clock_singal)   THEN
```

(2) 时钟下降沿：

```
IF falling_edge (clock_singal)   THEN
```

9.1.2 时钟进程

因为 IF 语句在 VHDL 中属于顺序描述语句，所以必须在进程或子程序中使用，时序逻辑电路的 VHDL 描述是用进程 PROCESS 来实现的。

1. 时钟进程的语法格式

时钟进程的语法格式如下：

```
PROCESS (clock_signal) IS
  BEGIN
    IF clock_signal'EVENT AND clock_signal = clock_signal_value THEN
         顺序描述语句；
    END IF;
END PROCESS;
```

(1) 当 clock_signal_value='1' 时，为时钟上升沿触发的时序电路进程。
(2) 当 clock_signal_value='0' 时，为时钟下降沿触发的时序电路进程。

2. 时钟进程描述需要注意的问题

(1) 时钟进程中的 IF 语句只能是单分支操作 IF 语句，不能含有 ELSE 项。

【例 9-1】 带有 ELSE 项的时钟边沿的错误描述。

```
PROCESS (clk) IS
  BEGIN
    IF clk'EVENT AND clk = '1'   THEN
         q< = '1';
    ELSE   - -不允许存在
         q< = '0'; - -不允许存在
    END IF;
END PROCESS;
```

(2) 一个时钟进程只能描述一个时钟信号对同一触发器作用。

【例 9-2】 一个进程里包含了 2 个时钟信号的错误描述。

```
PROCESS (clk1,clk2) IS
  BEGIN
    IF clk1'EVENT AND clk1 = '1'  THEN
        q< = d;
    END IF;
    IF clk2'EVENT AND clk2 = '1'  THEN
        q< = not (d);
    END IF;
END PROCESS;
```

9.1.3 复位方式

时序逻辑电路中的存储单元部分，主要由具有记忆功能的触发器构成。触发器的初始状态通过复位操作来确定。根据复位操作与时钟信号是否相关，复位操作的方式分为同步复位方式和异步复位方式。

(1) 同步复位方式：复位信号有效而且在规定的时钟边沿到来时才执行复位操作。
(2) 异步复位方式：只要复位信号有效，就执行复位操作。

从同步复位和异步复位的定义来看，同步复位的执行需要满足两个条件：①复位信号有效；②时钟边沿到来，时钟边沿根据具体电路的规定可以是上升沿或是下降沿。异步复位的执行只需满足一个条件，即复位信号有效。

1. 同步复位的 VHDL 描述

```
IF clock_signal'EVENT AND clock_signal = clock_signal_value THEN
   IF reset_signal = reset_signal_value THEN
       复位状态下的描述语句；
   ELSE
       非复位状态下的描述语句；
   END IF;
END IF;
```

2. 异步复位的 VHDL 描述

```
IF reset_signal = reset_signal_value  THEN
     复位状态下的描述语句；
ELSIF clock_signal'EVENT AND clock_signal = clock_signal_value THEN
     非复位状态下的描述语句；
END IF;
```

9.2 基 本 触 发 器

9.2.1 D 触发器

D 触发器特性表见表 9-1。

表 9-1　　　　　　　　　　　D 触发器的特性表

CP	Q^N	D	Q^{N+1}
↑	0	0	0
↑	0	1	1
↑	1	0	0
↑	1	1	1

【例 9-3】 同步复位 D 触发器的 VHDL 描述。

```vhdl
LIBRARY IEEE;
USE IEEE.STD_LOGIC_1164.ALL;
ENTITY dff_1 IS
  PORT(rst_n: IN STD_LOGIC;
       clk: IN STD_LOGIC;
       d: IN STD_LOGIC;
       q: OUT STD_LOGIC;
       q_n: OUT STD_LOGIC);
END ENTITY dff_1;
ARCHITECTURE rtl OF dff_1 IS
  BEGIN
    PROCESS(rst_n,clk) IS
      BEGIN
        IF clk'EVENT AND clk = '1' THEN
          IF rst_n = '0' THEN
            q <= '0';
            q_n <= '1';
          ELSE
            q <= d;
            q_n <= NOT d;
          END IF;
        END IF;
      END PROCESS;
END ARCHITECTURE rtl;
```

【例 9-4】 异步复位 D 触发器的 VHDL 描述。

```vhdl
LIBRARY IEEE;
USE IEEE.STD_LOGIC_1164.ALL;
ENTITY dff_1 IS
  PORT( rst_n: IN STD_LOGIC;
```

```
clk: IN STD_LOGIC;
d: IN STD_LOGIC;
q:OUT STD_LOGIC;
q_n:OUT STD_LOGIC);
END ENTITY dff_1;
ARCHITECTURE rtl OF dff_1 IS
  BEGIN
    PROCESS(rst_n,clk) IS
      BEGIN
        IF rst_n = '0' THEN
            q<= '0';
            q_n<= '1';
        ELSIF clk'EVENT AND clk = '1' THEN
            q<= d;
            q_n<= NOT d;
        END IF;
    END PROCESS;
END ARCHITECTURE rtl;
```

9.2.2 JK 触发器

JK 触发器的特性表见表 9-2。

表 9-2　　　　　　　　　　JK 触发器的特性表

CP	Q^N	J	K	Q^{N+1}
⌐⌐	0	0	0	0
⌐⌐	0	0	1	0
⌐⌐	0	1	0	1
⌐⌐	0	1	1	1
⌐⌐	1	0	0	1
⌐⌐	1	0	1	0
⌐⌐	1	1	0	1
⌐⌐	1	1	1	0

【例 9-5】 异步复位 JK 触发器的 VHDL 描述。

```
LIBRARY IEEE;
USE IEEE.STD_LOGIC_1164.ALL;

ENTITY jk_ff IS
```

```vhdl
    PORT(rst_n: IN STD_LOGIC;
         clk: IN STD_LOGIC;
         j: IN STD_LOGIC;
         k: IN STD_LOGIC;
         q: OUT STD_LOGIC;
         q_n: OUT STD_LOGIC);
END ENTITY jk_ff;

ARCHITECTURE rtl OF jk_ff IS
  SIGNAL temp: STD_LOGIC;
  SIGNAL jk: STD_LOGIC_VECTOR(1 DOWNTO 0);
  BEGIN
    jk<= j&k;
    PROCESS(rst_n,clk) IS
      BEGIN
        IF rst_n = '0' THEN
          temp<= '0';
        ELSIF clk'EVENT AND clk = '1' THEN
          CASE jk IS
            WHEN "00" => temp<= temp;
            WHEN "01" => temp<= '0';
            WHEN "10" => temp<= '1';
            WHEN "11" => temp<= not temp;
            WHEN OTHERS => temp<= '0';
          END CASE;
        END IF;
    END PROCESS;
    q<= temp;
    q_n<= NOT temp;
END ARCHITECTURE rtl;
```

9.2.3 T触发器

T触发器特性表见表9-3。

表9-3　　　　　　　　　　　　T触发器特性表

CP	Q^N	T	Q^{N+1}
⏫	0	0	0
⏫	0	1	1
⏫	1	0	1
⏫	1	1	0

【例 9-6】 异步复位 T 触发器的 VHDL 描述。

```vhdl
LIBRARY IEEE;
USE IEEE.STD_LOGIC_1164.ALL;

ENTITY t_ff IS
   PORT( rst_n: IN STD_LOGIC;
         clk: IN STD_LOGIC;
         t: IN STD_LOGIC;
         q:OUT STD_LOGIC;
         q_n:OUT STD_LOGIC);
END ENTITY t_ff;

ARCHITECTURE rtl OF t_ff IS
   SIGNAL temp:STD_LOGIC;
   BEGIN
      PROCESS(rst_n,clk) IS
         BEGIN
            IF rst_n = '0' THEN
               temp< = '0';
            ELSIF clk'EVENT AND clk = '1' THEN
               CASE t IS
                  WHEN '0' => temp< = temp;
                  WHEN '1' => temp< = not temp;
                  WHEN OTHERS => temp< = '0';
               END CASE;
            END IF;
      END PROCESS;
      q< = temp;
      q_n< = not temp;
END ARCHITECTURE rtl;
```

9.2.4 T′触发器

T′触发器特性表见表 9-4。

表 9-4　　　　　　　　　　T′触发器特性表

CP	Q^N	Q^{N+1}
⎍	0	1
⎍	1	0

【例 9-7】 异步复位 T′触发器的 VHDL 描述。

```vhdl
LIBRARY IEEE;
USE IEEE.STD_LOGIC_1164.ALL;

ENTITY tt_ff IS
  PORT( rst_n: IN STD_LOGIC;
        clk: IN STD_LOGIC;
        q:OUT STD_LOGIC;
        q_n:OUT STD_LOGIC);
END ENTITY tt_ff;

ARCHITECTURE rtl OF tt_ff IS
  SIGNAL temp:STD_LOGIC;
  BEGIN
    PROCESS(rst_n,clk) IS
      BEGIN
        IF rst_n = '0' THEN
          temp< = '0';
        ELSIF clk'EVENT AND clk = '1' THEN
          temp< = NOT temp;
        END IF;
      END PROCESS;
    q< = temp;
    q_n< = NOT temp;
END ARCHITECTURE rtl;
```

9.3 寄 存 器

寄存器是数字系统中用来存储二进制数据的逻辑部件。寄存器可以看作是若干触发器构成的一组触发器。1个触发器可存储 1 位二进制数据，N 个触发器可以存储 N 位二进制数据。

9.3.1 数据寄存器

【例 9-8】 带使能端的 8 位数据寄存器的 VHDL 描述。

```vhdl
LIBRARY IEEE;
USE IEEE.STD_LOGIC_1164.ALL;
ENTITY data_reg IS
  GENERIC (N:INTEGER: = 8);
  PORT( rst_n: IN STD_LOGIC;
        clk: IN STD_LOGIC;
        en:IN STD_LOGIC;
        d: IN STD_LOGIC_VECTOR(N-1 DOWNTO 0);
        q: OUT STD_LOGIC_VECTOR(N-1 DOWNTO 0));
```

```
END ENTITY data_reg;
ARCHITECTURE rtl OF data_reg IS
SIGNAL temp: STD_LOGIC_VECTOR(N - 1 DOWNTO 0);
  BEGIN
    PROCESS(rst_n,clk) IS
      BEGIN
        IF rst_n = '0' THEN
            temp<= (OTHERS =>'0');
          ELSIF clk'EVENT AND clk = '1' THEN
            temp<= d;
          END IF;
      END PROCESS;

    PROCESS(en,temp) IS
      BEGIN
        IF en = '1' THEN
          q<= temp;
        ELSE
          q<= (OTHERS =>'Z');
        END IF;
      END PROCESS;
END ARCHITECTURE rtl;
```

9.3.2 移位寄存器

1. 单向移位寄存器

【例 9-9】 8 位左移移位寄存器的 VHDL 描述。

```
LIBRARY IEEE;
USE IEEE.STD_LOGIC_1164.ALL;
ENTITY left_shift IS
  GENERIC (N:INTEGER: = 8);
  PORT (rst_n: IN STD_LOGIC;
       clk: IN STD_LOGIC;
       din:IN STD_LOGIC;
       dout:OUT STD_LOGIC);
END ENTITY left_shift;

ARCHITECTURE rtl OF left_shift IS
  SIGNAL temp:STD_LOGIC_VECTOR(N - 1 DOWNTO 0);
  BEGIN
  PROCESS(rst_n,clk) IS
      BEGIN
```

```vhdl
        IF rst_n = '0' THEN
            temp<= (OTHERS =>'0');
        ELSIF clk'EVENT AND clk = '1' THEN
            temp(0)<= din;
            FOR i IN 0 TO N-2 LOOP
                temp(i+1)<= temp(i);
            END LOOP;
            dout<= temp(N-1);
        END IF;
    END PROCESS;
END ARCHITECTURE rtl;
```

【例 9-10】 8 位右移移位寄存器的 VHDL 描述。

```vhdl
LIBRARY IEEE;
USE IEEE.STD_LOGIC_1164.ALL;
ENTITY right_shift IS
    GENERIC (N:INTEGER:= 8);
    PORT (rst_n: IN STD_LOGIC;
        clk: IN STD_LOGIC;
        din: IN STD_LOGIC;
        dout:OUT STD_LOGIC);
END ENTITY right_shift;

ARCHITECTURE rtl OF right_shift IS
    SIGNAL temp:STD_LOGIC_VECTOR(N-1 DOWNTO 0);
    BEGIN
        PROCESS(rst_n,clk) IS
        BEGIN
            IF rst_n = '0' THEN
                temp<= (OTHERS =>'0');
            ELSIF clk'EVENT AND clk = '1' THEN
                temp(N-1)<= din;
                FOR i IN 0 TO N-2 LOOP
                    temp(i)<= temp(i+1);
                END LOOP;
                dout<= temp(0);
            END IF;
        END PROCESS;
END ARCHITECTURE rtl;
```

2. 双向移位寄存器

【例 9-11】 8 位双向移位寄存器的 VHDL 描述。

```vhdl
LIBRARY IEEE;
USE IEEE.STD_LOGIC_1164.ALL;
ENTITY bidir_shift IS
    GENERIC (N:INTEGER: = 8);
    PORT (rst_n: IN STD_LOGIC;
        clk: IN STD_LOGIC;
        dir_sel:IN STD_LOGIC;
        din:IN STD_LOGIC;
        dout:OUT STD_LOGIC);
END ENTITY bidir_shift;

ARCHITECTURE rtl OF bidir_shift IS
    SIGNAL temp:STD_LOGIC_VECTOR(N - 1 DOWNTO 0);
    BEGIN
        PROCESS(rst_n,clk) IS
            BEGIN
            IF rst_n = '0' THEN
                    temp< = (OTHERS = >'0');
                ELSIF clk'EVENT AND clk = '1' THEN
                    CASE dir_sel IS
                        WHEN '0' = >   - - left shift
                            temp(0)< = din;
                            FOR i IN 0 TO N - 2 LOOP
                            temp(i + 1)< = temp(i);
                            END LOOP;
                            dout< = temp(N - 1);
                        WHEN '1' = > - - right shift
                            temp(N - 1)< = din;
                            FOR i IN 0 TO N - 2 LOOP
                            temp(i)< = temp(i + 1);
                            END LOOP;
                            dout< = temp(0);
                        WHEN OTHERS = >
                            temp< = temp;
                    END CASE;
            END IF;
        END PROCESS;
END ARCHITECTURE rtl;
```

3. 循环移位寄存器

【例 9 - 12】 8 位循环移位寄存器的 VHDL 描述。

```vhdl
LIBRARY IEEE;
USE IEEE.STD_LOGIC_1164.ALL;
USE IEEE.STD_LOGIC_UNSIGNED.ALL;
ENTITY roll_shift IS
  PORT(rst_n: IN STD_LOGIC;
       clk: IN STD_LOGIC;
       din: IN STD_LOGIC_VECTOR(7 DOWNTO 0);
       s_c: IN STD_LOGIC_VECTOR(2 DOWNTO 0);
       ls: IN STD_LOGIC;
       dout: OUT STD_LOGIC_VECTOR(7 DOWNTO 0));
END ENTITY roll_shift;

ARCHITECTURE rtl OF roll_shift IS
  SIGNAL cnt: INTEGER RANGE 0 TO 7;
  SIGNAL tmp: STD_LOGIC_VECTOR(7 DOWNTO 0);

  BEGIN

    cnt<= CONV_INTEGER(s_c);

    PROCESS(rst_n,clk,ls,din) IS
      BEGIN
        IF rst_n = '0' THEN
          tmp<= (OTHERS =>'0');
        ELSIF ls = '1' THEN
          tmp<= din;
        ELSIF clk'EVENT AND clk = '1' THEN
          FOR i IN tmp'RANGE LOOP
            IF (cnt + i<= tmp'LEFT) THEN
              dout(cnt + i)<= tmp(i);
            ELSE
              dout(cnt + i - tmp'LEFT - 1)<= tmp(i);
            END IF;
          END LOOP;
        END IF;
      END PROCESS;
    END ARCHITECTURE rtl;
```

4. 串并转换移位寄存器

【例9-13】 带预置端的串行输入、并行输出的8位移位寄存器的VHDL描述。

```vhdl
LIBRARY IEEE;
USE IEEE.STD_LOGIC_1164.ALL;
```

```vhdl
ENTITY p_shift IS
   GENERIC (N: INTEGER: = 8);
   PORT( rst_n: IN STD_LOGIC;
         set: IN STD_LOGIC;
         dir_sel: IN STD_LOGIC;
         clk: IN STD_LOGIC;
         din_s: IN STD_LOGIC;
         din_p: IN STD_LOGIC_VECTOR(N-1 DOWNTO 0);
         dout_p: OUT STD_LOGIC_VECTOR(N-1 DOWNTO 0);
         dout_s:OUT STD_LOGIC);
END ENTITY p_shift;

ARCHITECTURE rtl OF p_shift IS
   SIGNAL temp: STD_LOGIC_VECTOR(N-1  DOWNTO 0);
   BEGIN
     PROCESS(rst_n,set,clk) IS
        BEGIN
          IF rst_n = '0' THEN
             temp<= (OTHERS =>'0');
          ELSIF set = '1' THEN
             temp<= din_p;
          ELSIF clk'EVENT AND clk = '1' THEN
            CASE dir_sel IS
              WHEN '0' =>   --left shift
                temp(0)<= din_s;
                FOR i IN 0 TO N-2 LOOP
                temp(i+1)<= temp(i);
                END LOOP;
                dout_s<= temp(N-1);
              WHEN '1' =>--right shift
                temp(N-1)<= din_s;
                FOR i IN 0 TO N-2 LOOP
                temp(i)<= temp(i+1);
                END LOOP;
                dout_s<= temp(0);
              WHEN OTHERS =>
                temp<= temp;
              END CASE;
          END IF;
     END PROCESS;
     dout_p<= temp;
END ARCHITECTURE rtl;
```

9.4 计 数 器

计数器是一种比较常用的时序逻辑电路，不仅可以实现对脉冲进行计数，而且可以用于分频、定时产生节拍脉冲以及其他时序信号。计数器按照不同的标准有多种分类方法：

(1) 按触发器是否由同一时钟源驱动可以分为同步计数器和异步计数器；
(2) 按计数值的增减可以分为加计数器、减计数器和可逆计数器；
(3) 按编码分类可以分为二进制计数器、BCD 码计数器和循环码计数器等；
(4) 按不同的进制进行划分可以划分为 N 进制计数器（N 为正整数）。

9.4.1 同步计数器

同步计数器是指计数器中所有的触发器由同一个时钟源驱动。

【例 9-14】 4 位同步计数器的 VHDL 描述。

```vhdl
LIBRARY IEEE;
USE IEEE.STD_LOGIC_1164.ALL;
ENTITY syn_cnt IS
  PORT( rst_n: IN STD_LOGIC;
        en: IN STD_LOGIC;
        clk: IN STD_LOGIC;
        dout: OUT STD_LOGIC_VECTOR(3 DOWNTO 0));
END ENTITY syn_cnt;

ARCHITECTURE rtl OF syn_cnt IS
  SIGNAL q0,q1,q2,q3:STD_LOGIC;
    BEGIN
      PROCESS(rst_n,clk) IS
        BEGIN
          IF rst_n = '0' THEN
              q0<= '0';
              q1<= '0';
              q2<= '0';
              q3<= '0';
          ELSIF clk'EVENT AND clk = '1' THEN
              q0<= en XOR q0;
              q1<= (en AND q0) XOR q1;
              q2<= (en AND q0 AND q1) XOR q2;
              q3<= (en AND q0 AND q1 AND q2) XOR q3;
          END IF;
      END PROCESS;
      dout<= q3&q2&q1&q0;
END ARCHITECTURE rtl;
```

[例9-14] 4位同步计数器仿真波形如图9-1所示。

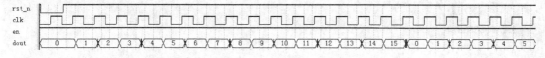

图9-1　[例9-14]仿真波形图

9.4.2 异步计数器

异步计数器是指计数器中的触发器由不同的时钟源驱动。

【例9-15】 4位异步计数器的VHDL描述。

```
LIBRARY IEEE;
USE IEEE.STD_LOGIC_1164.ALL;

ENTITY asyn_cnt IS
   PORT( rst_n: IN STD_LOGIC;
         en: IN STD_LOGIC;
         clk: IN STD_LOGIC;
         dout:OUT STD_LOGIC_VECTOR(3 DOWNTO 0));
END ENTITY asyn_cnt;

ARCHITECTURE rtl OF asyn_cnt IS
   SIGNAL q0,q1,q2,q3:STD_LOGIC;
   BEGIN
      PROCESS(rst_n,clk) IS
         BEGIN
            IF rst_n = '0' THEN
               q0 < = '0';
            ELSIF clk'EVENT AND Clk = '1' THEN
               IF en = '1' THEN
                  q0 < = NOT q0;
               ELSE
                  q0 < = q0;
               END IF;
            END IF;
      END PROCESS;

      PROCESS(rst_n,q0) IS
         BEGIN
            IF rst_n = '0' THEN
               q1 < = '0';
            ELSIF q0'EVENT AND q0 = '0' THEN
```

```
              q1<= NOT q1;
           END IF;
   END PROCESS;

   PROCESS(rst_n,q1) IS
     BEGIN
       IF rst_n = '0' THEN
              q2<= '0';
         ELSIF q1'EVENT AND q1 = '0' THEN
              q2<= NOT q2;
         END IF;
   END PROCESS;

   PROCESS(rst_n,q2) IS
     BEGIN
       IF rst_n = '0' THEN
              q3<= '0';
         ELSIF q2'EVENT AND q2 = '0' THEN
              q3<= NOT q3;
         END IF;
   END PROCESS;

      dout<= q3&q2&q1&q0;
END ARCHITECTURE rtl;
```

[例 9 - 15] 4 位异步计数器仿真波形如图 9 - 2 所示。

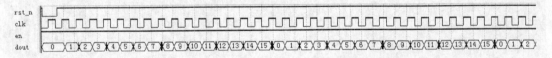

图 9 - 2 4 位异步计数器仿真波形图

9.4.3 加计数器

【例 9 - 16】 4 位同步加计数器的 VHDL 描述。

```
LIBRARY IEEE;
USE IEEE.STD_LOGIC_1164.ALL;
USE IEEE.STD_LOGIC_UNSIGNED.ALL;
ENTITY counter_incr IS
  PORT( rst_n: IN STD_LOGIC;
        clk: IN STD_LOGIC;
        dout:OUT STD_LOGIC_VECTOR(3 DOWNTO 0));
```

END ENTITY counter_incr;

ARCHITECTURE rtl OF counter_incr IS
  SIGNAL temp: STD_LOGIC_VECTOR(3 DOWNTO 0);
  BEGIN
    PROCESS(clk,rst_n) IS
      BEGIN
        IF rst_n = '0' THEN
          temp<= (OTHERS =>'0');
        ELSIF clk'EVENT AND clk = '1' THEN
          temp<= temp + '1';
        END IF;
    END PROCESS;
    dout<= temp;
END ARCHITECTURE rtl;
```

[例 9-16] 4 位同步加计数器仿真波形如图 9-3 所示。

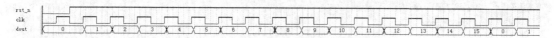

图 9-3　4 位同步加计数器仿真波形图

### 9.4.4　减计数器

【例 9-17】　4 位同步减计数器的 VHDL 描述。

```
LIBRARY IEEE;
USE IEEE.STD_LOGIC_1164.ALL;
USE IEEE.STD_LOGIC_UNSIGNED.ALL;
ENTITY counter_decr IS
  PORT(rst_n: IN STD_LOGIC;
        clk: IN STD_LOGIC;
        dout:OUT STD_LOGIC_VECTOR(3 DOWNTO 0));
END ENTITY counter_decr;

ARCHITECTURE rtl OF counter_decr IS
  SIGNAL temp: STD_LOGIC_VECTOR(3 DOWNTO 0);
    BEGIN
      PROCESS(clk,rst_n) IS
        BEGIN
          IF rst_n = '0' THEN
            temp<= (OTHERS =>'0');
          ELSIF clk'EVENT AND clk = '1' THEN

```
                    temp<= temp - '1';
                END IF;
        END PROCESS;
        dout<= temp;
END ARCHITECTURE rtl;
```

[例9-17] 4位同步减计数器仿真波形如图9-4所示。

图9-4 4位同步减计数器仿真波形图

【例9-18】 4位异步减计数器的VHDL描述。

```
LIBRARY IEEE;
USE IEEE.STD_LOGIC_1164.ALL;
ENTITY asyn_cnt IS
  PORT( rst_n: IN STD_LOGIC;
        en: IN STD_LOGIC;
        clk: IN STD_LOGIC;
        dout:OUT STD_LOGIC_VECTOR(3 DOWNTO 0));
END ENTITY asyn_cnt;

ARCHITECTURE rtl OF asyn_cnt IS
  SIGNAL q0,q1,q2,q3:STD_LOGIC;
    BEGIN
      PROCESS(rst_n,clk) IS
        BEGIN
          IF rst_n = '0' THEN
              q0<= '0';
          ELSIF clk'EVENT AND clk = '1' THEN
            IF en = '1' THEN
                q0<= NOT q0;
            ELSE
                q0<= q0;
            END IF;
          END IF;
      END PROCESS;

      PROCESS(rst_n,q0) IS
        BEGIN
          IF rst_n = '0' THEN
              q1<= '0';
```

```
            ELSIF q0'EVENT AND q0 = '1' THEN
                q1<= NOT q1;
            END IF;
        END PROCESS;

        PROCESS(rst_n,q1) IS
          BEGIN
            IF rst_n = '0' THEN
                q2<= '0';
            ELSIF q1'EVENT AND q1 = '1' THEN
                q2<= NOT q2;
            END IF;
        END PROCESS;

        PROCESS(rst_n,q2) IS
          BEGIN
            IF rst_n = '0' THEN
                q3<= '0';
            ELSIF q2'EVENT AND q2 = '1' THEN
                q3<= NOT q3;
            END IF;
        END PROCESS;
            dout<= q3&q2&q1&q0;
END ARCHITECTURE rtl;
```

[例 9-18] 4 位异步减计数器仿真波形如图 9-5 所示。

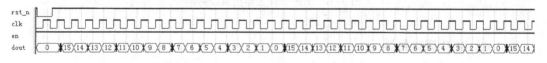

图 9-5 4 位异步减计数器仿真波形图

9.4.5 N 进制计数器

【例 9-19】 10 进制异步复位加计数器的 VHDL 描述。

```
LIBRARY IEEE;
USE IEEE.STD_LOGIC_1164.ALL;

ENTITY counter_N IS
  GENERIC (N: INTEGER:= 10);
    PORT (rst_n: IN STD_LOGIC;
        clk: IN STD_LOGIC;
```

```
          dout:OUT INTEGER RANGE 0 TO N-1);
END ENTITY counter_N;

ARCHITECTURE rtl OF counter_N IS

  BEGIN
    PROCESS(rst_n,clk) IS
      VARIABLE temp: INTEGER RANGE 0 TO N-1;
      BEGIN
        IF rst_n = '0' THEN
            temp: = 0;
        ELSIF clk'EVENT AND clk = '1' THEN
          IF temp = N-1 THEN
              temp: = 0;
          ELSE
              temp: = temp + 1;
          END IF;
        END IF;
      dout< = temp;
    END PROCESS;
END ARCHITECTURE rtl;
```

[例 9-19] 十进制计数器仿真波形图如图 9-6 所示。

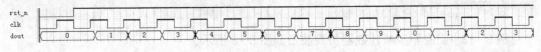

图 9-6 十进制计数器仿真波形图

9.4.6 BCD 码计数器

BCD 码计数器主要用来数码管显示数值，如交通信号灯显示等待时间、仪器显示测量数值等。

【例 9-20】 六十进制 BCD 码计数器的 VHDL 描述。

```
LIBRARY IEEE;
USE IEEE. STD_LOGIC_1164. ALL;
USE IEEE. STD_LOGIC_UNSIGNED. ALL;

ENTITY counter_60_BCD IS
  PORT( rst_n: IN STD_LOGIC;
        clk: IN STD_LOGIC;
        dout_1:OUT STD_LOGIC_VECTOR(3 DOWNTO 0);
        dout_10:OUT STD_LOGIC_VECTOR(3 DOWNTO 0));
```

```vhdl
END ENTITY counter_60_BCD;

ARCHITECTURE rtl OF counter_60_BCD IS
    SIGNAL temp1:STD_LOGIC_VECTOR(3 DOWNTO 0);
    SIGNAL temp2:STD_LOGIC_VECTOR(3 DOWNTO 0);
    SIGNAL cnt10_en:STD_LOGIC;
    BEGIN
    PROCESS( rst_n,clk) IS
      BEGIN
        IF rst_n = '0' THEN
            temp1<= "0000";
            cnt10_en<= '0';
        ELSIF clk'EVENT AND clk = '1' THEN
          IF temp1 = "1001" THEN
              temp1<= "0000";
              cnt10_en<= '0';
          ELSE
              temp1<= temp1 + '1';
              IF temp1 = "1000" THEN
                cnt10_en<= '1';
              ELSE
                cnt10_en<= '0';
              END IF;
          END IF;
        END IF;
    END PROCESS;

    PROCESS( rst_n,clk) IS
      BEGIN
        IF rst_n = '0' THEN
            temp2<= "0000";
        ELSIF clk'EVENT AND clk = '1' THEN
          IF cnt10_en = '1' THEN
            IF temp1 = "1001" AND temp2 = "0101" THEN
                temp2<= "0000";
            ELSE
                temp2<= temp2 + '1';
            END IF;
          ELSE
            temp2<= temp2;
          END IF;
        END IF;
    END PROCESS;
```

```
  dout_1 <= temp1;
  dout_10 <= temp2;
END ARCHITECTURE rtl;
```

[例9-20] 六十进制 BCD 码计数器仿真波形如图 9-7 所示。

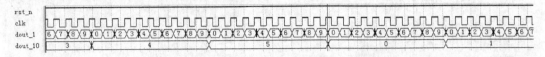

图 9-7 六十进制 BCD 码计数器仿真波形图

9.5 分 频 器

分频器是指能够由基准高频时钟信号产生低频时钟信号的电路。根据应用场合的不同，分频器产生的时钟信号的占空比也不相同，比较常见的占空比为 50% 的时钟信号。

根据分频的数值特点可以分为整数分频和小数分频两类。整数分频又可分为偶数分频和奇数分频。小数分频又可分为半整数分频和任意小数分频。

9.5.1 整数分频

1. 偶数分频

【例 9-21】 占空比为 50% 的 10 分频电路的 VHDL 描述。

```
LIBRARY IEEE;
USE IEEE.STD_LOGIC_1164.ALL;
ENTITY fre_div_even IS
  GENERIC (N:INTEGER: = 10);
  PORT(rst_n: IN STD_LOGIC;
       clk: IN STD_LOGIC;
       clk_o:OUT STD_LOGIC);
END ENTITY fre_div_even;

ARCHITECTURE rtl OF fre_div_even IS

  BEGIN
    PROCESS(rst_n,clk) IS
      VARIABLE temp: INTEGER RANGE 0 TO N-1;
      BEGIN
        IF rst_n = '0' THEN
            temp: = 0;
        ELSIF clk'EVENT AND clk = '1' THEN
            IF temp = N-1 THEN
```

```
                    temp: = 0;
                ELSE
                    temp: = temp + 1;
                END IF;

                IF temp<N/2 THEN
                    clk_o< = '0';
                ELSE
                    clk_o< = '1';
                END IF;
            END IF;
        END PROCESS;
END ARCHITECTURE rtl;
```

[例 9-21] 10 分频电路仿真波形如图 9-8 所示。

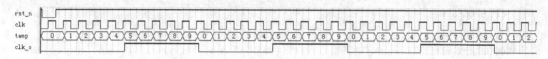

图 9-8　10 分频电路仿真波形图

2. 奇数分频

奇数分频的原理为：如果为占空比小的两个信号，需要进行"或"操作；如果为占空比大的两个信号，需要进行"与"操作。

【例 9-22】　9 分频电路的 VHDL 描述。

```
LIBRARY IEEE;
USE IEEE.STD_LOGIC_1164.ALL;

ENTITY fre_div_odd IS
    GENERIC(N: INTEGER : = 9);
    PORT(rst_n: IN STD_LOGIC;
         clk: IN STD_LOGIC;
         clk_o:OUT STD_LOGIC);
END ENTITY fre_div_odd;

ARCHITECTURE rtl OF fre_div_odd IS
    SIGNAL clk_r:STD_LOGIC;
    SIGNAL clk_f:STD_LOGIC;
    BEGIN
        PROCESS(rst_n,clk) IS
            VARIABLE temp1:INTEGER RANGE 0 TO N-1;
            BEGIN
```

```vhdl
            IF rst_n = '0' THEN
                temp1 := 0;
            ELSIF clk'EVENT AND clk = '1' THEN
                IF temp1 = N - 1 THEN
                    temp1 := 0;
                ELSE
                    temp1 := temp1 + 1;
                END IF;

                IF temp1 < (N - 1)/2 THEN
                    clk_r <= '0';
                ELSE
                    clk_r <= '1';
                END IF;
            END IF;
        END PROCESS;

    PROCESS(rst_n,clk) IS
        VARIABLE temp2：INTEGER RANGE 0 TO N - 1;
        BEGIN
            IF rst_n = '0' THEN
                temp2 := 0;
            ELSIF clk'EVENT AND clk = '0' THEN
                IF temp2 = N - 1 THEN
                    temp2 := 0;
                ELSE
                    temp2 := temp2 + 1;
                END IF;

                IF temp2 < (N - 1)/2 THEN
                    clk_f <= '0';
                ELSE
                    clk_f <= '1';
                END IF;
            END IF;
        END PROCESS;

    clk_o <= clk_r AND clk_f;

END ARCHITECTURE rtl;
```

[例9-22] 9分频电路仿真波形如图9-9所示。

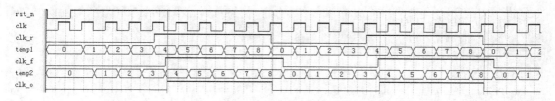

图 9-9 9 分频电路仿真波形图

9.5.2 小数分频

小数分频可以划分为 $N+0.5$ 分频和任意小数分频两类。小数分频的基本原理是脉冲吞吐计数法。

1. $N+0.5$ 分频

【例 9-23】 9.5 分频电路的 VHDL 描述。

```
LIBRARY IEEE;
USE IEEE.STD_LOGIC_1164.ALL;

ENTITY fre_div_fraction IS
   GENERIC (N:INTEGER: = 10);
   PORT (rst_n: IN STD_LOGIC;
         clk_in: IN STD_LOGIC;
         clk_o:OUT STD_LOGIC);
END ENTITY fre_div_fraction;

ARCHITECTURE rtl OF fre_div_fraction IS
   SIGNAL clk: STD_LOGIC;
   SIGNAL clk_t: STD_LOGIC;
   SIGNAL clk_t_2:STD_LOGIC;
   BEGIN
      clk< = clk_in XOR clk_t_2;
      PROCESS(rst_n,clk) IS
         VARIABLE temp: INTEGER RANGE 0 TO N-1;
      BEGIN
         IF rst_n = '0' THEN
            temp: = 0;
            clk_t< = '0';
         ELSIF clk'EVENT AND clk = '1' THEN
            IF temp = N-1 THEN
               temp: = 0;
               clk_t< = '1';
            ELSE
               temp: = temp + 1;
```

```
            clk_t <= '0';
          END IF;
        END IF;
    END PROCESS;


    PROCESS(clk_t) IS
      BEGIN
        IF clk_t'EVENT AND clk_t = '1' THEN
          clk_t_2 <= NOT clk_t_2;
        END IF;
      END PROCESS;

    clk_o <= clk_t;
END ARCHITECTURE rtl;
```

[例 9-23] 9.5 分频电路仿真波形如图 9-10 所示。

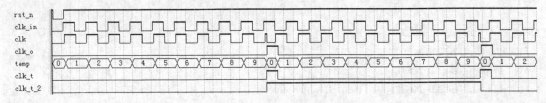

图 9-10 9.5 分频电路仿真波形图

2. 任意小数分频

先设计出两个不同分频比的整数分频器，然后通过控制两种分频比出现的不同次数来得到所需要的小数分频值，实现平均意义上的小数分频。

分频比可以表示为 $N=M/P$，其中 N 表示分频比，M 表示分频器输入的脉冲数，P 表示分频器输出的脉冲数。当 N 为小数分频比时，分频比表达式可以表示为 $N=K+10^{-n}X$，其中 K，n 和 X 都是正整数，n 表示小数的位数。由两个表达式可以得到 $M=(K+10^{-n}X)P$，令 $P=10^n$，则 $M=10^nK+X$，表示在进行 10^nK 分频时多输入 X 个脉冲。

若实现 2.7 分频，则 $N=2.7$，$K=2$，$n=1$，$X=7$，$M=27$，$P=10$。设两种整数分频比分别为 A 分频和 B 分频，其对应出现的次数分别为 a 和 b，则 $a+b=10$。下面讨论可以实现 2.7 分频的几种组合。

(1) $a=1$，$b=9$；$A=9$，$B=2$。即做 1 次 9 分频，做 9 次 2 分频。$M=1×9+9×2=27$。
(2) $a=2$，$b=8$；A，B 无解。
(3) $a=3$，$b=7$；$A=2$，$B=3$。即做 3 次 2 分频，做 7 次 3 分频。$M=3×2+7×3=27$。
(4) $a=4$，$b=6$；A，B 无解。
(5) $a=b=5$；A，B 无解。

9.6 存 储 器

用 VHDL 可以描述存储器,但在实际应用中一般不采用该方法。常用的方法是采用 PLD 内部自带的嵌入式存储器,通过 EDA 工具选择存储器的工作方式和容量。

【例 9-24】 存储容量为 8×16bit 的 RAM 的 VHDL 描述。

```
LIBRARY IEEE;
USE IEEE.STD_LOGIC_1164.ALL;
USE IEEE.STD_LOGIC_UNSIGNED.ALL;
ENTITY ram IS
   GENERIC(N: INTEGER: = 3;
           W: INTEGER: = 16);
   PORT( rst_n: IN STD_LOGIC;
         clk: IN STD_LOGIC;
         wr_rd:IN STD_LOGIC;
         adr:IN STD_LOGIC_VECTOR(N-1 DOWNTO 0);
         din:IN STD_LOGIC_VECTOR(W-1 DOWNTO 0);
         dout:OUT STD_LOGIC_VECTOR(W-1 DOWNTO 0));
END ENTITY ram;

ARCHITECTURE rtl OF ram IS
   SUBTYPE word IS STD_LOGIC_VECTOR(W-1 DOWNTO 0);
   TYPE mem_t IS ARRAY (0 TO 2**N-1) OF word;
   SIGNAL mem:mem_t;
   SIGNAL adr_int: INTEGER RANGE 0 TO 2**N-1;
BEGIN
   adr_int<= CONV_INTEGER(adr);
      PROCESS(rst_n,clk) IS
        BEGIN
           IF rst_n = '0' THEN
              FOR i IN 0 TO 2**N-1 LOOP
                 mem(i)<= (OTHERS =>'0');
              END LOOP;
           ELSIF clk'EVENT AND clk = '1' THEN
             CASE wr_rd IS
                WHEN '1' => --write operation
                  mem(adr_int)<= din;
                  dout<= (OTHERS =>'Z');
                WHEN '0' => --read operation
                  mem<= mem;
                  dout<= mem(adr_int);
```

```
                WHEN OTHERS =>
                    mem<=mem;
                    dout<=(OTHERS=>'Z');
                END CASE;
            END IF;
        END PROCESS;
END ARCHITECTURE rtl;
```

[例 9-24] RAM 仿真波形如图 9-11 所示。

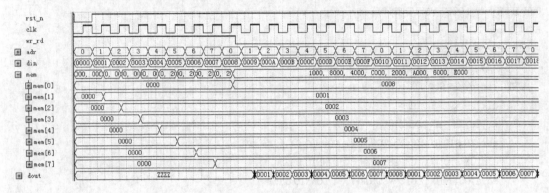

图 9-11 RAM 仿真波形图

9.7 有限状态机

时序电路是状态依赖的,所以又称为状态机。由有限数量的存储单元构成的状态机,其状态的数量也是有限的,称为有限状态机(FSM)。

有限状态机根据输出信号是否受输入信号的影响可以分为 mealy 型和 moor 型两大类。其中 mealy 输出信号受输入信号影响,moor 型输出信号只决定于各触发器的状态,不受电路当前输入信号的影响或没有输入信号。

VHDL 有特定语法可以进行有限状态机的设计,主要方法有两大类:用枚举类型定义状态机和用常数定义状态机。

9.7.1 枚举类型状态机

枚举类型状态机的定义语法格式:

```
TYPE 状态机名称 IS ( s1,s2,……,sn);  --定义具有 n 个状态的状态机
SIGNAL   状态信号 1{,状态信号 2,…….}:状态机名称;--定义状态机信号
```

例如:

```
TYPE   state_t IS (s0,s1,s2,s3,s4,s5);--定义含有 6 个状态的状态机
SIGNAL state,next_state: state_t;--定义状态机 state_t 的两个信号
```

采用枚举类型状态机进行设计时,代码中体现不出状态机的编码方式,一般 EDA 工具会有相应的设置选项,可以选择编码方式。

【例 9 - 25】 采用枚举类型状态机设计占空比为 50% 的分频器。

```
LIBRARY IEEE;
USE IEEE.STD_LOGIC_1164.ALL;
ENTITY state_m1 IS
   PORT(clk: IN STD_LOGIC;
        clk_o:OUT STD_LOGIC);
END ENTITY state_m1;

ARCHITECTURE rtl OF state_m1 IS
    TYPE state_t IS( s0,s1,s2,s3,s4,s5);
    SIGNAL state,next_state:state_t: = s0;

  BEGIN
    PROCESS(clk) IS
       BEGIN
         IF clk'EVENT AND clk = '1' THEN
           state< = next_state;
         END IF;
      END PROCESS;

    PROCESS(state) IS
       BEGIN
         CASE state IS
             WHEN s0  = > next_state< = s1;
             WHEN s1  = > next_state< = s2;
             WHEN s2  = > next_state< = s3;
             WHEN s3  = > next_state< = s4;
             WHEN s4  = > next_state< = s5;
             WHEN s5  = > next_state< = s0;
             WHEN OTHERS = >next_state< = s0;
           END CASE;
    END PROCESS;

    PROCESS(clk) IS
       BEGIN
      IF clk'EVENT AND clk = '1' THEN
         CASE state IS
             WHEN s0  = > clk_o< = '0';
             WHEN s1  = > clk_o< = '0';
             WHEN s2  = > clk_o< = '0';
```

```
                    WHEN s3 => clk_o <= '1';
                    WHEN s4 => clk_o <= '1';
                    WHEN s5 => clk_o <= '1';
                    WHEN OTHERS => clk_o <= '0';
                END CASE;
            END IF;
        END PROCESS;
END ARCHITECTURE rtl;
```

通过修改［例9-25］的第三个进程还可以得到占空比为1/6、1/3、2/3和5/6的6分频器。如果为了使输出更加稳定，可以再添加一个时钟进程，将输出信号用输入时钟同步一下，但与［例9-25］相比要延时一个时钟周期。

9.7.2 常数类型状态机

常数类型状态机的定义语法格式：

```
SIGNAL 状态信号名称:数据类型;
CONSTANT 状态信号值1:数据类型: = 定值1;
CONSTANT 状态信号值2:数据类型: = 定值2;
……
CONSTANT 状态信号值n:数据类型: = 定值n;
```

CONSTANT定义了状态信号的取值范围，相当于定义了状态个数。在构造体中结合CASE语句实现状态机的描述。

例如，含有6个状态的常数类型状态机定义：

```
SIGNAL state: std_logic_vector(5 downto 0);
CONSTANT s0: std_logic_vector(5 downto 0): = "000001";
CONSTANT s1: std_logic_vector(5 downto 0): = "000010";
CONSTANT s2: std_logic_vector(5 downto 0): = "000100";
CONSTANT s3: std_logic_vector(5 downto 0): = "001000";
CONSTANT s4: std_logic_vector(5 downto 0): = "010000";
CONSTANT s5: std_logic_vector(5 downto 0): = "100000";
```

1. 状态编码方式

（1）自然二进制编码。即按照自然二进制数值大小递增或递减的顺序进行编码的方式。如3位自然二进制数编码：000，001，010，011，100，101，110，111。

（2）格雷码。格雷码是一种常见的无权码，其特点是两个相邻代码之间仅有1位取值不同，因而常用于将模拟量转换成用连续二进制数序列表示数字量的系统中，可以有效地避免错误数码的出现。如3位格雷码编码：000，001，011，010，110，111，101，100。

（3）约翰逊编码。约翰逊编码是由约翰逊计数器（扭环计数器）产生的一种编码。根据约翰逊计数器的电路结构特点，将最后一位触发器的反相输出端反馈到第一位触发器的数据输入端,其他触发器的数据输入端与前面相邻触发器的同相输出端相连。在时钟脉冲的作用下可以得到约翰逊编码。如 3 位约翰逊编码:000,001,011,111,110,100。

(4) one-hot 编码。one-hot 编码使用 n 位二进制数据对 n 个状态进行编码,每个状态的 n 位编码中只有 1 位有效,而且不同状态的有效位不同。例如 4 位 one-hot 编码可以实现具有 4 个状态的状态机编码:0001,0010,0100,1000。

采用 one-hot 编码虽然使用较多的触发器,但是其编码方式简单,可以有效地简化组合电路,并且可以提高可靠性和工作速度。

2. 各种编码方式耗用资源比较

(1) 自然二进制编码。

【例 9 - 26】 采用自然二进制编码实现状态机的 6 分频电路。

```vhdl
LIBRARY IEEE;
USE IEEE.STD_LOGIC_1164.ALL;
ENTITY sm_binary IS
  PORT(  clk: IN STD_LOGIC;
        clk_o:OUT STD_LOGIC);
END ENTITY sm_binary;

ARCHITECTURE rtl OF sm_binary IS
    SIGNAL state,next_state: STD_LOGIC_VECTOR(2 DOWNTO 0) : = "000";
    CONSTANT s0:STD_LOGIC_VECTOR(2 DOWNTO 0): = "000";
    CONSTANT s1:STD_LOGIC_VECTOR(2 DOWNTO 0): = "001";
    CONSTANT s2:STD_LOGIC_VECTOR(2 DOWNTO 0): = "010";
    CONSTANT s3:STD_LOGIC_VECTOR(2 DOWNTO 0): = "011";
    CONSTANT s4:STD_LOGIC_VECTOR(2 DOWNTO 0): = "100";
    CONSTANT s5:STD_LOGIC_VECTOR(2 DOWNTO 0): = "101";

  BEGIN
    PROCESS(clk) IS
       BEGIN
          IF clk'EVENT AND clk = '1' THEN
              state< = next_state;
          END IF;
      END PROCESS;

    PROCESS(state) IS
      BEGIN
        CASE state IS
            WHEN s0 = > next_state< = s1;
            WHEN s1 = > next_state< = s2;
            WHEN s2 = > next_state< = s3;
            WHEN s3 = > next_state< = s4;
```

```
                WHEN s4 => next_state <= s5;
                WHEN s5 => next_state <= s0;
                WHEN OTHERS => next_state <= s0;
            END CASE;
        END PROCESS;

        PROCESS(clk) IS
            BEGIN
            IF clk'EVENT AND clk = '1' THEN
                CASE state IS
                    WHEN s0 => clk_o <= '0';
                    WHEN s1 => clk_o <= '0';
                    WHEN s2 => clk_o <= '0';
                    WHEN s3 => clk_o <= '1';
                    WHEN s4 => clk_o <= '1';
                    WHEN s5 => clk_o <= '1';
                    WHEN OTHERS => clk_o <= '0';
                END CASE;
            END IF;
        END PROCESS;
END ARCHITECTURE rtl;
```

[例9-26]的仿真结果如图9-12所示。

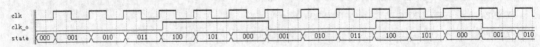

图9-12 二进制编码仿真波形图

(2) 格雷码。

【例9-27】 采用格雷码实现状态机的6分频电路。

```
LIBRARY IEEE;
USE IEEE.STD_LOGIC_1164.ALL;
ENTITY sm_gray_code IS
  PORT(  clk: IN STD_LOGIC;
         clk_o:OUT STD_LOGIC);
END ENTITY sm_gray_code;

ARCHITECTURE rtl OF sm_gray_code IS
    SIGNAL state,next_state: STD_LOGIC_VECTOR(2 DOWNTO 0) : = "000";
    CONSTANT s0:STD_LOGIC_VECTOR(2 DOWNTO 0): = "000";
    CONSTANT s1:STD_LOGIC_VECTOR(2 DOWNTO 0): = "001";
    CONSTANT s2:STD_LOGIC_VECTOR(2 DOWNTO 0): = "011";
```

```vhdl
        CONSTANT s3:STD_LOGIC_VECTOR(2 DOWNTO 0): = "010";
        CONSTANT s4:STD_LOGIC_VECTOR(2 DOWNTO 0): = "110";
        CONSTANT s5:STD_LOGIC_VECTOR(2 DOWNTO 0): = "111";

    BEGIN
        PROCESS(clk) IS
            BEGIN
                IF clk'EVENT AND clk = '1' THEN
                    state< = next_state;
                END IF;
        END PROCESS;

        PROCESS(state) IS
            BEGIN
                CASE state IS
                    WHEN s0 => next_state< = s1;
                    WHEN s1 => next_state< = s2;
                    WHEN s2 => next_state< = s3;
                    WHEN s3 => next_state< = s4;
                    WHEN s4 => next_state< = s5;
                    WHEN s5 => next_state< = s0;
                    WHEN OTHERS =>next_state< = s0;
                END CASE;
        END PROCESS;
        PROCESS(clk) IS
            BEGIN
            IF clk'EVENT AND clk = '1' THEN
                CASE state IS
                    WHEN s0 => clk_o< = '0';
                    WHEN s1 => clk_o< = '0';
                    WHEN s2 => clk_o< = '0';
                    WHEN s3 => clk_o< = '1';
                    WHEN s4 => clk_o< = '1';
                    WHEN s5 => clk_o< = '1';
                    WHEN OTHERS => clk_o< = '0';
                END CASE;
            END IF;
        END PROCESS;
END ARCHITECTURE rtl;
```

[例 9-27] 的仿真结果如图 9-13 所示。

(3) 约翰逊编码。

【例 9-28】 采用约翰逊编码实现状态机的 6 分频电路。

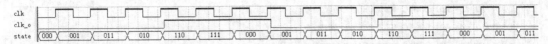

图 9-13 格雷码仿真波形

```vhdl
LIBRARY IEEE;
USE IEEE.STD_LOGIC_1164.ALL;
ENTITY sm_johnson IS
  PORT( clk: IN STD_LOGIC;
        clk_o:OUT STD_LOGIC);
END ENTITY sm_johnson;

ARCHITECTURE rtl OF sm_johnson IS
  SIGNAL state,next_state: STD_LOGIC_VECTOR(2 DOWNTO 0):="000";
  CONSTANT s0:STD_LOGIC_VECTOR(2 DOWNTO 0):="000";
  CONSTANT s1:STD_LOGIC_VECTOR(2 DOWNTO 0):="001";
  CONSTANT s2:STD_LOGIC_VECTOR(2 DOWNTO 0):="011";
  CONSTANT s3:STD_LOGIC_VECTOR(2 DOWNTO 0):="111";
  CONSTANT s4:STD_LOGIC_VECTOR(2 DOWNTO 0):="110";
  CONSTANT s5:STD_LOGIC_VECTOR(2 DOWNTO 0):="100";
  BEGIN
      PROCESS(clk) IS
        BEGIN
          IF clk'EVENT AND clk = '1' THEN
              state<=next_state;
          END IF;
       END PROCESS;

    PROCESS(state) IS
      BEGIN
        CASE state IS
          WHEN s0 => next_state<=s1;
          WHEN s1 => next_state<=s2;
          WHEN s2 => next_state<=s3;
          WHEN s3 => next_state<=s4;
          WHEN s4 => next_state<=s5;
          WHEN s5 => next_state<=s0;
          WHEN OTHERS =>next_state<=s0;
        END CASE;
    END PROCESS;

  PROCESS(clk) IS
```

```
      BEGIN
        IF clk'EVENT AND clk = '1' THEN
          CASE state IS
            WHEN s0 => clk_o <= '0';
            WHEN s1 => clk_o <= '0';
            WHEN s2 => clk_o <= '0';
            WHEN s3 => clk_o <= '1';
            WHEN s4 => clk_o <= '1';
            WHEN s5 => clk_o <= '1';
            WHEN OTHERS => clk_o <= '0';
          END CASE;
        END IF;
      END PROCESS;
END ARCHITECTURE rtl;
```

[例9-28]的仿真结果如图9-14所示。

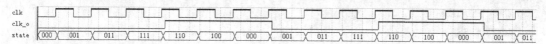

图9-14 约翰逊编码仿真波形图

(4) one-hot 编码。

【例9-29】 采用 one-hot 编码实现状态机的 6 分频电路。

```
LIBRARY IEEE;
USE IEEE.STD_LOGIC_1164.ALL;
ENTITY sm_one_hot IS
  PORT( clk: IN STD_LOGIC;
        clk_o:OUT STD_LOGIC);
END ENTITY sm_one_hot;

ARCHITECTURE rtl OF sm_one_hot IS
  SIGNAL state,next_state: STD_LOGIC_VECTOR(5 DOWNTO 0) := "000001";
  CONSTANT s0:STD_LOGIC_VECTOR(5 DOWNTO 0) := "000001";
  CONSTANT s1:STD_LOGIC_VECTOR(5 DOWNTO 0) := "000010";
  CONSTANT s2:STD_LOGIC_VECTOR(5 DOWNTO 0) := "000100";
  CONSTANT s3:STD_LOGIC_VECTOR(5 DOWNTO 0) := "001000";
  CONSTANT s4:STD_LOGIC_VECTOR(5 DOWNTO 0) := "010000";
  CONSTANT s5:STD_LOGIC_VECTOR(5 DOWNTO 0) := "100000";

BEGIN
  PROCESS(clk) IS
```

```
        BEGIN
            IF clk'EVENT AND clk = '1' THEN
                state< = next_state;
            END IF;
        END PROCESS;

    PROCESS(state) IS
        BEGIN
            CASE state IS
                WHEN s0  => next_state< = s1;
                WHEN s1  => next_state< = s2;
                WHEN s2  => next_state< = s3;
                WHEN s3  => next_state< = s4;
                WHEN s4  => next_state< = s5;
                WHEN s5  => next_state< = s0;
                WHEN OTHERS => next_state< = s0;
            END CASE;
    END PROCESS;

PROCESS(clk) IS
    BEGIN
        IF clk'EVENT AND clk = '1' THEN
            CASE state IS
                WHEN s0  => clk_o< = '0';
                WHEN s1  => clk_o< = '0';
                WHEN s2  => clk_o< = '0';
                WHEN s3  => clk_o< = '1';
                WHEN s4  => clk_o< = '1';
                WHEN s5  => clk_o< = '1';
                WHEN OTHERS => clk_o< = '0';
            END CASE;
        END IF;
    END PROCESS;
END ARCHITECTURE rtl;
```

[例 9 - 29] 的仿真结果如图 9 - 15 所示。

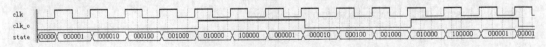

图 9 - 15 one-hot 编码仿真波形图

表 9 - 5 比较了目标器件为 EP1C12Q240C8 时，采用以上四种不同编码方式实现相同功能所使用的逻辑资源。

表 9-5　　　　　四种状态编码占用资源比较（EP1C12Q240C8）

编码方式	自然 2 进制	格雷码	约翰逊编码	one-hot 编码
LE	4	4	4	12

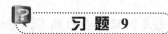

习题 9

9.1　如何用 VHDL 描述时钟信号的上升沿？
9.2　时钟进程描述时钟信号时有哪些注意事项？
9.3　采用结构描述方式，用 D 触发器设计 T 触发器。
9.4　采用结构化描述方式实现 8 位移位寄存器。
9.5　设计异步复位的 10 进制计数器。
9.6　设计同步复位的六进制计数器。
9.7　设计二十四进制 8421BCD 码计数器，复位方式不限。
9.8　设计一个可以实现 2 分频、4 分频、8 分频功能的电路。
9.9　用状态机设计占空比为 2/5 的 10 分频电路。

第10章 VHDL 测 试 平 台

本章介绍验证的基本概念及测试平台的编写。测试平台中的激励信号可以通过VHDL代码生成，也可以通过读textio的方法生成。

10.1 测试平台的作用与功能

验证是确定一个设计功能正确性的过程，即确定设计的实现是否符合设计规范的要求。

测试平台（testbench）是为验证一个设计是否符合要求而搭建的一个平台。测试平台通过施加激励信号给被测设计（Design Under Test，DUT），并收集被测设计的输出响应，从而判断被测设计是否符合设计要求。测试平台与被测设计的连接关系如图10-1所示。

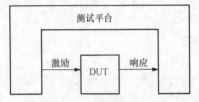

图 10-1 测试平台与被测设计的连接关系

测试平台的功能主要包括：
(1) 产生激励信号，并且把激励信号作为被测设计的输入信号；
(2) 捕捉被测设计的响应；
(3) 检测设计的正确性；
(4) 评估验证目标的进展情况。

10.2 代码生成激励信号的测试平台

1. 时钟信号的生成

时钟信号生成的描述：

```
LIBRARY IEEE;
USE IEEE.STD_LOGIC_1164.ALL;
ENTITY tb_test IS
  PORT(clk:OUT STD_LOGIC);
END ENTITY tb_test;
ARCHITECTURE rtl OF tb_test IS

  BEGIN
    PROCESS
      BEGIN
        clk<='0';
```

```
        WAIT FOR 20 ns;
      clk<= '1';
      WAIT FOR 20 ns;
    END PROCESS;
  END ARCHITECTURE rtl;
```

时钟信号生成仿真波形如图 10-2 所示。

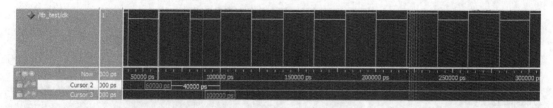

图 10-2 时钟信号生成仿真波形图

2. 复位信号的生成

复位信号生成描述：

```
LIBRARY IEEE;
USE IEEE.STD_LOGIC_1164.ALL;
ENTITY tb_test IS
  PORT(clk:OUT STD_LOGIC;
       rst_n:OUT STD_LOGIC);
END ENTITY tb_test;

ARCHITECTURE rtl OF tb_test IS

  BEGIN
    PROCESS
      BEGIN
        clk<= '0';
        WAIT FOR 20 ns;
        clk<= '1';
        WAIT FOR 20 ns;
      END PROCESS;
    PROCESS
      BEGIN
        rst_n<= '0';
        WAIT FOR 40 ns;
        rst_n<= '1';
        WAIT;
      END PROCESS;
```

```
END ARCHITECTURE rtl;
```

复位信号生成仿真波形如图10-3所示。

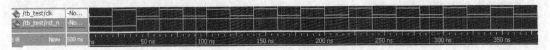

图10-3 复位信号生成波形仿真图

3. 计数数值的生成

计数数值生成描述：

```
LIBRARY IEEE;
USE IEEE.STD_LOGIC_1164.ALL;
USE IEEE.STD_LOGIC_UNSIGNED.ALL;
ENTITY TB_TEST IS
  PORT(CLK:OUT STD_LOGIC;
       RST_N:OUT STD_LOGIC;
       CNT:OUT STD_LOGIC_VECTOR(3 DOWNTO 0));
END ENTITY TB_TEST;

ARCHITECTURE RTL OF TB_TEST IS
  SIGNAL CLK_T,RST_N_T:STD_LOGIC;
  SIGNAL CNT_T: STD_LOGIC_VECTOR(3 DOWNTO 0);
   BEGIN
      PROCESS
        BEGIN
          CLK_T <= '0';
          WAIT FOR 20 NS;
          CLK_T <= '1';
          WAIT FOR 20 NS;
      END PROCESS;

      PROCESS
        BEGIN
          RST_N_T <= '0';
          WAIT FOR 40 NS;
          RST_N_T <= '1';
          WAIT;
      END PROCESS;

      PROCESS(RST_N_T,CLK_T) IS
        BEGIN
```

```
            IF RST_N_T = '0' THEN
                CNT_T <= (OTHERS => '0');
            ELSIF CLK_T'EVENT AND CLK_T = '1' THEN
                CNT_T <= CNT_T + '1';
            END IF;
        END PROCESS;
        CLK <= CLK_T;
        RST_N <= RST_N_T;
        CNT <= CNT_T;
    END ARCHITECTURE RTL;
```

计数数值生成仿真波形如图 10-4 所示。

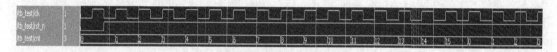

图 10-4　计数数值生成仿真波形图

【例 10-1】 十进制计数器的 VHDL 描述。

```
LIBRARY   IEEE;
USE IEEE. STD_LOGIC_1164. ALL;
USE IEEE. STD_LOGIC_UNSIGNED. ALL;

ENTITY counter_10 IS
  PORT ( rst_n: IN STD_LOGIC;
       clk: IN STD_LOGIC;
       d_out: OUT STD_LOGIC_VECTOR(3 DOWNTO 0));
END ENTITY counter_10;

ARCHITECTURE rtl OF counter_10 IS
SIGNAL temp: STD_LOGIC_VECTOR(3 DOWNTO 0);
BEGIN
    PROCESS(rst_n,clk)
      BEGIN
        IF rst_n = '0' THEN
            temp <= "0000";
        ELSIF clk'EVENT AND clk = '1' THEN
            IF temp = "1001" THEN
               temp <= "0000";
            ELSE
               temp <= temp + 1;
            END IF ;
```

```
        END IF;
    END PROCESS;
  d_out <= temp;
END ARCHITECTURE RTL;
```

【例 10-2】 采用代码生成激励信号的十进制计数器 testbench。

```
LIBRARY IEEE;
USE IEEE.STD_LOGIC_1164.ALL;

ENTITY counter_tb IS
END ENTITY counter_tb;

ARCHITECTURE rtl OF counter_tb IS
  COMPONENT counter_10  IS
    PORT(rst_n:IN STD_LOGIC;
        clk:IN STD_LOGIC;
        d_out:OUT STD_LOGIC_VECTOR(3 DOWNTO 0));
END counter_10 COMPONENT;
SIGNAL rst_n,clk:STD_LOGIC;
SIGNAL d_out: STD_LOGIC_VECTOR(3 DOWNTO 0);
BEGIN
  PROCESS
    BEGIN
      rst_n <= '0';
        WAIT FOR 40 ns;
      rst_n <= '1';
        WAIT;
    END PROCESS;

  PROCESS
    BEGIN
      clk <= '0';
        WAIT FOR 100 ns;
      clk <= '1';
        WAIT FOR 100 ns;
    END PROCESS;

  u1: counter_10 PORT MAP(rst_n,clk,d_out);

END ARCHITECTURE rtl;
```

图 10-5 所示为 Modelsim 软件环境下十进制计数器的仿真波形图。

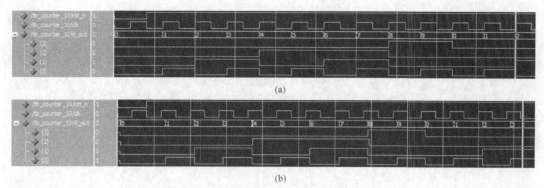

图 10-5 十进制计数器的仿真波形图
(a) 功能仿真；(b) 时序仿真

10.3 TEXTIO 生成激励信号的测试平台

有关 TEXTIO 的使用语法在第 6 章已做介绍，在此只举一应用实例。

【例 10-3】 采用 TEXTIO 生成激励信号的十进制计数器 testbench。

```
LIBRARY IEEE;
USE IEEE.STD_LOGIC_1164.ALL;
USE STD.TEXTIO.ALL;
USE IEEE.STD_LOGIC_TEXTIO.ALL;
ENTITY tb_counter IS
END ENTITY tb_counter;

ARCHITECTURE rtl OF tb_counter IS
  COMPONENT counter_10 IS
    PORT( rst_n:IN STD_LOGIC;
          clk:IN STD_LOGIC;
          d_out:OUT STD_LOGIC_VECTOR(3 DOWNTO 0));
  END COMPONENT counter_10;
  FILE tb_text:TEXT OPEN READ_MODE IS "tb_text.txt";
  FILE tb_text_o:TEXT OPEN WRITE_MODE IS "tb_text_o.txt";
  SIGNAL rst_n,clk: STD_LOGIC;
  SIGNAL d_out:STD_LOGIC_VECTOR(3 DOWNTO 0);
BEGIN
  u1: counter_10 PORT MAP(rst_n = >rst_n,
                          clk = >clk,
                          d_out = >d_out);
PROCESS
    VARIABLE li:LINE;
    VARIABLE rst_t,clk_t:STD_LOGIC;
    BEGIN
```

```
        WHILE (NOT ENDFILE(tb_text)) LOOP
            READLINE (tb_text,li);
            READ(li,rst_t);
            READ(li,clk_t);
            rst_n< = rst_t;
            clk< = clk_t;
          WAIT FOR 20 ns;
        END LOOP;

END PROCESS;

PROCESS
    VARIABLE lo:LINE;
      BEGIN
        WRITE (lo,now,left,8);
        HWRITE (lo,d_out,right,4);
        WRITELINE (tb_text_o,lo);
        WAIT FOR 40 ns;
END PROCESS;
END ARCHITECTURE rtl;
```

[例 10-3] 十进制计数器仿真波形图如图 10-6 所示，TEXTIO 激励文件和输出文件如图 10-7 所示。

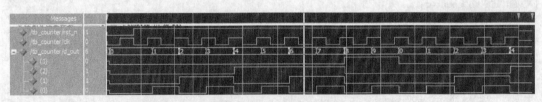

图 10-6 十进制计数器仿真波形图（时序仿真）

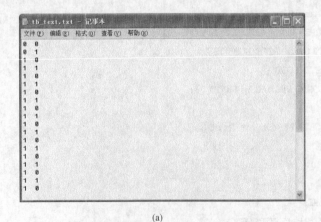

(a)

图 10-7 TEXTIO 激励文件和输出文件（一）
(a) tb_text.txt 文件内容（激励文件）

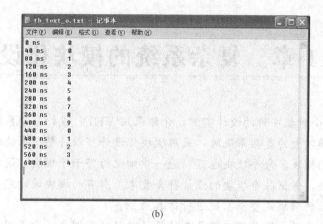

(b)

图 10-7 TEXTIO 激励文件和输出文件（二）
(b) tb_text_o.txt 文件内容（输出文件）

10.1 设计三进制约翰逊计数器，并编写用代码生成激励信号的 testbench。

10.2 为 10.1 题设计的计数器编写用 textio 生成激励信号的 testbench。

第 11 章 复杂系统的模块化设计

本章通过 24 小时数字钟的设计实例,介绍采用 VHDL 设计复杂系统的模块化设计方法。在设计规模较大的复杂系统时,采用模块化设计可以将整个系统的功能划分为若干功能相对独立的模块,每个模块也可以进一步细化为若干子模块。设计人员可分别设计并仿真每个模块,保证每个模块的设计符合要求。所有的模块设计完成后,逐级进行集成,并对集成后的模块或整个系统进行仿真验证。

模块化设计方法的优点是可以将复杂的设计进行功能划分,由不同的设计团队设计不同的模块,缩短研发周期。设计过程中出现错误时,可以方便地将错误定位在某一个或某几个模块中。模块化设计缺点是在系统集成时可能会由于模块之间的时序不匹配问题造成系统无法正常工作。

11.1 模块化设计流程

模块化设计的一般流程如图 11-1 所示。在实际的设计过程中,设计流程并不是单向的,出现步骤迭代很正常,但应尽量减少迭代的次数和跨度。

图 11-1 模块化设计的一般流程

模块化设计的一般流程主要分为以下五步。

(1) 第一步:阅读设计规范。在开始一个设计之前,首先要认真阅读设计要求,一般将设计要求称为设计规范(Specification)。

(2) 第二步:确定系统的端口。通过理解系统的工作环境,即系统与外界的信息传递方式,并以此确定系统与外界的通信端口。外界的控制信号通过输入端口对系统产生作用,系统生成的结果则由输出端口传递给外部的接收设备。

(3) 第三步:功能分析与模块划分。根据设计规范的要求分析功能实现的方法,并根据功能将系统划分为若干功能上相对独立的模块。

(4) 第四步:模块设计与仿真。设计每个模块,并进行验证仿真确保模块符合设计要求。

(5) 第五步:系统集成与仿真。集成所有的模块,并进行验证仿真确保系统符合设计规范的要求。

11.2 24 小时数字钟的模块化设计

本节介绍按照模块化设计的一般流程设计 24 小时数字钟的案例。

11.2.1 阅读设计规范

24 小时数字钟的设计要求如下：
（1）实现 24 小时计时，即计时到 23 小时 59 分 59 秒后，从 0 小时 0 分 0 秒开始计时；
（2）采用静态扫描显示，分别用 6 个 7 段数码管显示秒个位、秒十位、分个位、分十位、时个位、时十位；
（3）采用同步时序逻辑；
（4）1Hz 输入时钟信号；
（5）具有计时使能控制端，当使能控制端为高电平时，数字钟开始计时；
（6）具有全局异步复位控制端，当复位信号为低电平时，数字钟计数值清零。

设计要求中没有要求实现校时功能，读者可以在理解本教材的设计案例后，实现课后习题 11.2 的校时功能的设计要求。

11.2.2 确定系统端口

为了能够用 VHDL 描述一个数字系统，首先应该明确系统的输入、输出端口，只有知道了系统的端口信息，才能写出描述该系统的端口信息的 VHDL 实体。

图 11-2 描述了数字钟的端口图，表 11-1 描述了每个端口的特征参数。

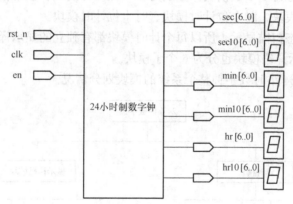

图 11-2 数字钟端口图

表 11-1 端 口 参 数

端口名称	功能	方向	位宽
rst_n	复位信号，低电平有效	输入	1
clk	时钟信号	输入	1
en	计时使能信号，高电平有效	输入	1
sec[6..0]	秒个位计数值	输出	7
sec10[6..0]	秒十位计数值	输出	7
min[6..0]	分个位计数值	输出	7
min10[6..0]	分十位计数值	输出	7
hr[6..0]	时个位计数值	输出	7
hr10[6..0]	时十位计数值	输出	7

根据端口信息,可以写出数字钟的 VHDL 实体代码。在此,实体命名为 cnt24。

```
ENTITY cnt24 IS
  PORT(rst_n: IN STD_LOGIC;
       clk: IN STD_LOGIC;
       en: IN STD_LOGIC;
       sec:OUT STD_LOGIC_VECTOR(6 DOWNTO 0);
       sec10:OUT STD_LOGIC_VECTOR(6 DOWNTO 0);
       min:OUT STD_LOGIC_VECTOR(6 DOWNTO 0);
       min10:OUT STD_LOGIC_VECTOR(6 DOWNTO 0);
       hr:OUT STD_LOGIC_VECTOR(6 DOWNTO 0);
       hr10:OUT STD_LOGIC_VECTOR(6 DOWNTO 0));
END ENTITY cnt24;
```

11.2.3 系统功能分析与模块划分

数字钟的核心功能是计数器,此外需要将计数值进行显示,即应具备显示译码功能,因此将数字钟划分为计时和显示译码两大模块。

计时模块又可划分为 6 个子模块,分别为秒个位计时模块、秒十位计时模块、分个位计时模块、分十位计时模块、时个位计时模块、时十位计时模块。

因为系统采用静态扫描显示,所以每个计时模块都有独立的显示译码模块。因此,对应 6 个计时子模块,显示译码模块也分为 6 个子模块。

图 11-3 描述了 24 小时数字钟整个系统的模块划分情况。

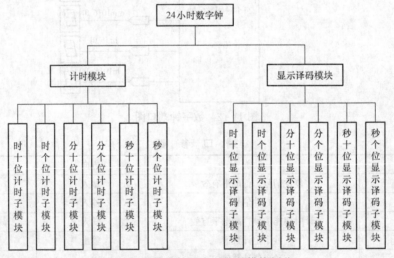

图 11-3 数字钟整个系统的模块划分

在计时模块的设计中,为了能够以十进制的形式显示计数值,采用 8421BCD 编码计数器设计每个计时模块。

设计要求采用同步时序逻辑,即所有的计时子模块采用同一个计数时钟,因此,需要每个计时子模块为下一个计时子模块产生计时使能信号。

所有的计时子模块采用异步复位方式。

11.2.4 模块设计与仿真

1. 计时模块设计与仿真

（1）秒个位计时子模块的设计。

1）功能分析。秒个位计时子模块可以看作是一个带使能端的 10 进制计数器。当使能信号 en_sec 为高电平时，在每个时钟的上升沿，秒个位加 1。当计时到 9 时，从 0 重新开始计数。同时生成控制后级计时子模块的计时使能信号 sec_en。

2）模块端口。根据功能分析，确定了秒个位计时子模块的端口信息，如图 11-4 和表 11-2 所描述。

图 11-4 秒个位计时子模块端口

表 11-2　　　　　　　　　　　秒个位计时子模块端口参数

端口名称	功能	方向	位宽
rst_n	复位信号，低电平有效	输入	1
clk	时钟信号	输入	1
en_sec	秒个位计时使能信号，高电平有效	输入	1
sec_cnt[3..0]	秒个位计数值	输出	4
sec_en	秒个位生成的计时使能信号，高电平有效	输出	1

3）代码编写。

```
LIBRARY IEEE;
USE IEEE.STD_LOGIC_1164.ALL;
USE IEEE.STD_LOGIC_UNSIGNED.ALL;

ENTITY module_sec IS
  PORT(rst_n: IN STD_LOGIC;
    clk: IN STD_LOGIC;
    en_sec: IN STD_LOGIC;
    sec_cnt: OUT STD_LOGIC_VECTOR(3 DOWNTO 0);
    sec_en: OUT STD_LOGIC);
END ENTITY module_sec;

ARCHITECTURE  rtl OF module_sec IS
 SIGNAL sec_cnt_t: STD_LOGIC_VECTOR(3 DOWNTO 0);
 SIGNAL sec_en_t: STD_LOGIC;
 BEGIN
 sec_pro: PROCESS(rst_n,clk) IS
```

```
        BEGIN
            IF rst_n = '0' THEN
                sec_cnt_t<= "0000";
                sec_en_t<= '0';
            ELSIF clk'EVENT AND clk = '1' THEN
                IF en_sec = '1' THEN
                    IF sec_cnt_t = "1001" THEN
                        sec_cnt_t<= "0000";
                        sec_en_t<= '0';
                    ELSE
                        sec_cnt_t<= sec_cnt_t + '1';
                        IF sec_cnt_t = "1000" THEN
                            sec_en_t<= '1';
                        ELSE
                            sec_en_t<= '0';
                        END IF;
                    END IF;
                ELSE
                    sec_cnt_t<= sec_cnt_t;
                    sec_en_t<= sec_en_t;
                END IF;
            END IF;
        END PROCESS sec_pro;
        sec_cnt<= sec_cnt_t;
        sec_en<= sec_en_t;
END ARCHITECTURE rtl;
```

4）模块仿真。秒个位计时子模块仿真波形图如图 11-5 所示。

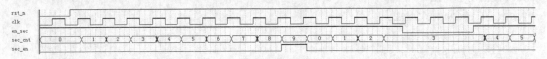

图 11-5　秒个位计时子模块仿真波形图

（2）秒十位计时子模块的设计。

1）功能分析。秒十位计时子模块可以看作是一个带使能端的六进制计数器。当使能信号 en_sec10 为高电平时，在每个时钟的上升沿，秒十位加 1。当计时到 5 时，从 0 重新开始计数。同时生成控制后级计时子模块的计时使能信号 sec10_en。

2）模块端口。根据功能分析，确定了秒十位计时子模块的端口信息，如图 11-6 和表 11-3 所描述。

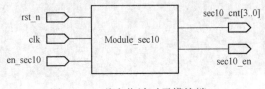

图 11-6　秒十位计时子模块端口

表 11-3　　　　　　　　　　　　秒十位计时子模块端口参数

端口名称	功能	方向	位宽
rst_n	复位信号，低电平有效	输入	1
clk	时钟信号	输入	1
en_sec10	秒十位计时使能信号，高电平有效	输入	1
sec10_cnt[3..0]	秒十位计数值	输出	4
sec10_en	秒十位生成的计数使能信号，高电平有效	输出	1

3) 代码编写。

```vhdl
LIBRARY IEEE;
USE IEEE.STD_LOGIC_1164.ALL;
USE IEEE.STD_LOGIC_UNSIGNED.ALL;

ENTITY module_sec10 IS
  PORT(rst_n: IN STD_LOGIC;
       clk: IN STD_LOGIC;
       en_sec10: IN STD_LOGIC;
       sec10_cnt: OUT STD_LOGIC_VECTOR(3 DOWNTO 0);
       sec10_en: OUT STD_LOGIC);
END ENTITY module_sec10;

ARCHITECTURE rtl OF module_sec10 IS
  SIGNAL sec10_cnt_t: STD_LOGIC_VECTOR(3 DOWNTO 0);
  SIGNAL sec10_en_t: STD_LOGIC;
  BEGIN
  sec10_pro: PROCESS(rst_n,clk) IS
      BEGIN
         IF rst_n = '0' THEN
             sec10_cnt_t <= "0000";
             sec10_en_t <= '0';
         ELSIF clk'EVENT AND clk = '1' THEN
             IF en_sec10 = '1' THEN
                IF sec10_cnt_t = "0101" THEN
                  sec10_cnt_t <= "0000";
                  sec10_en_t <= '0';
                ELSE
                  sec10_cnt_t <= sec10_cnt_t + '1';
                  IF sec10_cnt_t = "0100" THEN
```

```
                                    sec10_en_t <= '1';
                                ELSE
                                    sec10_en_t <= '0';
                                END IF;
                            END IF;
                        ELSE
                            sec10_cnt_t <= sec10_cnt_t;
                            sec10_en_t <= sec10_en_t;
                        END IF;
                    END IF;
            END PROCESS sec10_pro;
                sec10_cnt <= sec10_cnt_t;
                sec10_en <= sec10_en_t;
END ARCHITECTURE rtl;
```

4）模块仿真。秒十位计时子模块仿真波形如图 11-7 所示。

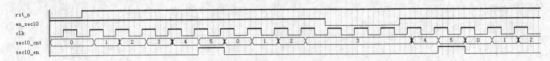

图 11-7　秒十位计时子模块仿真波形图

(3) 分个位计时子模块的设计。

1）功能分析。分个位计时子模块可以看作是一个带使能端的十进制计数器。当使能信号 en_min 为高电平时，在每个时钟的上升沿，分个位加 1。当计时到 9 时，从 0 重新开始计数，同时生成控制后级计时子模块的计时使能信号 min_en。

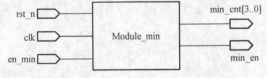

图 11-8　分个位计时子模块端口

2）模块端口。根据功能分析，确定了分个位计时子模块的端口信息，如图 11-8 和表 11-4 所描述。

表 11-4　　　　　　　　　　　分个位计时子模块端口参数

端口名称	功能	方向	位宽
rst_n	复位信号，低电平有效	输入	1
clk	时钟信号	输入	1
en_min	分个位计时使能信号，高电平有效	输入	1
min_cnt[3..0]	分个位计数值	输出	4
min_en	分个位生成的计数使能信号，高电平有效	输出	1

3）代码编写。

```vhdl
LIBRARY IEEE;
USE IEEE.STD_LOGIC_1164.ALL;
USE IEEE.STD_LOGIC_UNSIGNED.ALL;

ENTITY module_min IS
   PORT(rst_n: IN STD_LOGIC;
       clk: IN STD_LOGIC;
       en_min: IN STD_LOGIC;
       min_cnt: OUT STD_LOGIC_VECTOR(3 DOWNTO 0);
       min_en: OUT STD_LOGIC);
END ENTITY module_min;

ARCHITECTURE   rtl OF module_min IS
   SIGNAL min_cnt_t: STD_LOGIC_VECTOR(3 DOWNTO 0);
   SIGNAL min_en_t: STD_LOGIC;
   BEGIN
   min_pro: PROCESS(rst_n,clk) IS

         BEGIN
            IF rst_n = '0' THEN
                 min_cnt_t <= "0000";
                 min_en_t <= '0';
             ELSIF clk'EVENT AND clk = '1' THEN
                IF en_min = '1' THEN
                   IF min_cnt_t = "1001" THEN
                      min_cnt_t <= "0000";
                      min_en_t <= '0';
                   ELSE
                      min_cnt_t <= min_cnt_t + '1';
                      IF min_cnt_t = "1000" THEN
                        min_en_t <= '1';
                      ELSE
                        min_en_t <= '0';
                      END IF;
                   END IF;
                ELSE
                   min_cnt_t <= min_cnt_t;
                   min_en_t <= min_en_t;
                END IF;
            END IF;
      END PROCESS min_pro;
         min_cnt <= min_cnt_t;
```

```
        min_en<= min_en_t;
END ARCHITECTURE rtl;
```

4) 模块仿真。分个位计时子模块仿真波形如图 11-9 所示。

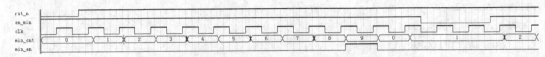

图 11-9 分个位计时子模块仿真波形图

(4) 分十位计时子模块的设计。

1) 功能分析。分十位计时子模块可以看作是一个带使能端的六进制计数器。当使能信号 en_min10 为高电平时,在每个时钟的上升沿,分十位加 1。当计时到 5 时,从 0 重新开始计数,同时生成控制后级计时子模块的计时使能信号 min10_en。

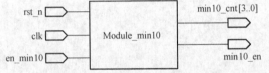

图 11-10 分十位计时子模块端口

2) 模块端口。根据功能分析,确定了分十位计时子模块的端口信息,如图 11-10 和表 11-5 所描述。

表 11-5   分十位计时子模块端口参数

端口名称	功能	方向	位宽
rst_n	复位信号,低电平有效	输入	1
clk	时钟信号	输入	1
en_min10	分十位计时使能信号,高电平有效	输入	1
min10_cnt [3..0]	分十位计数值	输出	4
min10_en	分十位生成的计数使能信号,高电平有效	输出	1

3) 代码编写。

```
LIBRARY IEEE;
USE IEEE.STD_LOGIC_1164.ALL;
USE IEEE.STD_LOGIC_UNSIGNED.ALL;

ENTITY module_min10 IS
  PORT (rst_n: IN STD_LOGIC;
      clk: IN STD_LOGIC;
      en_min10:IN STD_LOGIC;
      min10_cnt:OUT STD_LOGIC_VECTOR(3 DOWNTO 0);
      min10_en:OUT STD_LOGIC);
END ENTITY module_min10;

ARCHITECTURE   rtl OF module_min10 IS
```

```
SIGNAL min10_cnt_t:STD_LOGIC_VECTOR(3 DOWNTO 0);
SIGNAL min10_en_t:STD_LOGIC;
BEGIN
  min10_pro: PROCESS(rst_n,clk) IS
       BEGIN
         IF rst_n = '0' THEN
            min10_cnt_t <= "0000";
            min10_en_t <= '0';
         ELSIF clk'EVENT AND clk = '1' THEN
            IF en_min10 = '1' THEN
               IF min10_cnt_t = "0101" THEN
                  min10_cnt_t <= "0000";
                  min10_en_t <= '0';
               ELSE
                  min10_cnt_t <= min10_cnt_t + '1';
                  IF min10_cnt_t = "0100" THEN
                     min10_en_t <= '1';
                  ELSE
                     min10_en_t <= '0';
                  END IF;
               END IF;
            ELSE
               min10_cnt_t <= min10_cnt_t;
               min10_en_t <= min10_en_t;
            END IF;
         END IF;
     END PROCESS min10_pro;
        min10_cnt <= min10_cnt_t;
        min10_en <= min10_en_t;
END ARCHITECTURE rtl;
```

4) 模块仿真。分十位计时子模块仿真波形如图 11-11 所示。

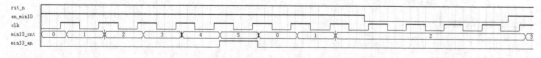

图 11-11 分十位计时子模块仿真波形图

(5) 时个位计时子模块的设计。

1) 功能分析。时个位计时子模块可以看作是一个带使能端的十进制计数器。当使能信号 en_hr 为高电平时,在每个时钟的上升沿,时个位加 1。该子模块的清零根据时十位计时子模块的计数值 hr10_cnt[3..0] 的不同分为两种情况:①当 hr10_cnt[3..0]=2

时，时个位计时子模块计时到3时，从0重新开始计数；②当时hr10_cnt[3..0]<2（0或1）时，时个位计时子模块计时到9时，从0重新开始计数。同时生成控制后级计时子模块的计时使能信号hr_en。

2）模块端口。根据功能分析，确定了时个位计时子模块的端口信息，如图11-12和表11-6所描述。

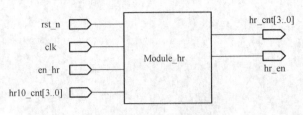

图11-12 时个位计时子模块端口

表11-6 时个位计时子模块端口参数

端口名称	功能	方向	位宽
rst_n	复位信号，低电平有效	输入	1
clk	时钟信号	输入	1
en_hr	时个位计时使能信号，高电平有效	输入	1
hr10_cnt[3..0]	时十位计数值	输入	4
hr_cnt[3..0]	时个位计数值	输出	4
hr_en	时个位生成的计数使能信号，高电平有效	输出	1

3）代码编写。

```vhdl
LIBRARY IEEE;
USE IEEE.STD_LOGIC_1164.ALL;
USE IEEE.STD_LOGIC_UNSIGNED.ALL;

ENTITY module_hr IS
  PORT ( rst_n: IN STD_LOGIC;
       clk: IN STD_LOGIC;
       en_hr: IN STD_LOGIC;
       hr10_cnt: IN STD_LOGIC_VECTOR(3 DOWNTO 0);
       hr_cnt: OUT STD_LOGIC_VECTOR(3 DOWNTO 0);
       hr_en: OUT STD_LOGIC);
END ENTITY module_hr ;

ARCHITECTURE   rtl OF module_hr IS
  SIGNAL hr_cnt_t: STD_LOGIC_VECTOR(3 DOWNTO 0);
  SIGNAL hr_en_t: STD_LOGIC;
  BEGIN
    hr_pro: PROCESS(rst_n,clk) IS
        BEGIN
```

```
            IF rst_n = '0' THEN
                hr_cnt_t <= "0000";
                hr_en_t <= '0';
            ELSIF clk'EVENT AND clk = '1' THEN
                IF en_hr = '1' THEN
                    IF ((hr_cnt_t = "1001") OR (hr_cnt_t = "0011" AND hr10_cnt = "0010"))  THEN
                        hr_cnt_t <= "0000";
                        hr_en_t <= '0';
                    ELSE
                        hr_cnt_t <= hr_cnt_t + '1';
                        IF ((hr_cnt_t = "1000") Or (hr_cnt_t = "0010" AND hr10_cnt = "0010")) THEN
                            hr_en_t <= '1';
                        ELSE
                            hr_en_t <= '0';
                        END IF;
                    END IF;
                ELSE
                    hr_cnt_t <= hr_cnt_t;
                    hr_en_t <= hr_en_t;
                END IF;
            END IF;
        END PROCESS hr_pro;
            hr_cnt <= hr_cnt_t;
            hr_en <= hr_en_t;
END ARCHITECTURE rtl;
```

4) 模块仿真。时个位计时子模块仿真波形如图 11-13 所示。

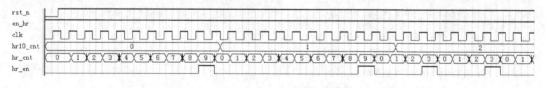

图 11-13 时个位计时子模块仿真波形图

(6) 时十位计时子模块的设计。

1) 功能分析。时个位计时子模块可以看作是一个带使能端的三进制计数器。当使能信号 en_hr10 为高电平时，在每个时钟的上升沿，时十位加 1。当时十位计时子模块的计数值 hr10_cnt[3..0]=2 时，从 0 重新开始计数。

2) 模块端口。根据功能分析，确定了时十位计时子模块的端口信息，如图 11-14 和表 11-7 所描述。

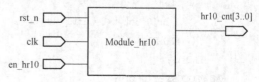

图 11-14 时十位计时子模块端口

表 11-7　　　　　　　　　　　　时十位计时子模块端口参数

端口名称	功能	方向	位宽
rst_n	复位信号，低电平有效	输入	1
clk	时钟信号	输入	1
en_hr10	时十位计时使能信号，高电平有效	输入	1
hr10_cnt[3..0]	时十位计数值	输出	4

3) 代码编写。

```vhdl
LIBRARY IEEE;
USE IEEE.STD_LOGIC_1164.ALL;
USE IEEE.STD_LOGIC_UNSIGNED.ALL;

ENTITY module_hr10 IS
  PORT ( rst_n: IN STD_LOGIC;
         clk: IN STD_LOGIC;
         en_hr10: IN STD_LOGIC;
         hr10_cnt: OUT STD_LOGIC_VECTOR(3 DOWNTO 0));
END ENTITY module_hr10 ;

ARCHITECTURE   rtl OF module_hr10 IS
  SIGNAL hr10_cnt_t: STD_LOGIC_VECTOR(3 DOWNTO 0);
  BEGIN
    hr10_pro: PROCESS(rst_n,clk) IS
          BEGIN
              IF rst_n = '0' THEN
                  hr10_cnt_t <= "0000";
              ELSIF clk'EVENT AND clk = '1' THEN
                  IF en_hr10 = '1' THEN
                      IF hr10_cnt_t = "0010" THEN
                          hr10_cnt_t <= "0000";
                      ELSE
                          hr10_cnt_t <= hr10_cnt_t + '1';
                      END IF;
                  ELSE
                      hr10_cnt_t <= hr10_cnt_t;
                  END IF;
              END IF;
    END PROCESS hr10_pro;
```

```
        hr10_cnt<= hr10_cnt_t;
END ARCHITECTURE rtl;
```

4) 模块仿真。时十位计时子模块仿真波形如图 11-15 所示。

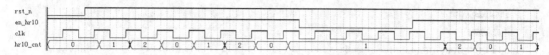

图 11-15　时十位计时子模块仿真波形图

2. 显示译码模块

显示译码模块的功能是将计数值转换成 7 段数码管的 7 个 LED 灯管的控制电平。本案例采用共阴极 LED 数码管，共阴极 LED 数码管需要加高电平才能点亮，低电平 LED 数码管灭。

图 11-16　7 段数码管编号

7 段数码管编号如图 11-16 所示。共阴极 7 段数码管译码器真值表见表 11-8。

表 11-8　　　　　　　　　共阴极 7 段数码管译码器真值表

输入信号				输出信号						
d(3)	d(2)	d(1)	d(0)	a	b	c	d	e	f	g	16 进制表示
0	0	0	0	1	1	1	1	1	1	0	7E
0	0	0	1	0	1	1	0	0	0	0	30
0	0	1	0	1	1	0	1	1	0	1	6D
0	0	1	1	1	1	1	1	0	0	1	79
0	1	0	0	0	1	1	0	0	1	1	33
0	1	0	1	1	0	1	1	0	1	1	5B
0	1	1	0	0	0	1	1	1	1	1	1F
0	1	1	1	1	1	1	0	0	0	0	70
1	0	0	0	1	1	1	1	1	1	1	7F
1	0	0	1	1	1	1	0	1	1	1	7B

根据表 11-8 的真值表，可以用 VHDL 编写出如下的显示译码代码：

```
LIBRARY IEEE;
USE IEEE.STD_LOGIC_1164.ALL;
ENTITY decode_dis IS
  PORT( data:IN STD_LOGIC_VECTOR(3 DOWNTO 0);
        a,b,c,d,e,f,g:OUT STD_LOGIC);
```

```
END ENTITY decode_dis;
ARCHITECTURE rtl OF decode_dis IS
  SIGNAL y:STD_LOGIC_VECTOR(6 DOWNTO 0);
    BEGIN
      PROCESS(data) IS
        BEGIN
          CASE data IS
            WHEN "0000" => y<= "1111110";
            WHEN "0001" => y<= "0110000";
            WHEN "0010" => y<= "1101101";
            WHEN "0011" => y<= "1111001";
            WHEN "0100" => y<= "0110011";
            WHEN "0101" => y<= "1011011";
            WHEN "0110" => y<= "0011111";
            WHEN "0111" => y<= "1110000";
            WHEN "1000" => y<= "1111111";
            WHEN "1001" => y<= "1111011";
            WHEN OTHERS => y<= "0000000";
          END CASE;
      END PROCESS;
      a<= y(6);
      b<= y(5);
      c<= y(4);
      d<= y(3);
      e<= y(2);
      f<= y(1);
      g<= y(0);
END ARCHITECTURE rtl;
```

(1) 秒个位显示译码子模块。

1) 功能分析。秒个位显示译码子模块是将秒个位计时子模块的计数值转换成可以控制 7 段数码管显示的二进制数据。

2) 模块端口。根据功能分析,可以得到秒个位显示译码子模块的端口信息,如图 11-17 和表 11-9 所示。

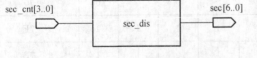

图 11-17 秒个位显示译码子模块的端口

表 11-9   秒个位显示译码子模块端口参数

端口名称	功能	方向	位宽
sec_cnt [3..0]	秒个位计数值	输入	4
sec [6..0]	秒个位 7 段数码管译码结果	输出	7

3）代码编写。

```vhdl
LIBRARY IEEE;
USE IEEE.STD_LOGIC_1164.ALL;
ENTITY sec_dis IS
  PORT( sec_cnt:IN STD_LOGIC_VECTOR(3 DOWNTO 0);
        sec:OUT STD_LOGIC_VECTOR(6 DOWNTO 0));
END ENTITY sec_dis;
ARCHITECTURE rtl OF sec_dis IS
  COMPONENT decode_dis IS
    PORT ( data:IN STD_LOGIC_VECTOR(3 DOWNTO 0);
        a,b,c,d,e,f,g:OUT STD_LOGIC);
  END COMPONENT decode_dis;
  BEGIN

u1:decode_dis   PORT MAP( data = >sec_cnt,
                          a = >sec(6),
                          b = >sec(5),
                          c = >sec(4),
                          d = >sec(3),
                          e = >sec(2),
                          f = >sec(1),
                          g = >sec(0));
END ARCHITECTURE rtl;
```

4）模块仿真。秒个位显示译码子模块的仿真波形如图 11-18 所示。

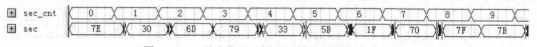

图 11-18　秒个位显示译码子模块的仿真波形图

（2）秒十位显示译码子模块。

1）功能分析。秒十位显示译码子模块是将秒十位计时子模块的计数值转换成可以控制 7 段数码管显示的二进制数据。

2）模块端口。根据功能分析，可以得到秒十位显示译码子模块的端口信息，如图 11-19 和表 11-10 所示。

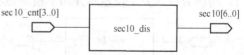

图 11-19　秒十位显示译码子模块的端口

表 11-10　　　　　　　　秒十位显示译码子模块端口参数

端口名称	功能	方向	位宽
sec10 _ cnt [3..0]	秒十位计数值	输入	4
sec10 [6..0]	秒十个位 7 段数码管译码结果	输出	7

3) 模块代码。

```
LIBRARY IEEE;
USE IEEE.STD_LOGIC_1164.ALL;
ENTITY sec10_dis IS
  PORT( sec10_cnt:IN STD_LOGIC_VECTOR(3 DOWNTO 0);
        sec10:OUT STD_LOGIC_VECTOR(6 DOWNTO 0));
END ENTITY sec10_dis;
ARCHITECTURE rtl OF sec10_dis IS
  COMPONENT decode_dis IS
    PORT ( data:IN STD_LOGIC_VECTOR(3 DOWNTO 0);
           a,b,c,d,e,f,g:OUT STD_LOGIC);
    END COMPONENT decode_dis;
    BEGIN

u1:decode_dis   PORT MAP( data = >sec10_cnt,
                          a = >sec10(6),
                          b = >sec10(5),
                          c = >sec10(4),
                          d = >sec10(3),
                          e = >sec10(2),
                          f = >sec10(1),
                          g = >sec10(0));
END ARCHITECTURE rtl;
```

4) 模块仿真。秒十位显示译码子模块的仿真波形如图 11-20 所示。

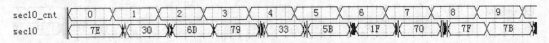

图 11-20 秒十位显示译码子模块的仿真波形图

(3) 分个位显示译码子模块。

1) 功能分析。分个位显示译码子模块是将分个位计时子模块的计数值转换成可以控制 7 段数码管显示的二进制数据。

图 11-21 分个位显示译码子模块的端口

2) 模块端口。根据功能分析，可以得到分个位显示译码子模块的端口信息，如图 11-21 和表 11-11 所示。

表 11-11　　　　　　　　分个位显示译码子模块端口参数

端口名称	功能	方向	位宽
min_cnt [3..0]	分个位计数值	输入	4
min [6..0]	分个位 7 段数码管译码结果	输出	7

3) 模块代码。

```vhdl
LIBRARY IEEE;
USE IEEE.STD_LOGIC_1164.ALL;
ENTITY min_dis IS
  PORT( min_cnt:IN STD_LOGIC_VECTOR(3 DOWNTO 0);
        min:OUT STD_LOGIC_VECTOR(6 DOWNTO 0));
END ENTITY min_dis;
ARCHITECTURE rtl OF min_dis IS
  COMPONENT decode_dis IS
    PORT ( data:IN STD_LOGIC_VECTOR(3 DOWNTO 0);
           a,b,c,d,e,f,g:OUT STD_LOGIC);
  END COMPONENT decode_dis;
  BEGIN

u1:decode_dis   PORT MAP( data = >min_cnt,
                      a = > min(6),
                      b = > min(5),
                      c = > min(4),
                      d = > min(3),
                      e = > min(2),
                      f = > min(1),
                      g = > min(0));
END ARCHITECTURE rtl;
```

4) 模块仿真。分个位显示译码子模块的仿真波形如图 11-22 所示。

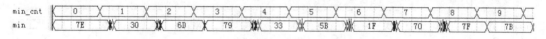

图 11-22 分个位显示译码子模块的仿真波形图

(4) 分十位显示译码子模块。

1) 功能分析。分十位显示译码子模块是将分十位计时子模块的计数值转换成可以控制 7 段数码管显示的二进制数据。

2) 模块端口。根据功能分析，可以得到分十位显示译码子模块的端口信息，如图 11-23 和表 11-12 所示。

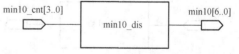

图 11-23 分十位显示译码子模块的端口

表 11-12 分十位显示译码子模块端口参数

端口名称	功能	方向	位宽
min10_cnt[3..0]	分十位计数值	输入	4
min10[6..0]	分十位 7 段数码管译码结果	输出	7

3) 模块代码。

```vhdl
LIBRARY IEEE;
USE IEEE.STD_LOGIC_1164.ALL;
ENTITY min10_dis IS
  PORT( min10_cnt:IN STD_LOGIC_VECTOR(3 DOWNTO 0);
        min10:OUT STD_LOGIC_VECTOR(6 DOWNTO 0));
END ENTITY min10_dis;
ARCHITECTURE rtl OF min10_dis IS
  COMPONENT decode_dis IS
    PORT ( data:IN STD_LOGIC_VECTOR(3 DOWNTO 0);
          a,b,c,d,e,f,g:OUT STD_LOGIC);
  END COMPONENT decode_dis;
  BEGIN

u1:decode_dis   PORT MAP( data => min10_cnt,
                          a => min10(6),
                          b => min10(5),
                          c => min10(4),
                          d => min10(3),
                          e => min10(2),
                          f => min10(1),
                          g => min10(0));
END ARCHITECTURE rtl;
```

4) 模块仿真。分十位显示译码子模块的仿真波形如图 11-24 所示。

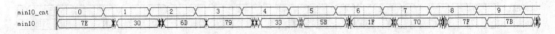

图 11-24 分十位显示译码子模块的仿真波形图

(5) 时个位显示译码子模块。

1) 功能分析。时个位显示译码子模块是将时个位计时子模块的计数值转换成可以控制 7 段数码管显示的二进制数据。

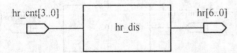

图 11-25 时个位显示译码子模块的端口

2) 模块端口。根据功能分析，可以得到时个位显示译码子模块的端口信息，如图 11-25 和表 11-13 所示。

表 11-13　　　　　时个位显示译码子模块端口参数

端口名称	功能	方向	位宽
hr_cnt [3..0]	时个位计数值	输入	4
hr [6..0]	时个位 7 段数码管译码结果	输出	7

3) 模块代码。

```vhdl
LIBRARY IEEE;
USE IEEE.STD_LOGIC_1164.ALL;
ENTITY hr_dis IS
  PORT( hr_cnt:IN STD_LOGIC_VECTOR(3 DOWNTO 0);
        hr: OUT STD_LOGIC_VECTOR(6 DOWNTO 0));
END ENTITY hr_dis;
ARCHITECTURE rtl OF hr_dis IS
  COMPONENT decode_dis IS
    PORT ( data:IN STD_LOGIC_VECTOR(3 DOWNTO 0);
          a,b,c,d,e,f,g:OUT STD_LOGIC);
  END COMPONENT decode_dis;
  BEGIN

u1:decode_dis   PORT MAP( data => hr_cnt,
                          a => hr(6),
                          b => hr(5),
                          c => hr(4),
                          d => hr(3),
                          e => hr(2),
                          f => hr(1),
                          g => hr(0));
END ARCHITECTURE rtl;
```

4) 模块仿真。时个位显示译码子模块的仿真波形如图 11-26 所示。

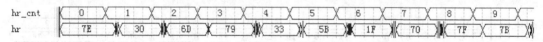

图 11-26　时个位显示译码子模块的仿真波形图

(6) 时十位显示译码子模块。

1) 功能分析。时十位显示译码子模块是将时十位计时子模块的计数值转换成可以控制 7 段数码管显示的二进制数据。

2) 模块端口。根据功能分析，可以得到时十位显示译码子模块的端口信息，如图 11-27 和表 11-14 所示。

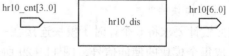

图 11-27　时十位显示译码子模块的端口

表 11-14　　　　　　　时十位显示译码子模块端口参数

端口名称	功能	方向	位宽
hr10_cnt[3..0]	时十位计数值	输入	4
hr10[6..0]	时十位 7 段数码管译码结果	输出	7

3) 模块代码。

```vhdl
LIBRARY IEEE;
USE IEEE.STD_LOGIC_1164.ALL;
ENTITY hr10_dis IS
  PORT( hr10_cnt:IN STD_LOGIC_VECTOR(3 DOWNTO 0);
        hr10: OUT STD_LOGIC_VECTOR(6 DOWNTO 0));
END ENTITY hr10_dis;
ARCHITECTURE rtl OF hr10_dis IS
  COMPONENT decode_dis IS
    PORT ( data:IN STD_LOGIC_VECTOR(3 DOWNTO 0);
          a,b,c,d,e,f,g:OUT STD_LOGIC);
  END COMPONENT decode_dis;
  BEGIN

u1:decode_dis   PORT MAP( data => hr10_cnt,
                        a => hr10(6),
                        b => hr10(5),
                        c => hr10(4),
                        d => hr10(3),
                        e => hr10(2),
                        f => hr10(1),
                        g => hr10(0));
END ARCHITECTURE rtl;
```

4) 模块仿真。时十位显示译码子模块的仿真波形如图 11-28 所示。

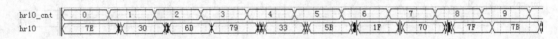

图 11-28 时十位显示译码子模块的仿真波形图

11.2.5 系统集成与仿真

1. 计时模块的集成

按照设计要求将 6 个计时子模块连接在一起，构成计时模块。因为采用同步时序逻辑，需要生成每个模块的使能信号。图 11-29 所示描述了集成后每个模块端口的连接方式以及每个模块使能信号的产生方式。

（1）功能分析。6 个计时子模块集成在一起，可以实现秒、分、时的计数，可以实现 24 小时计时功能。

（2）模块端口。集成得到的计时模块的端口及其参数分别如图 11-30 和表 11-15 所示。

第11章 复杂系统的模块化设计

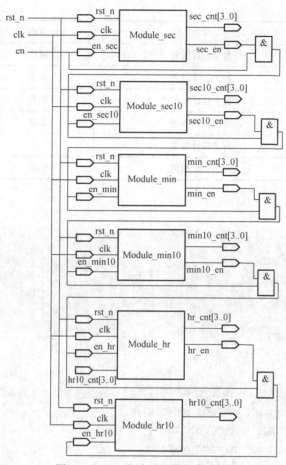

图 11-29 6个计时子模块集成图

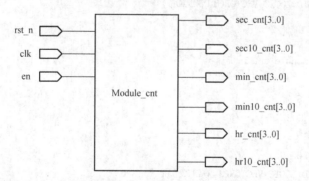

图 11-30 计时模块的端口

表 11-15   计时模块端口参数

端口名称	功能	方向	位宽
rst_n	复位信号，低电平有效	输入	1
clk	时钟信号	输入	1
en	计时模块的计时使能信号，高电平有效	输入	1

237

续表

端口名称	功能	方向	位宽
sec_cnt[3..0]	秒个位计数值	输出	4
sec10_cnt[3..0]	秒十位计数值	输出	4
min_cnt[3..0]	分个位计数值	输出	4
min10_cnt[3..0]	分十位计数值	输出	4
hr_cnt[3..0]	时个位计数值	输出	4
hr10_cnt[3..0]	时十位计数值	输出	4

(3) 代码编写。

```vhdl
LIBRARY IEEE;
USE IEEE.STD_LOGIC_1164.ALL;
USE IEEE.STD_LOGIC_UNSIGNED.ALL;

ENTITY module_cnt IS
  PORT(rst_n: IN STD_LOGIC;
       clk: IN STD_LOGIC;
       en: IN STD_LOGIC;
       sec_cnt: OUT STD_LOGIC_VECTOR(3 DOWNTO 0);
       sec10_cnt: OUT STD_LOGIC_VECTOR(3 DOWNTO 0);
       min_cnt: OUT STD_LOGIC_VECTOR(3 DOWNTO 0);
       min10_cnt: OUT STD_LOGIC_VECTOR(3 DOWNTO 0);
       hr_cnt: OUT STD_LOGIC_VECTOR(3 DOWNTO 0);
       hr10_cnt: OUT STD_LOGIC_VECTOR(3 DOWNTO 0));
END ENTITY module_cnt;

ARCHITECTURE rtl OF module_cnt IS

COMPONENT module_sec IS
  PORT(rst_n: IN STD_LOGIC;
       clk: IN STD_LOGIC;
       en_sec: IN STD_LOGIC;
       sec_cnt: OUT STD_LOGIC_VECTOR(3 DOWNTO 0);
       sec_en: OUT STD_LOGIC);
END COMPONENT module_sec;
COMPONENT module_sec10 IS
  PORT(rst_n: IN STD_LOGIC;
       clk: IN STD_LOGIC;
       en_sec10: IN STD_LOGIC;
       sec10_cnt: OUT STD_LOGIC_VECTOR(3 DOWNTO 0);
```

```vhdl
       sec10_en:OUT STD_LOGIC);
END COMPONENT module_sec10;

COMPONENT module_min IS
   PORT (rst_n: IN STD_LOGIC;
        clk: IN STD_LOGIC;
        en_min:IN STD_LOGIC;
        min_cnt:OUT STD_LOGIC_VECTOR(3 DOWNTO 0);
        min_en:OUT STD_LOGIC);
END COMPONENT module_min;

COMPONENT module_min10 IS
   PORT (rst_n: IN STD_LOGIC;
        clk: IN STD_LOGIC;
        en_min10:IN STD_LOGIC;
        min10_cnt:OUT STD_LOGIC_VECTOR(3 DOWNTO 0);
        min10_en:OUT STD_LOGIC);
END COMPONENT module_min10;

COMPONENT module_hr IS
   PORT (rst_n: IN STD_LOGIC;
        clk: IN STD_LOGIC;
        en_hr:IN STD_LOGIC;
        hr10_cnt:IN STD_LOGIC_VECTOR(3 DOWNTO 0);
        hr_cnt:OUT STD_LOGIC_VECTOR(3 DOWNTO 0);
        hr_en:OUT STD_LOGIC);
END COMPONENT module_hr ;

COMPONENT module_hr10 IS
   PORT ( rst_n: IN STD_LOGIC;
         clk: IN STD_LOGIC;
         en_hr10:IN STD_LOGIC;
         hr10_cnt:OUT STD_LOGIC_VECTOR(3 DOWNTO 0));
END COMPONENT module_hr10 ;

SIGNAL en_sec:STD_LOGIC;
SIGNAL sec_en:STD_LOGIC;
SIGNAL en_sec10:STD_LOGIC;
SIGNAL sec10_en:STD_LOGIC;
SIGNAL en_min:STD_LOGIC;
SIGNAL min_en: STD_LOGIC;
SIGNAL en_min10:STD_LOGIC;
```

```vhdl
SIGNAL min10_en:STD_LOGIC;
SIGNAL en_hr:STD_LOGIC;
SIGNAL hr_en:STD_LOGIC;
SIGNAL en_hr10:STD_LOGIC;
SIGNAL hr10_en:STD_LOGIC;
SIGNAL hr10_cnt_t:STD_LOGIC_VECTOR(3 DOWNTO 0);

BEGIN
   u_sec: module_sec   PORT MAP ( rst_n = >rst_n,
                                  clk = >clk,
                                  en_sec = >en,
                                  sec_cnt = >sec_cnt,
                                  sec_en = >sec_en);
        en_sec10< = en AND sec_en;
   u_sec10:module_sec10 PORT MAP (rst_n = >rst_n,
                                  clk = >clk,
                                  en_sec10 = >en_sec10,
                                  sec10_cnt = >sec10_cnt,
                                  sec10_en = >sec10_en);
      en_min< = en_sec10 AND sec10_en;
   u_min:module_min PORT MAP(rst_n = >rst_n,
                                  clk = >clk,
                                  en_min = >en_min,
                                  min_cnt = >min_cnt,
                                  min_en = >min_en);
      en_min10< = en_min AND min_en;
   u_min10:module_min10 PORT MAP (rst_n = >rst_n,
                                  clk = >clk,
                                  en_min10 = >en_min10,
                                  min10_cnt = >min10_cnt,
                                  min10_en = >min10_en);
      en_hr< = en_min10 AND min10_en;
   u_hr:module_hr PORT MAP(rst_n = >rst_n,
                                  clk = >clk,
                                  en_hr = >en_hr,
                                  hr10_cnt = >hr10_cnt_t,
                                  hr_cnt = >hr_cnt,
                                  hr_en = >hr_en);
      en_hr10< = en_hr AND hr_en;
   u_hr10:module_hr10 PORT MAP( rst_n = >rst_n,
                                  clk = >clk,
                                  en_hr10 = >en_hr10,
```

```
                         hr10_cnt = >hr10_cnt_t);
        hr10_cnt<= hr10_cnt_t;
END ARCHITECTURE rtl;
```

(4) 模块仿真。计时模块的仿真波形如图 11-31 所示。

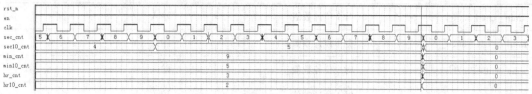

图 11-31　计时模块的仿真波形图

2. 显示译码模块的集成

由 6 个显示译码子模块集成在一起构成显示译码模块，如图 11-32 所示。

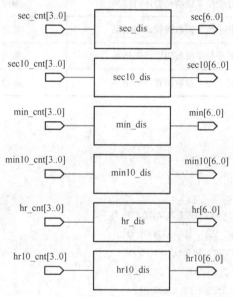

图 11-32　6 个显示译码子模块集成图

(1) 功能分析。显示译码模块为各个显示译码子模块的集成，主要实现秒个位、秒十位、分个位、分十位、时个位和时十位的计数值译码为 7 段数码管的控制 2 进制数据。

(2) 模块端口。集成得到的显示译码模块的端口及其参数如图 11-33 和表 11-16 表示。

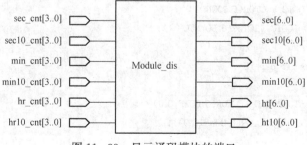

图 11-33　显示译码模块的端口

表 11-16 显示译码模块端口参数

端口名称	功能	方向	位宽
sec_cnt[3..0]	秒个位计数值	输入	4
sec10_cnt[3..0]	秒十位计数值	输入	4
min_cnt[3..0]	分个位计数值	输入	4
min10_cnt[3..0]	分十位计数值	输入	4
hr_cnt[3..0]	时个位计数值	输入	4
hr10_cnt[3..0]	时十位计数值	输入	4
sec[6..0]	秒个位7段数码管译码结果	输出	7
sec10[6..0]	秒十位7段数码管译码结果	输出	7
min[6..0]	分个位7段数码管译码结果	输出	7
min10[6..0]	分十位7段数码管译码结果	输出	7
hr[6..0]	时个位7段数码管译码结果	输出	7
hr10[6..0]	时十位7段数码管译码结果	输出	7

(3) 模块代码。

```vhdl
LIBRARY IEEE;
USE IEEE.STD_LOGIC_1164.ALL;
ENTITY module_dis IS
   PORT (sec_cnt:IN STD_LOGIC_VECTOR(3 DOWNTO 0);
        sec10_cnt:IN STD_LOGIC_VECTOR(3 DOWNTO 0);
        min_cnt:IN STD_LOGIC_VECTOR(3 DOWNTO 0);
        min10_cnt:IN STD_LOGIC_VECTOR(3 DOWNTO 0);
        hr_cnt:IN STD_LOGIC_VECTOR(3 DOWNTO 0);
        hr10_cnt:IN STD_LOGIC_VECTOR(3 DOWNTO 0);
        sec:OUT STD_LOGIC_VECTOR(6 DOWNTO 0);
        sec10:OUT STD_LOGIC_VECTOR(6 DOWNTO 0);
        min:OUT STD_LOGIC_VECTOR(6 DOWNTO 0);
        min10:OUT STD_LOGIC_VECTOR(6 DOWNTO 0);
        hr: OUT STD_LOGIC_VECTOR(6 DOWNTO 0);
        hr10: OUT STD_LOGIC_VECTOR(6 DOWNTO 0));
END ENTITY module_dis;
ARCHITECTURE rtl OF module_dis IS
   COMPONENT sec_dis IS
     PORT( sec_cnt:IN STD_LOGIC_VECTOR(3 DOWNTO 0);
          sec:OUT STD_LOGIC_VECTOR(6 DOWNTO 0));
```

```vhdl
   END COMPONENT sec_dis;

     COMPONENT sec10_dis IS
        PORT( sec10_cnt:IN STD_LOGIC_VECTOR(3 DOWNTO 0);
           sec10:OUT STD_LOGIC_VECTOR(6 DOWNTO 0));
     END COMPONENT sec10_dis;

     COMPONENT min_dis IS
       PORT( min_cnt:IN STD_LOGIC_VECTOR(3 DOWNTO 0);
           min:OUT STD_LOGIC_VECTOR(6 DOWNTO 0));
     END COMPONENT min_dis;

     COMPONENT min10_dis IS
    PORT( min10_cnt:IN STD_LOGIC_VECTOR(3 DOWNTO 0);
         min10:OUT STD_LOGIC_VECTOR(6 DOWNTO 0));
    END COMPONENT min10_dis;

   COMPONENT hr_dis IS
     PORT( hr_cnt:IN STD_LOGIC_VECTOR(3 DOWNTO 0);
         hr: OUT STD_LOGIC_VECTOR(6 DOWNTO 0));
   END COMPONENT hr_dis;

   COMPONENT hr10_dis IS
     PORT( hr10_cnt:IN STD_LOGIC_VECTOR(3 DOWNTO 0);
         hr10: OUT STD_LOGIC_VECTOR(6 DOWNTO 0));
   END COMPONENT hr10_dis;

   BEGIN
 u_sec:sec_dis   PORT MAP( sec_cnt = >sec_cnt,
                      sec = >sec);
 u_sec10:sec10_dis   PORT MAP( sec10_cnt = >sec10_cnt,
                      sec10 = >sec10);
 u_min:min_dis   PORT MAP( min_cnt = >min_cnt,
                      min = >min);
 u_min10:min10_dis   PORT MAP( min10_cnt = >min10_cnt,
                      min10 = >min10);
 u_hr:hr_dis   PORT MAP( hr_cnt = >hr_cnt,
                      hr = >hr);
 u_hr10:hr10_dis   PORT MAP( hr10_cnt = >hr10_cnt,
                      hr10 = >hr10);
END ARCHITECTURE rtl;
```

(4) 模块仿真。显示译码模块的仿真波形如图 11-34 所示。

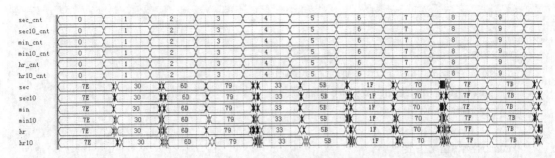

图 11-34　显示译码模块的仿真波形图

3. 顶层模块（系统）集成

将由各子模块集成后得到的计时模块和显示译码模块按照功能要求连接起来，集成得到顶层模块，顶层模块代表整个系统。图 11-35 为系统的集成图。

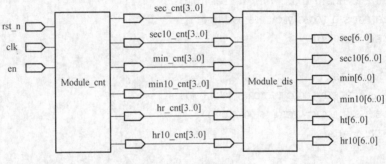

图 11-35　系统集成图

（1）功能分析。顶层模块实现 24 小时计时功能，并产生计数值的 7 段数码管的译码结果。译码结果驱动 7 段数码管显示对应的数值。

（2）系统端口。系统端口在第一步已完成，见图 11-2 和表 11-1。

（3）顶层模块代码。

```
LIBRARY IEEE;
USE IEEE.STD_LOGIC_1164.ALL;
USE IEEE.STD_LOGIC_UNSIGNED.ALL;
ENTITY cnt24 IS
    PORT(rst_n: IN STD_LOGIC;
        clk: IN STD_LOGIC;
        en: IN STD_LOGIC;
        sec: OUT STD_LOGIC_VECTOR(6 DOWNTO 0);
        sec10: OUT STD_LOGIC_VECTOR(6 DOWNTO 0);
        min: OUT STD_LOGIC_VECTOR(6 DOWNTO 0);
        min10: OUT STD_LOGIC_VECTOR(6 DOWNTO 0);
        hr: OUT STD_LOGIC_VECTOR(6 DOWNTO 0);
        hr10: OUT STD_LOGIC_VECTOR(6 DOWNTO 0));
```

```vhdl
END ENTITY cnt24;

ARCHITECTURE rtl OF cnt24 IS

COMPONENT module_dis IS
    PORT (sec_cnt: IN STD_LOGIC_VECTOR(3 DOWNTO 0);
        sec10_cnt: IN STD_LOGIC_VECTOR(3 DOWNTO 0);
        min_cnt: IN STD_LOGIC_VECTOR(3 DOWNTO 0);
        min10_cnt: IN STD_LOGIC_VECTOR(3 DOWNTO 0);
        hr_cnt: IN STD_LOGIC_VECTOR(3 DOWNTO 0);
        hr10_cnt: IN STD_LOGIC_VECTOR(3 DOWNTO 0);
        sec: OUT STD_LOGIC_VECTOR(6 DOWNTO 0);
        sec10: OUT STD_LOGIC_VECTOR(6 DOWNTO 0);
        min: OUT STD_LOGIC_VECTOR(6 DOWNTO 0);
        min10: OUT STD_LOGIC_VECTOR(6 DOWNTO 0);
        hr: OUT STD_LOGIC_VECTOR(6 DOWNTO 0);
        hr10: OUT STD_LOGIC_VECTOR(6 DOWNTO 0));
END COMPONENT module_dis;

COMPONENT module_cnt  IS
    PORT (rst_n: IN STD_LOGIC;
        clk: IN STD_LOGIC;
        en: IN STD_LOGIC;
        sec_cnt: OUT STD_LOGIC_VECTOR(3 DOWNTO 0);
        sec10_cnt: OUT STD_LOGIC_VECTOR(3 DOWNTO 0);
        min_cnt: OUT STD_LOGIC_VECTOR(3 DOWNTO 0);
        min10_cnt: OUT STD_LOGIC_VECTOR(3 DOWNTO 0);
        hr_cnt: OUT STD_LOGIC_VECTOR(3 DOWNTO 0);
        hr10_cnt: OUT STD_LOGIC_VECTOR(3 DOWNTO 0));
END COMPONENT module_cnt;

SIGNAL   sec_cnt: STD_LOGIC_VECTOR(3 DOWNTO 0);
SIGNAL   sec10_cnt: STD_LOGIC_VECTOR(3 DOWNTO 0);
SIGNAL   min_cnt: STD_LOGIC_VECTOR(3 DOWNTO 0);
SIGNAL   min10_cnt: STD_LOGIC_VECTOR(3 DOWNTO 0);
SIGNAL   hr_cnt: STD_LOGIC_VECTOR(3 DOWNTO 0);
SIGNAL   hr10_cnt: STD_LOGIC_VECTOR(3 DOWNTO 0);

BEGIN
u_cnt: module_cnt   PORT MAP (rst_n = >rst_n,
        clk = >clk,
        en = >en,
```

```
                sec_cnt =>sec_cnt,
                sec10_cnt =>sec10_cnt,
                min_cnt =>min_cnt,
                min10_cnt =>min10_cnt,
                hr_cnt =>hr_cnt,
                hr10_cnt =>hr10_cnt);

u_dis:module_dis   PORT MAP(sec_cnt =>sec_cnt,
                sec10_cnt =>sec10_cnt,
                min_cnt =>min_cnt,
                min10_cnt =>min10_cnt,
                hr_cnt =>hr_cnt,
                hr10_cnt =>hr10_cnt,
                sec =>sec,
                sec10 =>sec10,
                min =>min,
                min10 =>min10,
                hr =>hr,
                hr10 =>hr10);
END ARCHITECTURE rtl;
```

(4) 系统仿真。

1) 图形输入仿真。系统的图形输入仿真波形如图 11-36 所示。

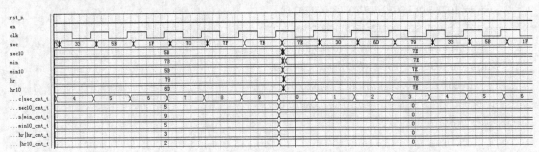

图 11-36 系统的图形输入仿真波形图

2) Testbench 仿真。系统的 testbench 代码如下：

```
LIBRARY IEEE;
USE IEEE.STD_LOGIC_1164.ALL;

ENTITY tb_cnt24 IS
END ENTITY tb_cnt24;

ARCHITECTURE rtl OF tb_cnt24 IS
  COMPONENT cnt24 IS
```

```vhdl
        PORT(rst_n: IN STD_LOGIC;
             clk: IN STD_LOGIC;
             en: IN STD_LOGIC;
             sec: OUT STD_LOGIC_VECTOR(6 DOWNTO 0);
             sec10: OUT STD_LOGIC_VECTOR(6 DOWNTO 0);
             min: OUT STD_LOGIC_VECTOR(6 DOWNTO 0);
             min10: OUT STD_LOGIC_VECTOR(6 DOWNTO 0);
             hr: OUT STD_LOGIC_VECTOR(6 DOWNTO 0);
             hr10: OUT STD_LOGIC_VECTOR(6 DOWNTO 0));
END COMPONENT cnt24;

SIGNAL rst_n,clk,en:STD_LOGIC;
SIGNAL sec,sec10:STD_LOGIC_VECTOR(6 DOWNTO 0);
SIGNAL min,min10:STD_LOGIC_VECTOR(6 DOWNTO 0);
SIGNAL hr,hr10:STD_LOGIC_VECTOR(6 DOWNTO 0);

BEGIN
    PROCESS
        BEGIN
        rst_n<= '0';
        WAIT FOR 100 ns;
        rst_n<= '1';
        WAIT;
    END PROCESS;

    PROCESS
        BEGIN
        clk<= '0';
        WAIT FOR 50 ns;
        clk<= '1';
        WAIT FOR 50 ns;
    END PROCESS;
    PROCESS
        BEGIN
        en<= '1';
        WAIT;
    END PROCESS;

    u1: cnt24 PORT MAP(rst_n=> rst_n,
                       clk=>clk,
                       en=>en,
                       sec=>sec,
```

```
                    sec10 => sec10,
                    min => min,
                    min10 => min10,
                    hr => hr,
                    hr10 => hr10);

END ARCHITECTURE rtl;
```

仿真波形如图 11-37 所示。

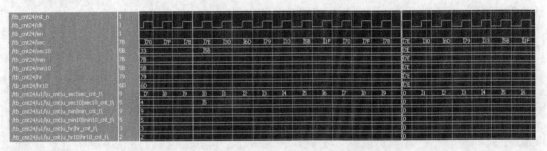

图 11-37 系统的 testbench 仿真波形图

11.1 若输入时钟频率为 24MHz，如何实现正确计时？若采用分频器，请写出 VHDL 代码，并进行仿真验证。

11.2 为本章 24 小时数字钟增加校时功能，要求如下：

(1) 数字钟可以通过按键控制数字钟在计时状态和校时状态之间转换；

(2) 当数字钟处于校时状态时，可通过不同的按键实现秒校时、分校时、时校时功能。

11.3 若系统要求使用动态扫描显示，如何修改显示模块？请根据模块设计的基本步骤进行设计，并写出相关代码和仿真结果。

第12章 上机实验

本章介绍了 12 个基础设计实验，主要目的是让读者熟悉 QuartusⅡ软件以及 Modelsim 软件的使用，熟练掌握 VHDL 常用的语法知识。同时在掌握理论的基础上，达到综合运用所学知识，设计复杂数字系统的目标。

实验1　QuartusⅡ软件的使用

一、实验目的

（1）掌握基于 QuartusⅡ软件的 VHDL 设计流程。
（2）掌握 VHDL 语言的基本结构。
（3）理解功能仿真与时序仿真的含义与区别。

二、实验内容

使用 QuartusⅡ软件设计 1 位半加器，并完成实验步骤中要求的内容。

三、实验步骤

1. QuartusⅡ软件的使用

参考［例 4-1］1 位半加器的 VHDL 设计和附录 QuartusⅡ使用教程，在 QuartusⅡ软件环境下按以下步骤进行操作：

（1）在 E:/vhdl/目录下，新建文件夹 exp1。
（2）新建 QuartusⅡ工程，工程名命名为 half_adder，并保存到新建文件夹 E:/vhdl/exp1 中。
（3）选择器件型号为 MAXII 系列中的 EPM570T144C5。
（4）新建 VHDL 文件，命名为 half_adder.vhd。
（5）在新建的 half_adder.vhd 中输入［例 4-1］中的代码。
（6）开始综合（Start Compilation），查看综合报告（Compilation Report）。
（7）查看 RTL Viewer。
（8）新建 vwf 文件，文件名称为 half_adder.vwf。注意与新建工程保存在同一个文件夹下面，即新建的文件夹 E:/vhdl/exp1。
（9）在 vwf 文件界面下，添加设计的输入输出端口，并设置输入端口。
（10）功能仿真。在功能仿真之前需要进行两项准备工作：①生成功能仿真网表；②在 setting 对话框中 simulation 界面的仿真模式选择为"functional"。然后开始仿真，分析仿真结果。
（11）时序仿真。在 setting 对话框中的 simulation 界面的仿真模式选择为"Timing"，然后开始仿真,分析仿真结果。

(12) 比较功能仿真与时序仿真的不同。

2. VHDL 语言的基本结构

(1) 分析 VHDL 各个组成部分的语法格式。

1) 库声明。

2) 包集合声明。

3) 实体声明。

4) 构造体声明。

(2) 验证 VHDL 大小写问题。将 [例 4-1] 中的代码修改为全用小写字母表示,并进行综合,查看是否有错误报告。

(3) 语句注释的使用方法。将 [例 4-1] 中的库和包集合声明 2 行代码用注释符号注释掉,进行综合,查看是否有错误报告。若有错误报告,去掉注释符号,再进行综合,查看是否还有错误报告。

(4) 标示符命名规则。将端口名字 s 修改为 s_ 和 1s 分别进行综合,查看是否有错误报告,若有错误,查看报告内容。

(5) 实体名字与工程名字的对应问题。实体名的命名需要符合 VHDL 标示符的命名规则。另外,Quartus Ⅱ 软件对实体名也有一定的要求,顶层文件的实体名字要与该顶层文件名一致,也要与工程名字一致。将实体名字改为 half_adder_1 并进行综合,查看是否有错误报告。若有错误报告,查看报告内容。

(6) 顶层文件名与工程名字的对应问题。打开工程所在的文件夹 half_adder,找到 half_adder.vhd 文件,将文件名改为 half_adder_1.vhd。回到 Quartus Ⅱ 软件环境中进行综合,查看是否有错误发生。若有错误,查看错误报告内容。

注意:基于 Quartus Ⅱ 软件使用 VHDL 进行电路设计时,需要注意"两个名称一致",即工程的名称与顶层 vhd 文件名称一致,vhd 文件的名称与其内部设计实体的名称一致。

实验 2　VHDL 构造体的结构描述

一、实验目的

(1) 掌握 VHDL 语言构造体的结构描述的基本语法。

(2) 掌握在一个 Quartus Ⅱ 工程下建立多个 VHDL 文件。

二、实验内容

采用结构描述方式设计 8 位移位寄存器。

三、实验步骤

(1) 新建文件夹 E:/vhdl/exp2。

(2) 新建 Quartus Ⅱ 工程,命名为 shift_reg8,并保存到新建的文件夹 E:/vhdl/exp2 中。

(3) 选择器件为 MAXII 系列中的 EPM570T144C5。
(4) 新建第一个 VHDL 文件，命名为 d_ff.vhd。
(5) 参考［例 9-4］完成 d_ff.vhd 文件的代码描述。
(6) 新建第二个 VHDL 文件，命名为 shift_reg8.vhd。
(7) 参考［例 7-31］完成 shift_reg8.vhd 文件的代码描述。
(8) 开始综合，排查错误，直至没有语法错误。
(9) 察看 RTL Viewer。
(10) 建立 vwf 文件，命名为 shift_reg8.vwf。
(11) 添加输入输出端口，并设置输入端口。
(12) 分别进行功能仿真和时序仿真。

注意：如果完全照搬［例 9-4］和［例 7-31］，则编译时肯定会出错。因为在结构设计中，高层次模块中 COMPONENT 语句中描述的端口要与被调用的低层次模块的端口一致。

实验 3 子程序与包集合的使用

一、实验目的

(1) 掌握 VHDL 语言自定义包集合的方法。
(2) 掌握在 QuartusⅡ软件中调用自定义包集合的方法。
(3) 掌握函数和过程的调用方法。

二、实验内容

(1) 自定义包集合，分别含有 1 个可以实现将整数 0～15 转换成 4 位二进制数的函数和一个可以实现将 4 位二进制数转换成整数 0～15 的过程。
(2) 在构造体内实现函数和过程的调用，可以实现将输入的 4 位二进制的数据转换成整数，将输入的整数转换成 4 位二进制数据。

三、实验步骤

(1) 新建文件夹 E:/vhdl/exp3。
(2) 新建 QuartusⅡ工程，名称为 int_bin，保存到新建的文件夹 E:/vhdl/exp3 中。
(3) 选择器件型号为 MAXII 系列中的 EPM570T144C5。
(4) 新建 VHDL 文件，命名为 my_package.vhd。
(5) 在新建的 my_package.vhd 中编写符合要求的过程和函数（参考 5.4.2 节的知识内容以及实例）。
(6) 新建 VHDL 文件，命名为 int_bin.vhd。
(7) int_bin.vhd 中的端口描述如下：

```
PORT( a: IN INTEGER RANGE 0 TO 15;
    b: IN STD_LOGIC_VECTOR(3 DOWNTO 0);
```

```
    c:OUT STD_LOGIC_VECTOR(3 DOWNTO 0);
    d: OUT INTEGER RANGE 0 TO 15);
```

要求将整数 a 转换成 c 表示的 4 位二进制数，将 4 位二进制数 b 转换成整数 d。

(8) 在新建的 int_bin.vhd 中调用函数和过程。要实现正确调用，首先要声明函数和过程所定义的包集合，自定义包集合的方法可参考［例 5-9］。

(9) 编译综合，排查错误，直至没有任何语法错误。

(10) 查看 RTL Viewer。

(11) 建立 vwf 文件，命名为 int_bin.vwf。

(12) 添加输入输出端口，并设置输入端口。

(13) 分别进行功能仿真和时序仿真。

注意：在 QuartusⅡ软件中，自定义包集合的 VHDL 代码的保存方式有两种：①单独保存一个 vhd 文件，文件名称任意；②与设计实体放在同一个 vhd 文件中，该 vhd 文件名称与设计实体名称一致。

实验 4　信号和局部变量的使用与区别

一、实验目的

(1) 掌握信号的定义和使用方法。
(2) 掌握局部变量的定义和使用方法。
(3) 掌握信号和局部变量的区别。

二、实验内容

(1) 设计六进制计数器，不需复位端，只包含时钟信号和计数值两个端口。

1) 定义 1 个内部信号作为计数量，并定义信号初始值为零。

2) 定义 1 个局部变量作为计数量，并定义变量初始值为零。

(2) 信号与变量代入的区别。验证［例 6-6］和［例 6-7］，观看 RTL Viewer，并进行仿真验证。

三、实验步骤

1. 六进制计数器的设计

(1) 新建文件夹 E:/vhdl/exp4/cnt6。

(2) 新建 QuartusⅡ工程，命名为 cnt6，保存到文件夹 E:/vhdl/exp4/cnt6 中。

(3) 选择器件型号为 MAXⅡ系列中的 EPM570T144C5。

(4) 新建 VHDL 文件，命名为 cnt6.vhd。

(5) 编写六进制计数器 VHDL 代码，定义 1 个内部信号作为计数量，并定义信号初始值为零。

(6) 编译综合，排查错误，直至编译综合成功。

(7) 新建 vwf 文件，命名为 cnt6.vwf。

(8) 为 cnt6.vwf 文件添加输入输出端口，并设置输入端口。

(9) 进行仿真，验证是否符合设计要求。

(10) 修改 cnt6.vhd 文件，将原有代码的构造体部分注释掉。定义 1 个局部变量作为计数量，并定义变量初始值为零。

(11) 编译综合，排查错误，直至编译综合成功。

(12) 重新进行仿真，验证是否符合设计要求。

(13) 分析 cnt6.vhd 文件的构造体中，实现实验内容（1）的 1）部分与实现实验内容（1）的 2）部分的代码的区别；理解信号与局部变量的区别。

2. 信号与变量代入的区别

(1) 新建文件夹 E:/vhdl/exp4/adder_4。

(2) 新建 QuartusⅡ工程，命名为 adder_4，保存到文件夹 E:/vhdl/exp4/adder_4 中。

(3) 选择器件型号为 MAXII 系列中的 EPM570T144C5。

(4) 新建 VHDL 文件，命名为 adder_4.vhd。

(5) 在 adder_4.vhd 中输入［例 6-6］的代码。

(6) 编译综合，排查错误，直至编译综合成功。

(7) 查看 RTL Viewer。

(8) 新建 vwf 文件，命名为 adder_4.vwf。

(9) 为 adder_4.vwf 文件添加输入输出端口，并设置输入端口。

(10) 进行仿真，分析仿真结果。

(11) 注释 adder_4.vhd 代码中的构造体部分，把原有的构造体部分替换为［例 6-7］的构造体。

(12) 编译综合，排查错误，直至编译综合成功。

(13) 重新进行仿真，分析仿真结果。

(14) 比较前后两次仿真结果的区别。

实验 5　运 算 符 的 使 用

一、实验目的

(1) 掌握 VHDL 逻辑运算符的使用方法。
(2) 掌握 VHDL 算术运算符的使用方法。
(3) 掌握 VHDL 关系运算符的使用方法。
(4) 掌握 VHDL 移位运算符的使用方法。
(5) 掌握 VHDL 并置运算符的使用方法。

二、实验内容

(1) 使用逻辑运算符描述 1 位全加器的逻辑表达式，并进行仿真验证结果的正确性。

$$S=\overline{A}\cdot\overline{B}\cdot C_i+\overline{A}\cdot B\cdot \overline{C_i}+A\cdot \overline{B}\cdot \overline{C_i}+A\cdot B\cdot C_i$$
$$C_o=A\cdot B+A\cdot \overline{B}\cdot C_i+\overline{A}\cdot B\cdot C_i$$

（2）使用算术运算符描述能够实现 4 位二进制数加减乘除功能的逻辑电路。加法、减法和除法的结果为 5 位，乘法的结果为 8 位。验证结果的正确性（若器件选择为 EPM570T144C5，逻辑资源会不足，可更换为其他逻辑资源多的器件，如 EP1C12Q240C8 等）。

（3）使用关系运算符描述能够在 4 个 8 位二进制数中选取最大值和最小值的逻辑电路。

（4）使用移位运算符描述能够实现对任意一个 8 位二进制数循环左移的逻辑电路。

（5）使用并置运算符将 8 个 1 位二进制数组合成 1 个 8 位的二进制数。

三、实验步骤

（1）～（5）实验内容均按如下步骤进行：

（1）建立文件夹；
（2）建立新工程；
（3）指派器件；
（4）建立 VHDL 文件；
（5）代码编写；
（6）编译综合；
（7）查看 RTL Viewer；
（8）建立 vwf 文件；
（9）仿真验证，分析结果。

实验 6 顺序描述语句的使用

一、实验目的

（1）掌握 IF 语句的使用方法。
（2）掌握 CASE 语句的使用方法。
（3）掌握 LOOP 语句的使用方法。

二、实验内容

（1）使用 IF 语句描述可以从 8 个 8 位二进制数中任选一个作为输出的 8 选 1 数据选择器。

（2）使用 CASE 语句描述可以从 8 个 8 位二进制数中任选一个作为输出的 8 选 1 数据选择器。

（3）使用 LOOP 语句实现整数 0～99 的求和。

三、实验步骤

实验步骤同实验 5。

实验 7　并发描述语句的使用

一、实验目的

(1) 掌握条件信号赋值语句的使用方法。
(2) 掌握选择信号赋值语句的使用方法。
(3) 掌握 GENERATE 语句的使用方法。

二、实验内容

(1) 使用条件信号赋值语句描述可以从 8 个 8 位二进制数中任选一个作为输出的 8 选 1 数据选择器。
(2) 使用选择信号赋值语句描述可以从 8 个 8 位二进制数中任选一个作为输出的 8 选 1 数据选择器。
(3) 使用 GENERATE 语句和 8 个 1 位的二输入异或门生成 1 个 8 位的 2 输入异或门。

三、实验步骤

每个实验内容按如下步骤进行：
(1) 建立文件夹。
(2) 建立新工程。
(3) 指派器件。
(4) 建立 VHDL 文件。
(5) 代码编写。
(6) 编译综合。
(7) 查看 RTL Viewer。
(8) 建立 vwf 文件。
(9) 仿真验证，分析结果。

实验 8　顺序描述语句与并发描述语句之间的转换

一、实验目的

掌握顺序描述语句与并发描述之间的相互转换（能够实现相互转换的前提是同一种逻辑功能均可由两种类型的语句实现）。

二、实验内容

(1) 并发信号赋值语句与等价进程的转换。将下段代码转换成进程描述的形式：

```
      LIBRARY IEEE;
USE IEEE.STD_LOGIC_1164.ALL;
  ENTITY exp8 IS
    PORT( a: IN STD_LOGIC;
          b: OUT STD_LOGIC);
  END ENTITY exp8;
ARCHITECTURE rtl OF exp8 IS
  SIGNAL c:STD_LOGIC;
  BEGIN
    c<＝a;
    b<＝c;
END ARCHITECTURE rtl;
```

（2）选择信号赋值语句与 IF、CASE 语句的转换。比较实验六与实验七中选择信号赋值语句与 IF、CASE 语句在实现 8 选 1 数据选择器时的区别。

（3）条件信号赋值语句与 IF、CASE 语句的转换。比较实验六与实验七中条件信号赋值语句与 IF、CASE 语句在实现 8 选 1 数据选择器时的区别。

三、实验步骤

实验内容（1）的步骤同实验 5。实验内容（2）和实验内容（3）利用实验 6 和实验 7 的结果进行分析即可。

实验 9　异步复位和同步复位

一、实验目的

（1）掌握异步复位的概念及 VHDL 的描述方法。
（2）掌握同步复位的概念及 VHDL 的描述方法。

二、实验内容

（1）使用异步复位方式设计六进制计数器（时钟上升沿计数，不需定义中间计数量的初值）。
（2）使用同步复位方式设计六进制计数器（时钟上升沿计数，不需定义中间计数量的初值）。

三、实验步骤

（1）新建文件夹 E:/vhdl/exp9。
（2）新建 QuartusⅡ工程，命名为 cnt6，保存到文件夹 E:/vhdl/exp9 中。
（3）选择器件型号为 MAXⅡ系列中的 EPM570T144C5。
（4）新建 VHDL 文件，命名为 cnt6.vhd。
（5）编写六进制计数器 VHDL 代码，实现实验内容（1）。
（6）编译综合，排查错误，直至编译综合成功。

(7) 新建 vwf 文件，命名为 cnt6.vwf。

(8) 为 cnt6.vwf 文件添加输入输出端口，并设置输入端口，注意设置复位端口，不要使复位信号的有效时间与时钟上升沿重合。

(9) 进行仿真，验证复位效果和设计结果是否符合设计要求。

(10) 修改 cnt6.vhd 文件，把原有代码的构造体部分注释掉。按照实验内容（2）完成设计。

(11) 编译综合，排查错误，直至编译综合成功。

(12) 重新进行仿真，验证复位效果和设计结果是否符合设计要求。

(13) 比较两次仿真中复位效果的区别。

(14) 在 cnt6.vwf 中修改复位端口的有效时间，经过一个时钟上升沿。

(15) 重新进行仿真，验证复位效果。

(16) 分析 cnt6.vhd 文件构造体中实现实验内容（1）与实现实验内容（2）的代码的区别，理解同步复位和异步复位的区别。

实验10 同步时序逻辑和异步时序逻辑

一、实验目的

(1) 掌握同步时序逻辑的概念及 VHDL 的描述方法。

(2) 掌握异步时序逻辑的概念及 VHDL 的描述方法。

二、实验内容

(1) 用同步时序逻辑设计 3 位二进制计数器，复位方式任选（参考［例 9-14］）。

(2) 用异步时序逻辑设计 3 位二进制计数器，复位方式任选（参考［例 9-15］）。

三、实验步骤

(1) 新建文件夹 E:/vhdl/exp10。

(2) 新建 QuartusⅡ工程，命名为 cnt8，保存到文件夹 E:/vhdl/exp10 中。

(3) 选择器件型号为 MAXII 系列中的 EPM570T144C5。

(4) 新建 VHDL 文件，命名为 cnt8.vhd。

(5) 编写 3 位二进制计数器 VHDL 代码，实现实验内容（1）。

(6) 编译综合，排查错误，直至编译综合成功。

(7) 新建 vwf 文件，命名为 cnt8.vwf。

(8) 为 cnt8.vwf 文件添加输入输出端口，并设置输入端口。

(9) 进行仿真，验证设计结果是否符合设计要求。

(10) 修改 cnt8.vhd 文件，把原有代码的构造体部分注释掉，按照实验内容（2）完成设计。

(11) 编译综合，排查错误，直至编译综合成功。

(12) 重新进行仿真，验证设计结果是否符合设计要求。

(13) 分析 cnt8. vhd 文件构造体中实现实验内容（1）与实现实验内容（2）的代码的区别，理解同步时序逻辑和异步时序逻辑的区别。

实验 11　状 态 机 的 使 用

一、实验目的

(1) 掌握枚举类型状态机的 VHDL 描述及使用方法。
(2) 掌握常数类型状态机的 VHDL 描述及使用方法。

二、实验内容

(1) 用枚举类型状态机设计具有四个状态的状态机，采用计数器的计数值作为状态的转换条件，当计数器计数到 60 时，由当前状态转换到下一个状态，依次循环。用 4 位二进制数中的每一位标识一个状态。当该位为 1 时，说明系统处于该位标识的状态。
(2) 用常数类型状态机实现实验内容 1 的功能（参考 9.7.2，可选用任意一种编码方式）。

三、实验步骤

(1) 新建文件夹 E:/vhdl/exp11。
(2) 新建 QuartusⅡ工程，命名为 fsm＿4，保存到文件夹 E:/vhdl/exp11 中。
(3) 选择器件型号为 MAXⅡ系列中的 EPM570T144C5。
(4) 新建 VHDL 文件，命名为 fsm＿4. vhd。
(5) 编写 VHDL 代码，实现实验内容（1）。
(6) 编译综合，排查错误，直至编译综合成功。
(7) 查看 State Machine Viewer。
(8) 新建 vwf 文件，命名为 fsm＿4. vwf。
(9) 为 fsm＿4. vwf 文件添加输入输出端口，并设置输入端口。
(10) 进行仿真，验证设计结果是否符合设计要求。
(11) 修改 fsm＿4. vhd 文件，把原有代码的构造体部分注释掉。按照实验内容（2）完成设计。
(12) 编译综合，排查错误，直至编译综合成功。
(13) 重新进行仿真，验证设计结果是否符合设计要求。
(14) 分析 fsm＿4. vhd 文件构造体中实现实验内容（1）与实现实验内容（2）的代码的区别，理解枚举类型状态机和常数类型状态机的不同描述方式。

实验 12　Modelsim 软件的使用

一、实验目的

(1) 掌握 Modelsim 软件的使用方法。

(2) 掌握 Testbench 代码的编写方法。

二、实验内容

(1) 在 Modelsim 软件下设计异步复位的六十进制 8421BCD 码减计数器。
(2) 为实验内容（1）编写 testbench，进行仿真验证结果的正确性。

三、实验步骤

(1) 新建文件夹 E:/vhdl/exp12。
(2) 打开 Modelsim 软件，改变工作路径为 E:/vhdl/exp12。
(3) 新建 Modelsim 工程，命名为 cnt_60。
(4) 新建 VHDL 源文件，命名为 cnt_60。
(5) 编写 VHDL 代码，进行编译，排查错误。
(6) 新建 VHDL 源文件，命名为 tb_cnt_60。
(7) 编写 VHDL 代码，进行编译，排查错误。
(8) 进行仿真，添加信号到 wave 窗口，运行并分析仿真结果。

附录 A Quartus Ⅱ 软件简介

本附录通过十进制同步计数器的 VHDL 设计实例，讲解基于 Quartus Ⅱ 软件的 VHDL 设计流程。以 VHDL 作为设计输入的 Quartus Ⅱ 软件的使用流程如图 A-1 所示。

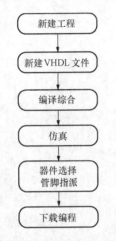

图 A-1 使用 Quartus Ⅱ 软件实现 VHDL 设计的一般流程

第一步：新建工程

(1) 打开 Quartus Ⅱ 软件。Quartus Ⅱ 软件初始界面如图 A-2 所示。

(2) 单击菜单选项 File，弹出下拉菜单，选择 New Project Wizard 选项，弹出 New Project Wizard 对话框，此时标题为 Introduction。在此标题下的对话框不需做任何操作，单击对话框右下角的 Next 按钮。

(3) New Project Wizard 对话框标题变为 New Project Wizard：Directory，Name，Top-Level Entity。

1) 栏目 1：What is the working directory of this Project? 该栏目是为新建工程指定存储路径。本例将工程地址设置为 E：\design\VHDL\cnt10。

2) 栏目 2：What is the name of this Project? 该栏目是为新建工程命名。本例将工程命名为 cnt10。

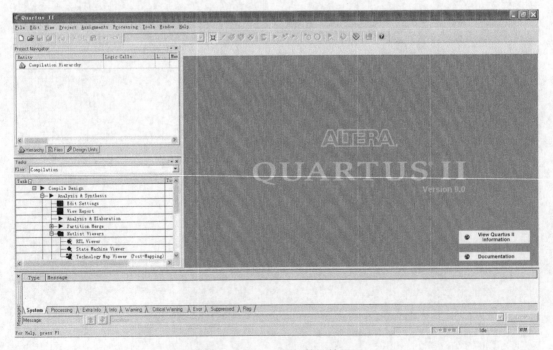

图 A-2 Quartus Ⅱ 软件初始界面

3) 栏目 3：What is the name of the top-level design entity for this project? This name is case sensitive and must exactly match the entity name in the design file.

该栏目是指定工程的顶层设计实体的名字。注意这个名字对大小写敏感（对 Verilog HDL 而言），而且一定要与设计文件的实体名字一致。该栏目在设置栏目 2 时一般自动与栏目 2 相同。

三个栏目配置好后的对话框如图 A-3 所示。单击对话框右下角 Next 按钮。

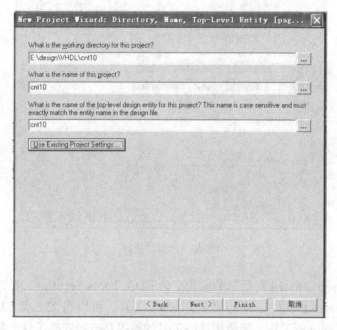

图 A-3　指定工程路径、名称和顶层设计实体的名字

（4）如果新建工程指定的路径不存在，则弹出如图 A-4 所示的对话框，单击"是（Y）"按钮。

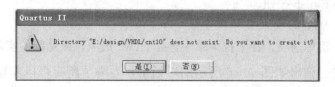

图 A-4　文件路径不存在对话框

（5）New Project Wizard 对话框的标题变为 Add Files。如果为新建工程指定的路径存在，则直接显示标题为 Add Files 的 New Project Wizard 对话框，而不弹出图 A-4 所示的对话框。本例只建立了一个空工程，没有设计文件可以添加。单击右下角 Next 按钮。

（6）New Project Wizard 对话框的标题变为 Family & Device Settings。在该界面下选择 PLD 器件的型号。在栏目 Device Family 中的 Family 选项中单击下拉按钮，弹出器件列表，选择 MAXII。在栏目 Show 'Available Device' list 中可以通过设置封装信息（Package）、管脚数目（Pin Count）和速度等级（Speed Grade）来筛选器件。符合该栏目信息的器件在栏目 Available Device 中显示。本例选择 EPM570T144C5。设置好的对话框如图 A-5 所示，单击对话框右下角 Next 按钮。

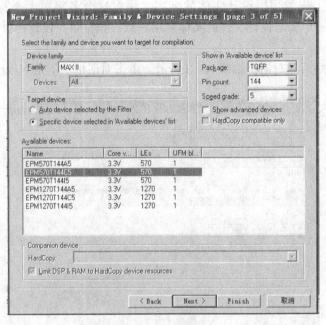

图 A-5　器件选择

(7) New Project Wizard 对话框的标题变为 EDA Tools Settings。在该对话框界面下为新建工程选择 QuartusⅡ软件以外的第三方 EDA 工具。可以指派三类 EDA 工具：综合工具、仿真工具和时序分析工具。要使用这些工具的前提是已经安装了这些软件。本例中不使用其他 EDA 工具，所以不需设置。单击对话框右下角 Next 按钮。

(8) New Project Wizard 对话框的标题变为 Summary。该对话框是对前面的设置作了一个总结，设计人员可以用该总结检查此前的设置是否有错误。如果检查后准确无误，则单击对话框右下角的 Finish 按钮。

第二步：新建 VHDL 文本文件

(1) 单击 File 菜单选项，在下拉菜单中选择 New... 选项，该功能的实现也可以单击左上角的快捷功能键▢。弹出如图 A-6 所示的对话框，列举了所有可以新建文件的类型。在 Design Files 一栏里选择 VHDL File，然后单击右下角的 OK 按钮（也可双击 VHDL File，而不用单击 OK 按钮）。

(2) 在 QuartusⅡ原始界面的右侧，出现空白的 VHDL 文件的编辑界面。此时空白 VHDL 文件的名称系统默认为 Vhdl1.vhd。单击 File 菜单选项，在下拉菜单中选择 Save as...，弹出如图 A-7 所示对话框。软件自动默认文件名与工程名一致。如果一个工程只有一个文件时，不需要修改文件名。但是如果一个工程包含多个 VHDL 文件时，需要根据该文件的设计实体命名文件名。需要注意的问题还有文件的保存路径，一定要把新建的文件与新建的工程放在同一文件夹下面，否则编译时会出错：找不到设计实体。一般出现错误的情况是，在保存新建文件之前，访问不同于新建工程的文件夹。QuartusⅡ软件的路径默认为最

附录 A　Quartus Ⅱ软件简介

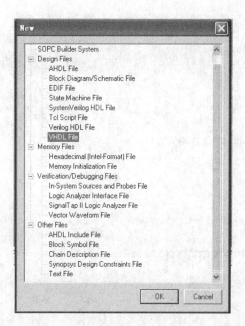

图 A-6　New 对话框

近一次访问的路径。因此，需要注意文件的保存路径。检查无误后，单击右下角的 保存(S) 按钮。空白 VHDL 文件的名称不再是 Vhdl1.vhd，而是变为了 cnt10.vhd。

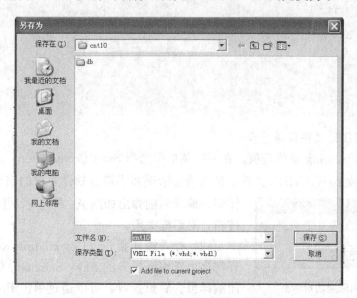

图 A-7　VHDL 文件保存对话框

（3）输入十进制计数器的 VHDL 代码。在输入代码的过程中注意保存文件，可以单击 File 菜单选项，在下拉菜单中选择 Save 功能，也可以单击快捷功能键 。注意，没有保存的文件的名称后面有个 *，如果 VHDL 文件的名字为 cnt10.vhd *，则说明该文件的内容没有保存，保存后 * 消失。

（4）完整代码。

263

```vhdl
LIBRARY IEEE;
USE IEEE.STD_LOGIC_1164.ALL;
USE IEEE.STD_LOGIC_UNSIGNED.ALL;
ENTITY cnt10 IS
    PORT( rst_n: IN STD_LOGIC;
          clk: IN STD_LOGIC;
          d_o:OUT STD_LOGIC_VECTOR(3 DOWNTO 0));
END ENTITY cnt10;

ARCHITECTURE rtl OF cnt10 IS
    BEGIN
        PROCESS(rst_n,clk) IS
            VARIABLE cnt:STD_LOGIC_VECTOR(3 DOWNTO 0);
            BEGIN
                IF rst_n = '0' THEN
                    cnt: = "0000";
                ELSIF clk'EVENT AND clk = '1' THEN
                    IF cnt = "1001" THEN
                        cnt: = "0000";
                    ELSE
                        cnt: = cnt + 1;
                    END IF;
                END IF;
                d_o< = cnt;
        END PROCESS;
END ARCHITECTURE rtl;
```

第三步：VHDL 文件编译综合

(1) 单击 Processing 菜单选项，在下拉菜单中选择 Start Compilation，或单击快捷功能按键▶。软件开始编译 VHDL 文件，排查语法错误和不符合软件要求的错误等。如果没有错误，编译后则弹出如图 A-8 的对话框。单击"确定"按钮，对话框关闭。

图 A-8 编译成功对话框

(2) 查看编译报告（Compilation Report）。每次编译都会出现编译报告的 Flow Summary 的界面。如果关闭编译报告后想查看，可以通过单击 Processing 菜单选项，在下拉菜单中选择 Compilation Report 打开编译报告。在 Flow Summary 中关注信息是资源的利用率，即 Total logic elements，该项指标表示被编译设计占用逻辑资源的情况，一般用分数和百分比形式表示，分子为被编译的设计占用的资源，分母为所选器件总的可用逻辑资源，百分比为两者的比例。本例的十进制计数器该项指标为 4/570（<1%）。除了 Flow Summary 报告外，还有很多其他选项，设计人员可以根据设计选择关注的细节问题。

(3) 查看 RTL Viewer。单击 Tools 菜单选项，在下拉菜单中选择 Netlist Viewers 中子

菜单的 RTL Viewer 功能，得到如图 A-9 的 RTL Viewer 视图。

RTL Viewer 可以反映代码的结构。RTL Viewer 说明该代码描述了以下功能：

一个比较器 EQUAL，比较计数值与 9 的大小；对应代码"IF cnt=" 1001" THEN"；

一个累加器 ADDER，每次累加 1。对应代码"cnt：=cnt+1;"；

一个数据选择器 MUX21，IF_ELSE 两个分支根据条件选择其一。

一个寄存器，对应代码"ELSIF clk'EVENT AND clk='1'THEN"。

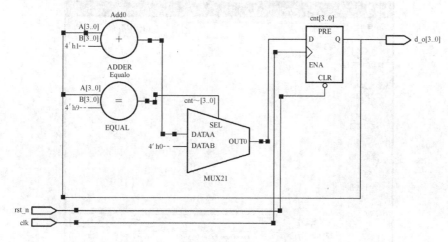

图 A-9 十进制计数器的 RTL Viewer

第四步：VHDL 文件仿真

(1) 单击 File 菜单选项，在下拉菜单中选择 New…选项，该功能的实现也可以单击左上角的快捷功能键 ，弹出如图 A-10 所示的对话框，列举了所有可以新建文件的类型。在 Verification/Debugging Files 一栏里选择 Vector Waveform File，然后单击右下角的 OK 按钮（也可双击 Vector Waveform File，而不用单击 OK 按钮）。

图 A-10 新建 vwf 文件对话框图

（2）在 QuartusⅡ界面出现空白 vwf 文件的编辑界面，此时空白 vwf 文件的名称系统默认为 Waveform1.vwf。单击 File 菜单选项，在下拉菜单中选择 Save as…，也可以单击快捷功能键![保存图标]，弹出如图 A-11 所示对话框。软件自动默认文件名与工程名一致。像新建 vhd 文件一样，也要注意文件的保存的路径要与新建工程一致。检查无误后，单击右下角的 保存(S) 按钮。空白 vwf 文件的名称不再是 Waveform1.vwf，而是变为了 cnt10.vwf。

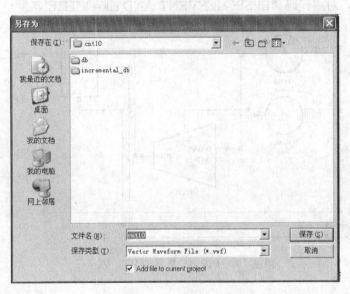

图 A-11　vwf 文件保存对话框

（3）vwf 文件分为两栏，左栏如图 A-12 所示。在左栏范围内，鼠标右击，弹出如图 A-13 所示的菜单。选择功能 Insert→Insert Node or Bus，弹出如图 A-14 所示的 Insert Node or Bus 对话框。

图 A-12　vwf 文件左栏

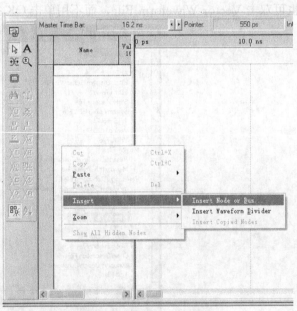

图 A-13　插入节点右键菜单

（4）在图 A-14 中单击 Node Finder 按钮，弹出如图 A-15 所示的 Node Finder 对话框。单击 Node Finder 对话框中的 list 按钮。Node Finder 左栏的 Nodes Found 列出了工程中编译过的 vhd 文件中所有的设计节点或总线信息，如图 A-16 所示。Select Nodes 一栏显示从 Nodes Found 一栏中选择且要添加到 vwf 文件中去的节点。单击两栏中间的选择按钮 ≥ 和 >>，可以将 Nodes Found 中的节点添加到 Select Nodes 中去。使用 ≥ 按钮时，应先在 Nodes Found 一栏中选择一个节点，然后单击 ≥，每次只能添加一个节点。>> 按钮实现将 Nodes Found 中的节点全部添加到 Select Nodes 中去。≤ 按钮实现将 Select Nodes 中选中的一个节点删除。<< 按钮表示将 Select Nodes 中的节点全部删除。使用 ≥ 按钮分别将节点 clk，cnt，d_o 和 rst_n 添加到 Select Nodes 中去，如图 A-17 所示。除了使用 ≥ 和 >> 按钮选择节点外，也可以通过选中节点后，双击添加。

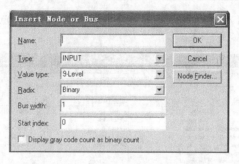

图 A-14　Insert Node or Bus 对话框

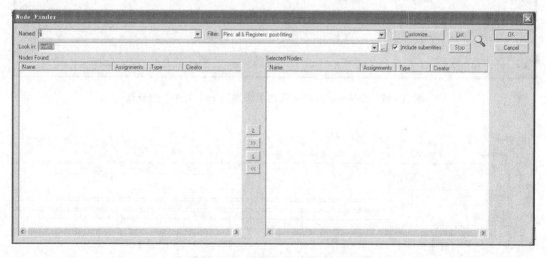

图 A-15　Node Finder 对话框

（5）在图 A-17 中单击 OK 按钮，Node Finder 对话框关闭，在 Insert Node or Bus 对话框中单击 OK 按钮。cnt10.vwf 界面如图 A-18 所示。用鼠标选中其中任意节点然后上下拖拽，可以调整节点的排列顺序。

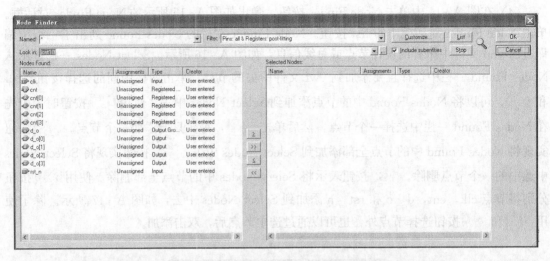

图 A-16 Nodes Found 列出了本设计的所有节点

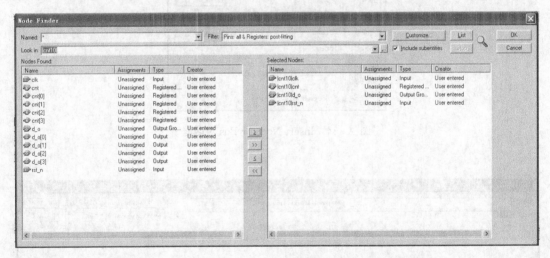

图 A-17 Selected Nodes 列出了添加到 vwf 文件中的节点

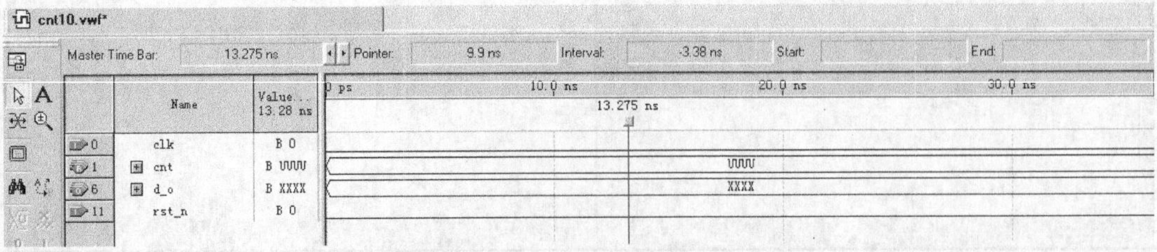

图 A-18 添加节点后的 vwf 文件界面

（6）单击 Edit 菜单选项，在下拉菜单中选择 End Time 选项，如图 A-19 所示，弹出如图 A-20 所示的 End Time 对话框。在 End Time 对话框中可以修改仿真总时间长度，时间单位可以进行选择。如不进行修改，直接单击 OK 按钮。

 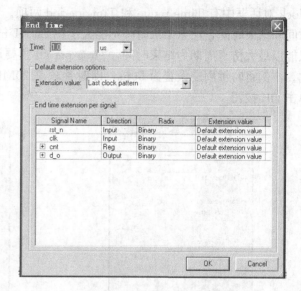

图 A-19 通过菜单编辑 End Time　　　　图 A-20 End Time 对话框

（7）为输入节点设置数值。数据设置类型如下：

：表示初始化值；

※：表示不确定值；

0：表示低电平；

1：表示高电平；

Z：表示高阻；

W：表示弱不定值；

L：表示弱低电平；

H：表示弱高电平；

DC：表示无关值；

INV：表示对信号取反。

C：表示计数值；

⊙：表示时钟信号；

?：表示任意值；

R：表示随机值。

1）对 rst_n 进行设置。首先选中该信号，然后单击设置按钮 1，用鼠标选中一段时间，单击按钮 0。

269

2) 对 clk 进行设置。选中 clk，单击按钮 ，弹出如图 A-21 所示的 Clock 对话框，在 Clock 对话框中有 Time range 和 Time period 两项。Time range 可以设置时钟起作用的开始时间和结束时间，注意结束时间不能大于在 End Time 对话框中设置的最大仿真周期，否则只能以最大仿真周期为结束时间，Time period 主要用来设置时钟信号的周期、相移和占空比。本例将时钟周期设置为 50ns，即时钟频率 20MHz，其他设置不变，如图 A-22 所示，单击 OK 按钮。

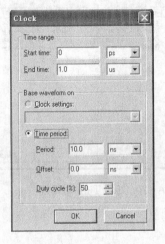 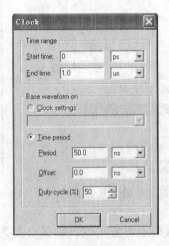

图 A-21　Clock 对话框　　　　图 A-22　修改时钟周期后的 Clock 对话框

3) cnt 为内部寄存器节点，不需设置。为了方便观察结果，改变其显示属性，由二进制改变为无符号十进制数。显示属性改变方法：选中信号 cnt，右击，在弹出的菜单中选择 Properties，如图 A-23 所示。单击 Properties，弹出如图 A-24 所示 Node Properties 对话框。在 Radix 选项中选择 Unsigned Decimal，如图 A-25 所示，单击"确定"按钮，对话框关闭。

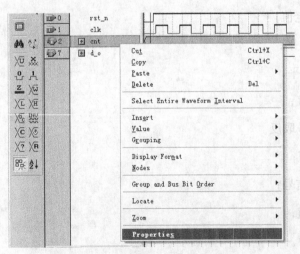

图 A-23　节点显示属性设置右键菜单

附录 A　Quartus Ⅱ 软件简介

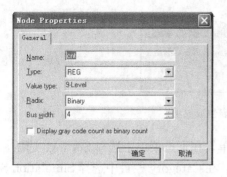 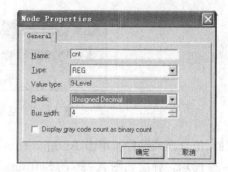

图 A-24　节点 cnt 的 Node Properties 对话框　　图 A-25　cnt 的 Radix 改变为 Unsigned Decimal

4) d_o 为输出端口，不需设置。同样为了方便观察结果，用与改变 cnt 显示属性相同的方法改变其显示属性，由二进制改变为无符号十进制数。

经过对 4 个节点的设置，得到如图 A-26 所示的 vwf 界面。

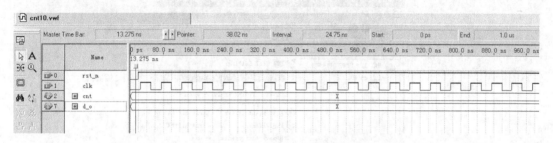

图 A-26　设置后的 vwf 文件界面

(8) 生成功能仿真网表。单击 Processing 功能菜单，在下拉菜单中选择 Generate Functional Simulation Netlist，如图 A-27 所示，软件自动生成功能仿真网表，弹出如图 A-28 所示的对话框，说明生成成功。在图 A-28 中单击"确定"按钮，对话框关闭。

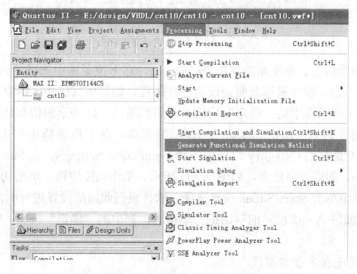

图 A-27　生成功能仿真网表的菜单选项

271

图 A-28　功能仿真网表生成成功

（9）仿真模式选择。单击 Assignments 功能菜单，在下拉菜单中选择 Settings 选项，如图 A-29 所示，弹出如图 A-30 的 Settings 对话框。在 Category 栏目中选择 Simulation Settings，右侧显示 Simulation Settings 的相关设置选项。在 Simulation Mode 栏目中选择 Functional，即进行功能仿真。设置好的 Simulation Settings 对话框如图 A-31 所示。单击 OK 按钮，对话框关闭。

图 A-29　打开 Settings 的菜单选项

（10）开始功能仿真。单击功能菜单 Processing，在下拉菜单中选择 Start Simulation 选项，如图 A-32 所示，软件根据此前的设置进行仿真，如果仿真成功，则弹出如图 A-33 所示的对话框。单击对话框中的"确定"按钮，得到如图 A-34 所示的仿真结果。

（11）进行时序仿真。单击 Assignments 功能菜单，在下拉菜单中单击 Settings 选项，在弹出 Settings 对话框的 Category 栏目中选择 Simulation Settings。在 Simulation Mode 栏目中选择 Timing，即进时序仿真，如图 A-35 所示，单击 OK 按钮。单击功能菜单 Processing，在下拉菜单中单击 Start Simulation 选项，软件根据此前的设置进行时序仿真，如果仿真成功，则弹出如图 A-33 所示的对话框。单击对话框中的"确定"按钮，得到如图 A-36 所示的仿真结果。

第五步：器件选择和管脚指派

（1）选择器件。如果在新建工程时，没有选择器件，或是后期想更改器件，可以做如下操作：单击 Assignments 功能菜单，在下拉菜单中选择 Device 选项，如图 A-37 所示。单

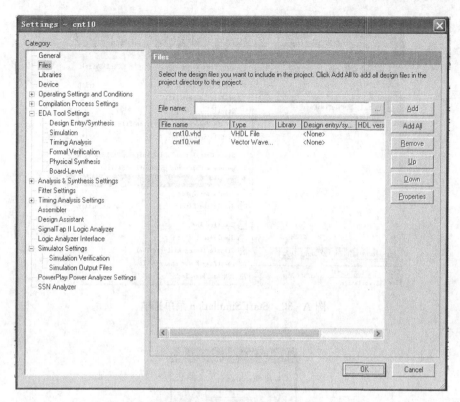

图 A-30 Settings 对话框

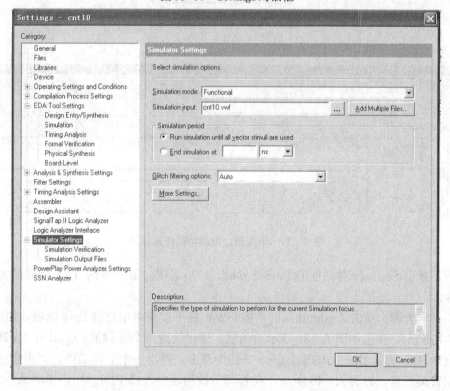

图 A-31 设置为功能仿真的 Settings 对话框

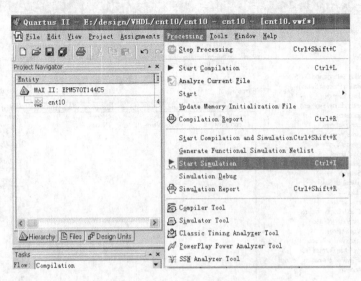

图 A-32　Start Simulation 菜单选项

图 A-33　仿真成功对话框

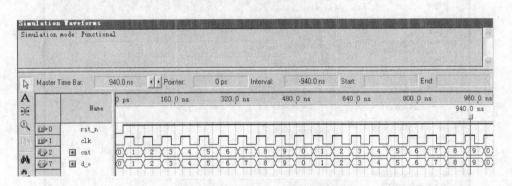

图 A-34　十进制计数器功能仿真结果

击 Device，弹出 Settings 对话框的 Device 界面，然后采用与第一步的（6）相同的方法选择目标器件。

（2）指派管脚。单击 Assignments 功能菜单，在下拉菜单中选择 Pins 选项，如图 A-38 所示。单击 Pins，弹出如图 A-39 所示对话框。通过设置每个管脚的 Location，实现管脚的指派。例如，在管脚 clk 一行的 Location 一栏中双击，弹出一个下拉菜单，列出所选器件的所有可用管脚信息，如图 A-40 所示。在管脚下拉列表中选择 PIN_18，如图 A-41 所示。然后再单击别处，则 clk 管脚指派完成，如图 A-42 所示。

附录A　QuartusⅡ软件简介

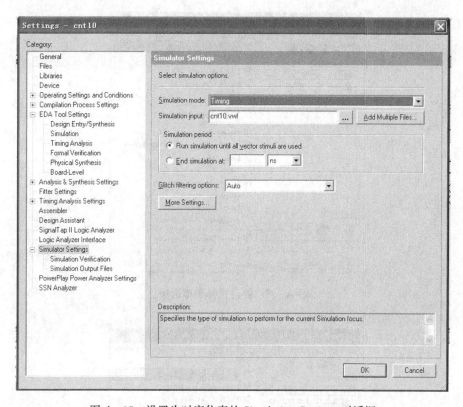

图 A-35　设置为时序仿真的 Simulation Settings 对话框

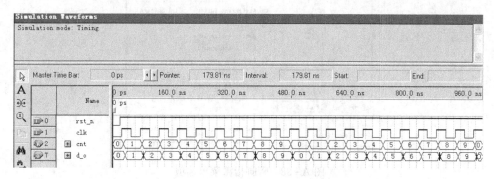

图 A-36　十进制计数器时序仿真结果

按照相同的步骤，为本设计的其他信号分配管脚。当所有的管脚指派结束后，需要再重新编译综合一次，编译综合后，管脚信息就添加到设计中去了。

第六步：编程下载

单击 Tools 功能菜单，在下拉菜单中选择 Programmer 选项，如图 A-43 所示。单击 Programmer，弹出如图 A-44 所示的编程对话框。

在编程下载对话框中单击 Hardware Setup 按钮，弹出如图 A-45 所示的对话框。单击 Add Hardware 按钮，弹出如图 A-46 所示对话框。在 Available Hardware Items 列出了当前计算机支持对 PLD 编程下载的硬件。一般常见的硬件有 Byte-Blaster 和 USB-Blaster。从

图 A-37　器件选择菜单选项

图 A-38　管脚指派菜单选项

图 A-46 可以发现，本例中电脑只支持 USB-Blaster。在 Available Hardware Items 栏目双击 USB-Blaster，则 Currently Selected hardware 不再是 No Hardware，而是变为 USB-Blaster。单击 Close 按钮，回到编程下载对话框，此时 Hardware Setup 后面已变为 USB-Blaster，Start 按钮不再是灰色，可以单击使用。在单击 Start 按钮前，应做两项工作：①将下载文件对应的 Program/Configure、Verify、Blank-Check、Security-Bit 选项选中，如图 A-47 所示；②给试验箱或实验板通电。单击 Start 按钮，右上侧的 Process 进度条提示下载进度，到 100% 说明下载成功。

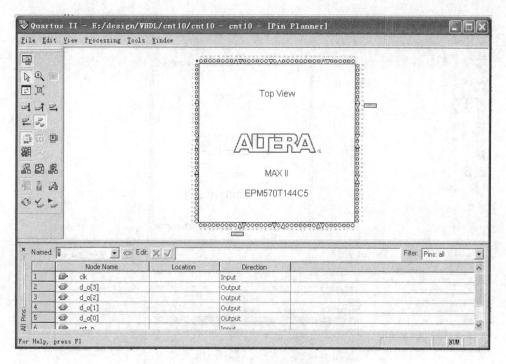

图 A-39　管脚指派对话框

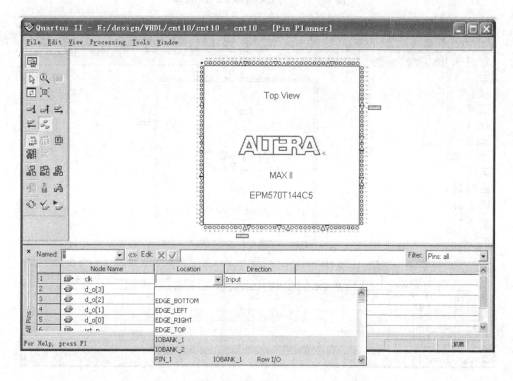

图 A-40　显示可用管脚的下拉管脚列表

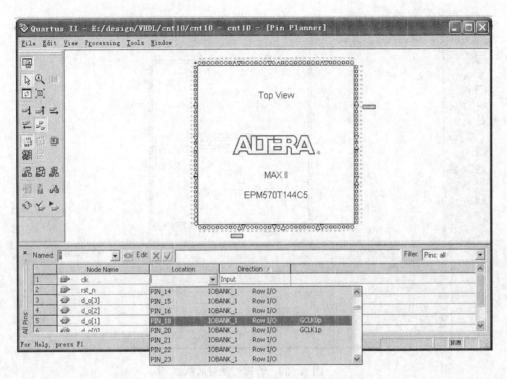

图 A-41 为 clk 选择 PIN18 管脚

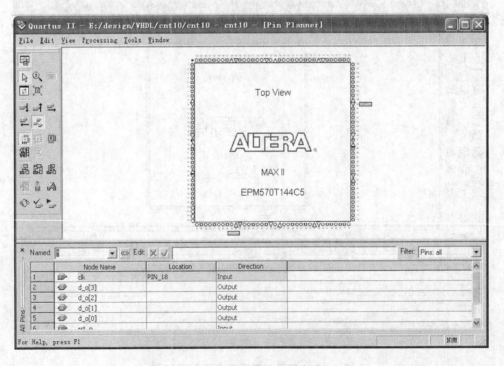

图 A-42 clk 管脚指派完成

附录 A QuartusⅡ软件简介

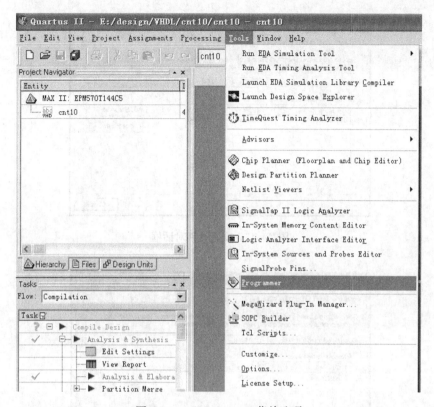

图 A-43 Programmer 菜单选项

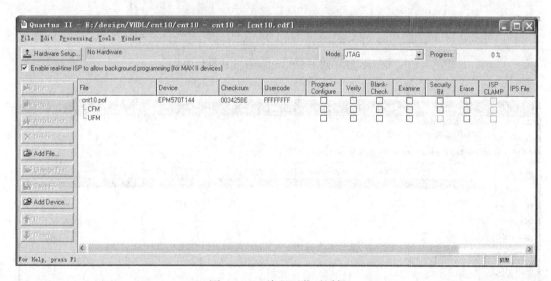

图 A-44 编程下载对话框

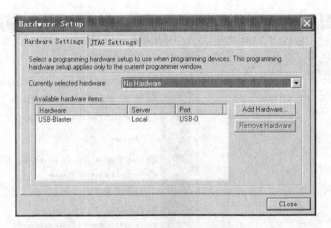

图 A-45 安装硬件对话框

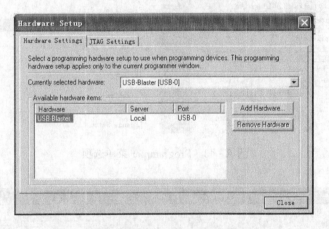

图 A-46 双击 USB-Blaster 完成硬件安装

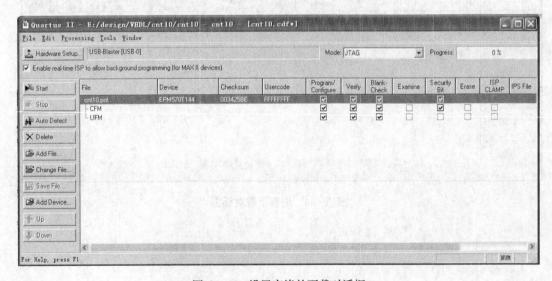

图 A-47 设置完毕的下载对话框

附录 B Modelsim 软件简介

本附录通过一个实例简单介绍了 Modelsim 软件的使用方法，时序仿真的内容以及所有的使用细节，读者可以根据设计需要参阅 ModelSim® SE User's Manual 和 ModelSim® SE Tutorial。

下面以占空比为 50% 的 16 分频电路为例，讲解在 Modelsim 软件中采用工程方法进行 VHDL 设计的一般流程。采用工程的方法进行 VHDL 设计的一般流程可以归纳为如图 B-1 所示的几个步骤。

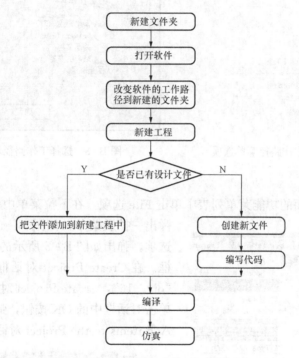

图 B-1 采用工程方法的一般设计流程

1. 新建文件夹

在 E:\vhdl\目录下新建文件夹 div_16。

2. 打开 Modelsim 软件

一般通过"开始"菜单或桌面快捷方式打开软件。

3. 改变软件的工作路径

在 Modelsim 界面的功能菜单列表中单击 File 选项，弹出一下拉菜单，如图 B-2 所示。单击 Change Directory，弹出选择工作路径的对话框。找到新建的文件夹 div_16 并选中，则对话框的路径信息显示为 E:\vhdl\div_16，如图 B-3 所示。最后单击"确定"按钮，对话框关闭，路径修改成功。

图 B-2 改变工作路径菜单选项　　　　图 B-3 选择工作路径对话框

4. 新建工程

在 Modelsim 界面的功能菜单列表中单击 File 选项,在下拉菜单中单击 New 功能选项,弹出一扩展菜单,如图 B-4 所示。单击 Project 选项,弹出如图 B-5 所示的 Create Project 对话框。在 Create Project 对话框中键入工程的名字"div_16",Create Project 对话框如图 B-6 所示。单击对话框中的 OK 按钮,弹出如图 B-7 所示的 Add items to the Project 对话框。

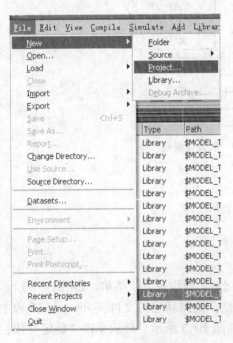

图 B-4 新建工程菜单选项　　　　图 B-5 新建工程对话框

图 B-6　工程命名后的新建工程对话框

图 B-7　添加组件对话框

如果已经为工程设计了相关文件，则单击 Add items to the project 对话框中的 Add Existing File。如果需要新建文件，则单击 Create New File。新建文件的另一种方法是通过 File 菜单创建。

5. 新建设计文件及代码编写

在 Modelsim 界面的功能菜单列表中单击 File 选项，在下拉菜单中单击 New 功能选项，选取 New 扩展菜单中的 Source 选项，在 Source 扩展菜单中选择 VHDL，如图 B-8 所示。

图 B-8　通过菜单新建 VHDL 文件

单击图 B-8 中的 VHDL 选项后，出现如图 B-9 所示的空白 VHDL 文本编辑框，编辑框标题给出了新建文件的路径信息和默认文件名，本例所建的 VHDL 文件信息为 E:/vhdl/div_16/Unitiled-1.vhd-Default。

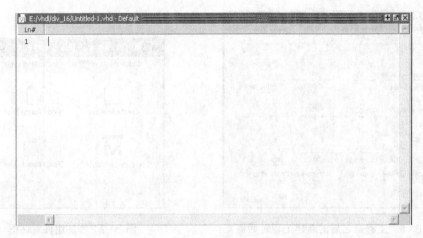

图 B-9 空白 VHDL 文本编辑框

在空白 VHDL 编辑框中输入如下 VHDL 代码：

```vhdl
LIBRARY IEEE;
USE IEEE.STD_LOGIC_1164.ALL;
ENTITY cnt_16 IS
  PORT (rst_n: IN STD_LOGIC;
      clk: IN STD_LOGIC;
      clk_o:OUT STD_LOGIC);
END ENTITY cnt_16;
ARCHITECTURE rtl OF cnt_16   IS
  BEGIN
  PROCESS(rst_n,clk) IS
VARIABLE cnt:STD_LOGIC_VECTOR(3 DOWNTO 0);
  BEGIN
        IF clk'EVENT AND clk = '1' THEN
          IF rst_n = '0' THEN
              cnt: = "0000";
          ELSE
              IF cnt = "1111" THEN
                cnt: = "0000";
            ELSE
                cnt: = cnt + 1;
            END IF;
        END IF;
END IF;
clk_o< = cnt(3);
END PROCESS;
END ARCHITECTURE rtl;
```

输入完代码后,单击 File 菜单按钮,在下拉菜单中选择 Save 选项,对文件进行保存,如图 B-10 所示。弹出如图 B-11 所示的文件保存对话框,在文件名栏目中修改文件名为 div_16.vhd。同时应注意文件的保存路径,确保是在新建工程下面。检查无误后,单击右下角的"保存"按钮。保存后文本编辑框的标题变为 E:/vhdl/div_16/div_16.vhd-Default。

图 B-10 通过菜单保存文件

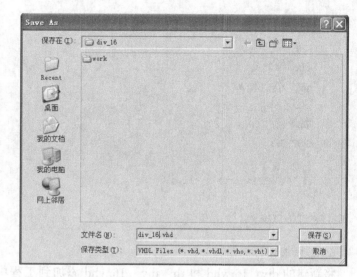

图 B-11 文件保存对话框

用与新建 div_16.vhd 文件相同的方法创建文件 tb_div_16.vhd,该文件是测试文件,即 testbench 文件。

tb_div_16.vhd 的 VHDL 代码如下:

```
LIBRARY IEEE;
USE IEEE.STD_LOGIC_1164.ALL;

ENTITY tb_div_16 IS
END ENTITY tb_div_16;

ARCHITECTURE rtl OF tb_div_16 IS
  COMPONENT div_16 IS
    PORT(rst_n: IN STD_LOGIC;
         clk: IN STD_LOGIC;
         clk_o:OUT STD_LOGIC);
END COMPONENT div_16 ;
SIGNAL rst_n,clk:STD_LOGIC;
SIGNAL clk_o: STD_LOGIC;
```

```
BEGIN
  PROCESS
    BEGIN
      rst_n<='0';
      WAIT FOR 200 ns;
      rst_n<='1';
      WAIT;
    END PROCESS;

    PROCESS
    BEGIN
      clk<='0';
      WAIT FOR 100 ns;
      clk<='1';
      WAIT FOR 100 ns;
    END PROCESS;

  u1: div_16 PORT MAP(rst_n,clk,clk_o);

END ARCHITECTURE rtl;
```

6. 工程编译

将新建的 div_16.vhd 和 tb_div_16.vhd 添加到工程中去。单击 Project 功能菜单选项，在下拉菜单中选择 Add to Project，然后在 Add to Project 扩展菜单中选择 Existing File，如图 B-12 所示。

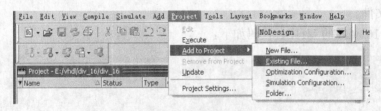

图 B-12　通过菜单添加文件到工程

单击 Existing File，弹出如图 B-13 所示 Add file to Project 对话框。单击 Browse 按钮，弹出如图 B-14 所示的 Select files to add to Project 对话框。在图 B-14 中选中 div_16.vhd 和 tb_div_16.vhd，单击"打开"按钮。然后在 Add file to Project 对话框单击 OK 按钮，则在 Project 视窗中出现了刚添加的两个文件，如图 B-15 所示。

如图 B-16 所示，单击菜单选项 Compile，在下拉菜单中选择 Compile All，工具开始编译 div_16.vhd 和 tb_div_16.vhd。

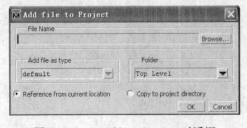

图 B-13　Add file to Project 对话框

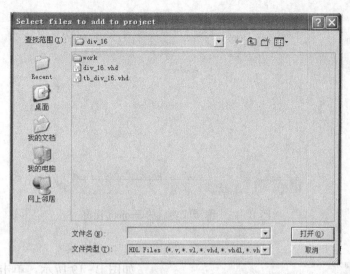

图 B-14　Select files to add to Project 按钮

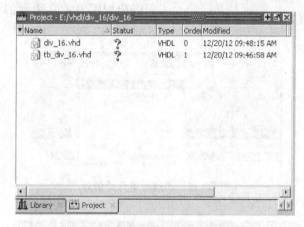

图 B-15　添加文件后的 Project 视窗

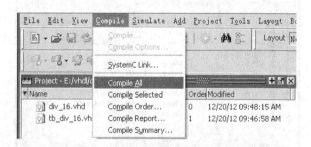

图 B-16　通过菜单编译文件

工程的文件的状态由 Project 视窗 Status 标识，在未编译之前，状态符号为?，编译成功后，状态符号为✓。如果出现符号✗，说明文件中有错误，设计人员根据软件的提示修改设计文件，直至编译成功。编译成功后的 Project 视窗如图 B-17 所示。同时在 Transcript 视窗中出现如图 B-18 所示提示信息，说明代码已编译成功。

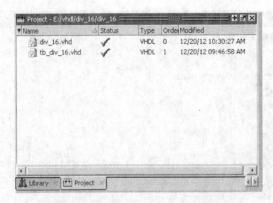

图 B-17 编译成功后的 Project 视窗

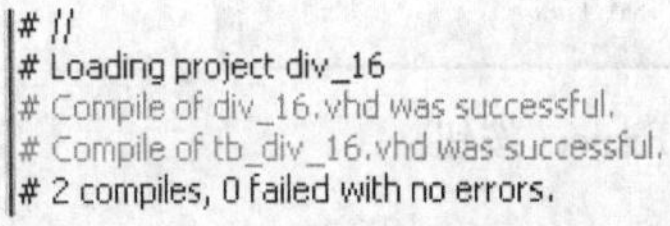

图 B-18 编译成功 Transcript 视窗提示信息

7. 工程仿真

如图 B-19 所示，单击菜单选项 Simulate，在下拉菜单中单击 Start Simulation，弹出如图 B-20 所示的 Start Simulation 对话框。

图 B-19 通过菜单开始仿真

图 B-20 Start Simulation 对话框

在 Design 选项卡界面下，单击 work 前面的符号"+"，在展开列表中选择仿真文件 tb_div_16，如图 B-21 所示，单击右下角的 OK 按钮开始仿真。

图 B-21 选择仿真文件后的 Start Simulation 对话框

单击菜单选项 Add，在下拉菜单中选择 To Wave，在扩展菜单中选择 All items in region，如图 B-22 所示。

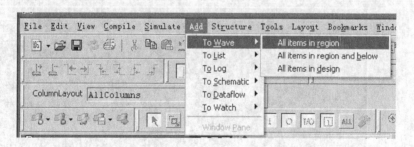

图 B-22 通过菜单添加仿真信号到 Wave 文件

单击 All items in region 后，Wave 视窗中显示设计中的输入输出端口，如图 B-23 所示。

通过修改文本框 10 us 中的数值可以设置每次仿真运行的时间。如当前设置为 10μs，即每次仿真运行时间为 10μs。每单击一次按钮，仿真运行 10μs。

单击按钮和，Wave 视窗显示仿真结果如图 B-24 所示。

单击按钮，为 Wave 视窗添加一个光标，与原有的光标一起测量输出分频信号 clk_o 的周期为 3200ns，如图 B-25 所示。原始输入信号 clk 的周期为 200ns，因此可以判断设计正确。

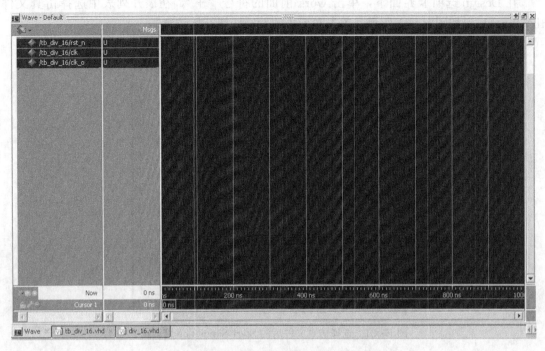

图 B-23 添加设计中节点信息后的 Wave 视窗

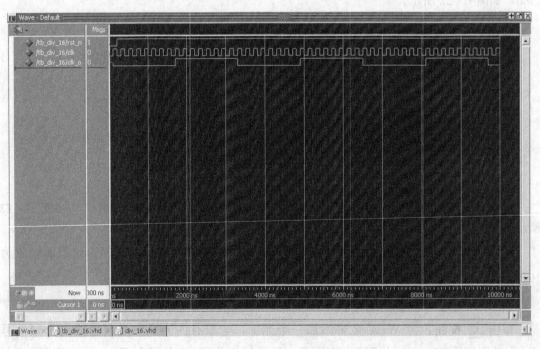

图 B-24 Wave 视窗显示仿真结果

附录B Modelsim 软件简介

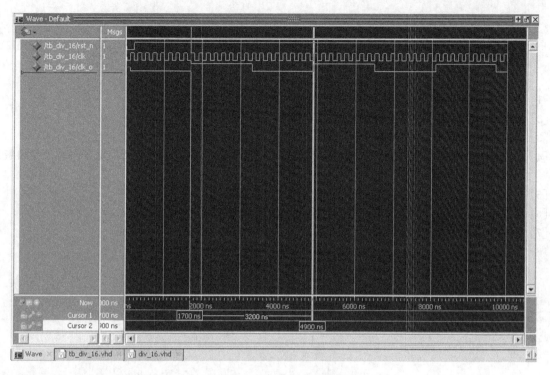

图 B-25 输出信号周期测量

参 考 文 献

[1] 王金明，周顺. 数字系统设计与 VHDL [M]. 北京：电子工业出版社，2010.
[2] 康华光. 电子技术基础数字部分 [M]. 5 版. 北京：高等教育出版社，2005.
[3] 阎石. 数字电子电子技术基础 [M]. 5 版. 北京：高等教育出版社，2006.
[4] 侯伯亨. VHDL 硬件描述语言与数字逻辑电路设计 [M]. 3 版. 西安：西安电子科技大学出版社，2009.
[5] 付永庆. VHDL 语言及其应用 [M]. 北京：高等教育出版社，2005.
[6] 邹彦. EDA 技术与数字系统设计 [M]. 北京：电子工业出版社，2007.
[7] Alera. MAX 7000 Programmable Logic Device Family Data Sheet [EB/OL]，2000.